中国农产品加工业
发展报告（2020）

● 王凤忠　主编

农业农村部乡村产业发展司
国家农产品加工技术研发体系
中国农业科学院农产品加工研究所

中国农业科学技术出版社

图书在版编目（CIP）数据

中国农产品加工业发展报告. 2020 ／ 王凤忠主编. －－
北京：中国农业科学技术出版社，2021.12
ISBN 978-7-5116-5588-2

Ⅰ.①中…　Ⅱ.①王…　Ⅲ.①农产品加工-加工工业
-技术革新-研究报告-中国-2020　Ⅳ.①F326.5

中国版本图书馆 CIP 数据核字（2021）第 240287 号

责任编辑　　张志花
责任校对　　贾海霞
责任印制　　姜义伟　　王思文

出 版 者　　中国农业科学技术出版社
　　　　　　北京市中关村南大街 12 号　邮编：100081
电　　话　　（010）82106636（编辑室）　（010）82109702（发行部）
　　　　　　（010）82109709（读者服务部）
传　　真　　（010）82106631
网　　址　　http：//www.castp.cn
经 销 者　　各地新华书店
印 刷 者　　北京捷迅佳彩印刷有限公司
开　　本　　170 mm×240 mm　　1/16
印　　张　　17
字　　数　　320 千字
版　　次　　2021 年 12 月第 1 版　2021 年 12 月第 1 次印刷
定　　价　　298.00 元

《中国农产品加工业发展报告（2020）》
编辑委员会

农产品加工业横跨农业、工业和服务业三大领域，是国民经济的重要产业，也是全面推进乡村振兴的重要抓手。2020年，面对新冠肺炎疫情的严重冲击，我国农产品加工业依旧保持持续稳定发展，农产品加工业营业收入达到23.2万亿元，农产品加工业与农业产值比2.4∶1，农产品加工转化率达68%，科技对农产品加工产业发展的贡献率达63%，为保障国家粮食安全和重要农副产品有效供给、加快推进农业农村现代化做出了重要贡献。

当前，我国农产品加工领域自主创新能力实现了由整体跟跑向"三跑"并存转变，为农产品加工业长久稳定发展提供了强有力的支撑。一是在生鲜农产品动态保鲜与冷链物流、产地初加工、小麦制粉、低温榨油、冷却肉加工、传统食品工业化等方面取得了一系列技术突破，制粉、榨油、榨汁、畜禽屠宰分割等关键核心装备实现从依靠引进向自主制造转变；过去10年间，我国大宗粮油产后损失由10%左右降低到6%以下，大宗果蔬产后损失由30%左右降低到25%以下，畜禽宰后损失由10%降低到8%以下。二是建立较完善的农产品质量安全监测、标准法规体系，2020年国家监督抽检34大类638.7万批次食品样品，平均合格率达97.7%，为"安全、营养、美味"健康食品为主导的农产品加工业和现代流通业发展提供了有力的科技支撑。三是新一代工业革命技术在农产品加工业生产制造、流通消费等领域的应用，催生了一批农业观光、生态旅游、科普基地、特色小镇、民俗文化等一二三产业融合发展的新业态、新产业、新模式、新经济和新格局。

为全面了解和掌握2020年中国农产品加工业发展情况，在农业农村部乡村产业发展司的指导下，国家农产品加工技术研发体系依托各专业委员会，编制了《中国农产品加工业发展报告（2020）》。这个报告包含粮食加工、油料加工、蔬菜加工等 10 个产业发展子报告，以翔实的数据总结了 2020 年度加工产业发展现状，梳理出重大科技进展，研判提出重大发展趋势，展望下一步重点突破科技任务，为政府部门、科研院所、龙头企业等掌握农产品加工业发展动态和制定决策提供参考。

Contents 目 录

2020年 农产品加工业发展总体情况

农产品加工业是国民经济的重要产业，一头连着农业、农村和农民，一头连着工业、城市和市民，沟通城乡，亦工亦农，是农业农村现代化的有力支撑。2020年，新冠肺炎疫情防控形势非常严峻，但农产品加工业仍率先复工复产，发展速度和质量效益稳步提升，基本恢复到疫情前的发展水平，为保供应、稳市场、惠民生、促创新发挥了重要作用。

一、总体状况

2020年，农产品加工企业达到45万家，实现营业收入23.2万亿元，农产品加工业与农业总产值比达到2.4：1，加工转化率达到68%，产业发展态势良好。

1. 生产稳定恢复

一季度，受新冠肺炎疫情影响，部分企业停工停产，规模以上农产品加工业营业收入同比下降12.0%。随着企业复工复产不断推进，生产秩序逐步恢复，农产品加工业生产和销售持续加快，营业收入降幅逐步缩小，降幅分别收窄至10.3%、3.2%、0.9%。全年，规模以上农产品加工企业实现营业收入144 600.6亿元，同比下降1.7%，生产经营基本恢复至2019年水平（图1）。其中，食用类农产品加工业完成营业收入98 172.5亿元，同比增长1.1%，在稳产保供中"压舱石"作用明显。

2. 效益提升显著

2020年，规模以上农产品加工业实现利润总额10 378.4亿元，同比增长6.9%，增速较上年提高5.4个百分点，比规模以上工业高2.8个百分点。分月度来看，1—3月利润同比下降，4月实现由负转正并连续保持增长。企业盈利能力明显提升，规模以上农产品加工业营业收入利润率为7.2%，较上年同期提高0.6个百分点，比规模以上工业高1.1个百分点，达到2012年以来新高（图2）。

3. 外贸逐步回暖

受全球新冠肺炎疫情持续影响，以外贸为主的加工企业，特别是水产加工、果蔬加工企业出口一度出现大幅下降。但随着国外需求强势增长，农产品加工业

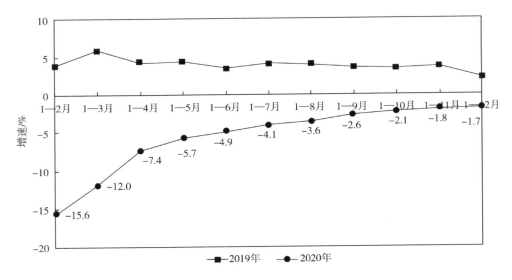

图 1　2019—2020 规模以上年农产品加工业营业收入累计同比增速变化情况

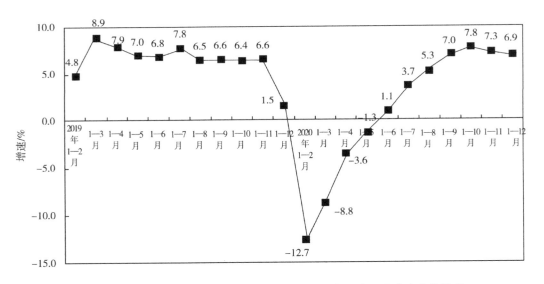

图 2　2020 年农产品加工业（规模以上）利润总额累计同比增速变化情况

外贸出口回暖上升，有 8 个行业出口交货值实现同比增长，其中稻谷加工、保健食品制造、冷冻饮品及食用冰制造和宠物饲料加工 4 个食用小行业的出口交货值增速均在 30%以上，同比分别增长 92.9%、40.1%、35%和 31.3%。

二、发展趋势

2020 年，受新冠肺炎疫情影响，农产品加工业在创新销售模式、丰富产品类型等方面进行了诸多探索，新的产业形态不断涌现，产业发展呈现新气象。

1. 产品销售开拓新模式

新冠肺炎疫情期间，为减少人员不必要的接触、压缩供应和物流成本，倒逼加工产品销售模式创新。线下传统商超、门店转向线上销售、直接送货，以直播带货、生鲜电商等为代表的加工产品销售新模式蓬勃发展。无人配送、无人超市等新业态接受度逐渐提高，规模持续扩张。2020 年，食用类商品网络零售额增长约 40%。

2. 加工产能实现新布局

为适应和配合加工产品销售新模式，农产品加工企业纷纷在产地建设预冷保鲜、清选去杂、分等包装等初加工设施，推行"生鲜加工中心+前置仓+即时配送"模式，实现"第一公里"到"消费"再到"最后一公里"的全产业链发展。同时，加大在大中城市郊区布局中央厨房、主食加工、净菜加工和餐饮外卖等加工的力度，满足城市需求。

3. 部分行业迎来新契机

2020 年，受新冠肺炎疫情影响，居家消费和"宅经济"兴起，方便食品行业迎来新机遇，全年表现出强劲增长态势。一些具有地方特色风味的方便美食，如广西螺蛳粉、河南胡辣汤、四川担担面等也快速成长为方便食品中的后起之秀，实现从数量到质量的多重跨越和快速蜕变。方便面行业营业收入增长 5.2%，利润增长 23.4%。速冻食品行业营业收入增长 12.6%，利润增长 34.6%。

4. 科技创新实现新突破

新建果蔬腌制、生鲜牛羊肉、干乳制品、热带棕榈、热带香料饮料 5 个国家级农产品加工技术集成基地，推动农产品加工新技术、新产品、新装备不断涌现。绿茶自动化加工与数字化品控关键技术及装备应用、特色浆果高品质保鲜与加工关键技术及产业化、营养健康导向的亚热带果蔬设计加工关键技术及产业化 3 个方面的技术装备取得突破，获国家科学技术进步奖二等奖。

三、政策措施

2020 年，各级农业农村部门加强规划引领、搭建平台载体、推进产业聚集、加深融合发展，推动农产品加工业做大做强做优，促进了农业农村发展、带动了农民就业增收。

1. 加强统筹谋划，引领产业发展

农业农村部发布《全国乡村产业发展规划（2020—2025年）》，指出农产品加工业是提升农产品附加值的关键、构建农业产业链的核心，要统筹发展农产品初加工、精深加工和综合利用加工，统筹产地、销区和园区布局，加快技术创新促进产业提档升级。同时，农业农村部印发《关于促进农产品加工环节减损增效的指导意见》，指导农产品加工企业合理加工、深度加工、综合利用加工，推进农产品多元化开发、多层次利用、多环节增值，实现减损增供、减损增收、减损增效，保障粮食安全和主要农产品有效供给。

2. 加强平台建设，夯实发展基础

在农业产业融合发展项目支持下，2020年全国新建259个农业产业强镇、31个国家级现代农业产业园和50个优势特色产业集群，支持各地聚焦主导产业发展农产品初加工、精深加工和综合利用加工。引导各地陆续建成1 600多个农产品加工园区，支持约9 000个新型农业经营主体在农产品产区新建或改建1.4万座仓储保鲜初加工设施，规模超过600万t，筑牢农产品加工业发展基础。

3. 优化空间布局，促进产业聚集

2020年，东北地区和长江流域水稻加工、黄淮海和华北区域优质小麦加工、东北地区玉米加工等产业聚集区辐射带动能力不断增强，通过建设原料基地，辐射带动1亿多农户。山东、河南、四川等畜禽养殖大省，肉类加工企业营业收入占全国60%以上。加工业排名前五的省份营业收入占全国40%以上，排名前十的省份营业收入约占全国70%，山东、广东、北京、江苏、河南五省市集中了46家加工百强企业。全国百强农产品加工企业营业收入超1.6万亿元，占全国农产品加工业营业收入的6.8%以上。

4. 加深融合发展，推进联农带农

农产品加工业持续引领农村一二三产业融合发展。约70%的农产品加工企业开发消费体验、休闲旅游、个人定制、电商平台等新产业新业态，促进生产和消费同步增长、良性互动，增强了农业对市场的适应性和灵活性，培育了农村发展的新动能。80%以上的农产品加工企业与农户建立了契约式、分红式、股权式等利益联结方式，带动1.25亿农户为加工而种、为加工而养，农民收入提高30%以上。

四、存在问题

农产品加工业展现出强劲的韧性和深厚的潜力，但仍面临一些问题，亟须解决，以更好地抓住机遇，实现更高质量的发展。

1. 产业链条散、价值实现不充足

加工专用原料不足，我国有 1.3 万个小麦品种、2 万个稻谷品种、6 000 个花生品种、300 个马铃薯品种，但大都不适宜专用加工。仓储保鲜冷链设施不配套，设施落后、加工粗放，产后损失率在 15% 左右。农产品加工副产物高达 5.8 亿 t，60% 没有得到循环、全值和梯次利用。农产品加工业产值与农业总产值比值和农产品加工转化率，与发达国家相比还有很大差距。

2. 技术装备缺、高效实用不充分

总体上，我国农产品加工业技术整体落后发达国家 10 年以上。加工技术集成度低，在预处理、分离提取、混合均质、灌装、包装封罐等技术方面尚未集成。加工适配性较差，针对规格不一、特征突出的众多食材，研发灵活、柔性、智能、绿色的加工技术创新不够，高端的关键装备、成套装备 60% 需要进口。研发投入较少，加工企业研发经费较低，不少加工企业的研发经费占销售收入的比重不到 1%。

3. 要素保障难、发展资源不充裕

农产品加工业投资强度小、堆料占地多，企业难以获得建设用地指标。农产品初加工用地享受农村一二三产业融合用地保障政策，有的还没有完全落实落地。一些农产品加工企业可抵押资产有限，且原料一次性购买、常年使用，流动资金占用量大，贷款融资难、还款压力大。新冠肺炎疫情期间，针对中小微企业出台的"社保费减免、稳岗返还、出口退税"等优惠政策，不少农产品加工企业面临知悉难、申报难、落实难等问题。

五、政策建议

全面建成小康社会后，农业农村工作重心将转向全面实施乡村振兴战略。加快农业农村现代化、推进全面乡村振兴，需要全力推进农产品加工业优化升级，力争到 2025 年，加工业与农业产值比提高到 2.8∶1，加工转化率提高到 80%，结构布局进一步优化，自主创新能力进一步增强。

1. 培育农产品加工"链主"企业

以发展农产品加工业为核心，培育发展农业全产业链，壮大农业产业化龙头企业，选育一批"链主"企业。组织研发、育种、生产、加工、储运、销售、品牌、体验、消费、服务等各个环节、各个主体，组建农业产业化联合体，促进产业链延伸、价值链提升、供应链重组，围绕"三链"同构、农食融合统筹农产品初加工、精深加工、综合利用加工协调发展。

2. 集成农产品加工技术成果

引导科研单位、种业企业、加工企业和装备企业，打造共性技术研发平台和创新联合体，以企业为主体组织开展联合攻关。聚焦加工原料品种推进创新，坚持适区适种、适品适种、适时采收，培育筛选、推广适宜加工的专用优良品种。聚焦自主可控技术装备推进创新，努力形成每个产业链配有一个专家服务团队在生产一线攻克技术瓶颈、开展加工业装备创制的格局。

3. 落实农产品加工扶持政策

用好用实农产品加工扶持政策，普惠全产业链多元主体。落实财税政策，利用涉农资金等，支持加工优质专用、订单品种和基地建设，支持农民合作社兴办加工企业。加大宣传，将中小微企业税费优惠政策落地。强化金融扶持，建立"银税互动""银信互动"贷款机制，开发"专项贷、订单贷、链条贷"等金融产品，支持产品有市场、项目有前景、技术有竞争力的加工企业。落实用地保障，立足"内部挖潜、盘活存量"，支持利用乡村公益性公共设施用地、盘活集体建设用地等发展农产品加工业。对与农业生产紧密相关、难以分割的初加工生产环节用地，纳入设施业用地管理。引进培育加工人才，以农产品加工业短板环节为重点，进行专项攻关，柔性引进科技人才，引导相关领域专家利用周末、节假日，以专家、顾问等身份进行智力服务，鼓励返乡入乡在乡人员发展农产品加工业。

第一节　产业现状与重大需求

一、粮食加工产业年度发展概况

2020 年全国粮食总产量为 66 949 万 t，比上年增加 565 万 t，增长 0.9%，与 2016 年相比，我国粮食总产量增加了 905 万 t，增长了 1.4%，实现粮食生产"十七连丰"，连续 6 年高于 65 000 万 t（图 1-1）。稻谷和小麦的年产量分别稳定在 21 000 万 t 和 13 000 万 t 左右，且均已连续多年超过当年需求量。我国人均粮食产量达到了 470 kg 左右，高于人均 400 kg 的世界粮食安全标准线，保持了稳中有进、稳中向好的势头，粮食供给总体安全。

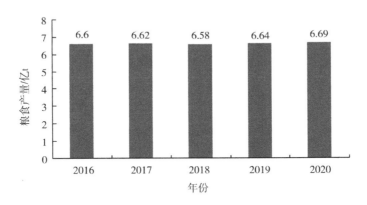

图 1-1　2016—2020 年我国粮食产量情况

1. 产品向营养化和多元化发展

小麦粉和大米市场需求逐渐由"量"向"质"转移，小麦粉产品结构不断优化，专用粉产量迅速增加，接近 2 600 万 t，约占小麦粉总产量的 30%。五常大米、小站稻米、盘锦大米等品牌特色米及胚芽米、糙米、富硒米等中高端大米市场快速扩张；螺蛳粉、酸辣粉等方便食品和速冻食品的市场份额迅速扩大。

2. 加工装备制造水平显著提升

粮食加工新装备不断涌现，质量、性能不断提高。大型粮食加工成套设备制造技术提升较快，部分领域的工艺和设备达到国际先进水平。国内面粉加工自动化技术和发达国家差距逐渐缩小，在东南亚、非洲、中亚等占有一定市场。五得利面粉集团在过去5年产能翻倍，装机容量达45 000 t/d，居世界首位，其引进国际先进工艺，打破了高档面粉靠进口的局面。

3. 产业链和价值链不断完善

国家粮食局、财政部全面推动粮食产后服务体系、质检体系建设和"中国好粮油"行动，粮食产业经济稳中向好。各省积极支持粮食产业示范园区建设。山东省注重培育壮大龙头骨干企业、选树先进典型，稳步推进园区建设。加快科技成果转化，全省粮食深加工产量、产值分别占全国28%和31%，其中淀粉糖占53%。湖北省推动加工技术、装备升级，优质粮食加工转化能力大大提升，初步形成优质粮食精深加工全产业链。

二、粮食加工产业"十三五"期间发展成效

1. 加工企业规模化、专业化程度逐步提升

"十三五"期间，粮食加工企业数量逐步减少，规模化、专业化程度提高，行业和产区集中度继续提高。面粉加工行业加速整合，大型企业持续扩张产能，三大面粉加工企业产量约占全国30%，四大稻米加工企业市场份额约占80%，小企业生存空间日益缩减。企业总产能继续提升，每天可加工稻谷150万t、小麦80万t。玉米加工规模逐年递增，淀粉、酒精增速较快，淀粉、赖氨酸、味精和麦芽糖的产量分别占全球52%、60%、68%和85%，全球地位日渐突出。已建立完善的粮食应急保障体系，涵盖国有粮食应急加工企业5 388家，成品粮日加工能力超百万吨；应急储运企业3 454家、供应网点44 601家、配送中心3 170个，终端配送投放能力强；国家和地方粮食市场信息监测点总计超过1万个，各地方建立了区域应急预案。

2. 品类多样化、市场细分化持续加速

居民食品消费水平提高，消费结构变化，健康意识增强，粮食消费量逐渐减少。普通面粉产量逐渐下降，专用面粉产量由2015年1 180万t迅速增加至2019年2 560万t，约占总产量的29.7%；中高端大米市场快速扩张，品牌竞争日益激烈。粮食加工细分品牌大量涌现，速冻食品、方便食品、传统主食等专用粉以及

营养强化面粉、绿色面粉、预混合粉等产品类型不断丰富。大米加工企业通过香气固化和营养强化提升大米适口性和功能性，并细分寿司米、低糖米、高锌米、高锶米、生态米等新品类。杂粮加工企业不断涌现，燕麦、荞麦和豆类食品抢占市场。

3. 产品方便化、个性化成为增长点

方便食品加速对接餐饮业、发展迅速方便食品行业自2014年后面临发展瓶颈，"十三五"期间积极适应和满足餐饮业个性化需求，实现产业对接。传统主食打破多年来下滑趋势，方便米饭、米粉等方便食品的营养性和多样性升级，受到年轻消费者青睐，增长迅速。糕点、馄饨、粽子、煎炸类和馒头等速冻食品与餐饮业结合更加紧密。2020年新冠肺炎疫情进一步促进方便食品快速发展。

三、粮食加工产业发展需求

1. 研发粮食多样化精深加工关键技术

目前我国粮食加工业在满足个性化、多样化、功能化消费上还与发达国家差距较大，效益较低。日本大米加工产品达300多种，包括方便食品、调味品、营养品、化妆品等。美国大豆加工制品达12 000多种，涵盖食品、化工、医药等领域，仅大豆蛋白产品就达2 500种。我国粮食加工产业需继续推动精深加工技术研发，针对不同人群和需求，增加精深加工和多元化食品供给，满足居民需求，提高企业效益。

2. 建立粮食适度加工与综合利用技术体系

随着生活水平的提高，对"精米白面"的过度追求导致粮食过度加工严重，造成粮食资源浪费、营养物质流失、能耗与排放增加等。推进粮食适度加工可以减少粮食产后损失，降低加工成本，提高主食营养健康水平。粮食加工产业链有待进一步完善，副产物综合利用率和附加值低，稻壳、饼粕、米糠、麸皮、秸秆等大量副产物缺乏深度开发。促进副产物综合利用技术体系进一步完善是全行业提质增效的重要需求。

3. 完善粮食加工标准体系和产品质量安全保障体系

我国粮食加工产品标准体系尚不完善，加工产品品质检测标准仅为国际标准20%左右，与欧美发达国家相比，比例更低。大米、面粉质量标准尚停留在水分、杂质、灰分、碎米含量及色泽等物理指标，缺少营养和卫生指标，特别是质量安全的追溯制度尚未建立。应尽快建立以预防、控制和追溯为特征的食品质量安全监管体系，保障人民食品安全。

第二节　重大科技进展

一、鲜食谷物加工关键技术研究与应用

青麦仁、鲜食玉米等鲜食谷物营养丰富、风味诱人，但采收成熟度低、水分高、酶活高造成加工过程中脱壳率低、破损率高、口感变差、谷粒发黄、鲜香味消失等瓶颈问题。河南省农业科学院农副产品加工研究中心联合江苏省农业科学院、郑州思念食品有限公司历经 8 年攻关，开发了鲜食谷物的机械化采收、加工新技术，研制了相关成套装备，解决了机械化收割、脱壳、脱粒、脱荚难、破损率高等问题；探明了加工、贮藏条件对鲜食谷物中淀粉、活性物质、叶绿素、花色苷、多酚氧化酶等的影响规律，建立后熟化理论，解决了鲜食谷物及其制品的品质、营养、色泽及风味保持问题。项目在全国 10 个省份推广应用，新增产值 30.28 亿元，利润 1.65 亿元，获 2020 年度河南省科学技术进步奖一等奖。

二、稻米糊粉高值化利用关键技术及装备集成

稻米糊粉是大米加工的重要副产物，主要包含糊粉层和亚糊粉层，含有大量的蛋白质、膳食纤维、维生素和矿物质，是优良的食品原料。但稻米糊粉层中的脂肪酶和过氧化物酶在碾米过程中极易激活，产生脂肪酸败现象，这是限制其商业化应用的主要因素。传统稳定化方法处理稻米糊粉层得到产品货架期短、食味品质差、成本高。江南大学粮食发酵工艺与技术国家工程实验室通过差异化分级、梯度瞬时灭酶等关键技术的研发，解决了稻米糊粉的稳定化问题，并成功挖掘其高值化商业卖点，将其作为功能性配料开发了代餐食品、固体饮料、烘焙以及面制品等系列产品。该项目的研究成果对于提高稻米附加值，促进大米加工企业创利增收，延伸稻米产业链具有重要意义。

三、功能化谷物食品加工关键技术与新产品开发

慢性病已成为现代人类健康的头号威胁。中国现已成为全球糖尿病第一大

国，糖尿病高危人群约有 1.5 亿；同时，还有 2 亿左右高血压病人，由高血压、心脑血管病造成的死亡约 200 万人/年；膳食失衡导致超重肥胖等健康问题也愈演愈烈。营养不平衡对人体健康的危害是显而易见的。天津科技大学以原料营养分子评价体系为基础，明确复配重组配方、工艺参数与产品营养、品质关联互作效应，形成了复配食品"淀粉膨胀、交联、糊化作用→脂肪氧化调控→蛋白变性与溶解氨基酸产物配比→美拉德反应→质构→活性营养成分留存→色、香、味、质构调控"的技术体系，研制出了高纤低 GI、功能肽降压等功能、营养、便携一体的功能化谷物食品 12 种，精深加工产品 30 余种，并形成了配套保鲜、包装与质量评价体系，突破复配营养模型、加工过程营养与品质控制等产业发展瓶颈，有助于缓解常吃高精米、面引起的"三高"等富贵病问题。该技术在天津桂发祥十八街麻花等公司推广应用，总计加工粮食 1 502.56 万 kg，经济效益与社会效益显著。

第三节　存在问题

一、低端产能依旧过剩

粮食加工业产能过剩问题长期存在，尤其是低端产能过剩。2019 年小麦粉加工业产能利用率为 48.8%，大米加工业产能利用率为 30.0%，远低于国际普遍认可的 75% 的衡量值（图 1-2、图 1-3）。整体产能过剩与产能不断扩张、固定资产投资扩张、企业经营低效率等现象并存。导致产能过剩原因众多，例如，"去库存"增加国有粮食加工企业投资动力、"粮食、粮人、粮资"的安全负担抬高国有粮食加工企业退出壁垒、粮食加工中小企业门槛低等。优化国有资产配置、适度干预、推动资源流向中高端加工环节、延伸产业价值链等措施有望扭转这种局面。

二、过度加工依旧存在

大部分消费者对"精米白面"的追求根深蒂固，企业迎合消费者偏好，过度加工现象普遍存在。目前我国稻谷出米率约为 65%，比日本低 3%~5%；小麦粉出粉率为 74.3%，而去除全麦粉后，其他小麦粉的平均出粉率为 71.6%。粮食

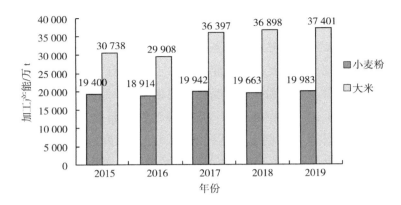

图1-2　2015—2019年我国小麦粉、大米加工产能情况

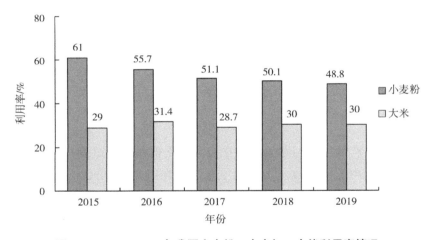

图1-3　2015—2019年我国小麦粉、大米加工产能利用率情况

加工损失率为3%~15%，每年因过度加工损失的粮食达到750万t以上，成为影响国家粮食安全和制约粮食加工行业整体效益的重要因素。过度加工还造成了营养成分流失和能耗增加等后果，亟待通过标准制定、消费引导等方式扭转这一局面。

三、副产物高值化利用不足

粮食加工业产生大量副产物，我国规模以上粮食加工企业每年生产米糠约1 400万t、碎米600万t、稻壳和皮壳3 000万t、小麦麸皮3 000万t、小麦胚芽

20万t等，充分加工利用可以生产相当数量的食用植物油、食品配料等产品，促进国家粮食安全、提高综合效益。但目前粮食加工副产物利用不足，尤其是高值化利用与发达国家差距巨大。例如，发达国家稻米副产物的综合利用率普遍达到90%以上，而我国稻壳不足10%，碎米为26%，米糠不足50%。当前副产物利用的重点应该在米糠、玉米胚芽和小麦胚芽制油，以及提高碎米、米糠、次粉和麸皮等的食品化利用，同时注重蛋白质、低聚糖等营养和活性成分精深加工技术研发与示范。

四、节能减排、智能化水平还需进一步提升提高

目前，国内粮食加工装备制造企业自主研发能力显著提高，国产装备性能、自动化水平大幅提升，一批具有自主知识产权的色选机、包装机、输送机等装备达到国际先进水平，大量出口东南亚、非洲、南美洲和俄罗斯等地区和国家。但与发达国家相比，我国粮食加工装备整体设计制造仍偏重于结构、零件，在满足基本功能、性能基础上，节能减排效能、智能化水平等仍有待提高。

第四节　重大发展趋势

一、粮食减损技术保障粮食安全

目前粮食有效加工不足和加工过度问题依然突出，加工损失率高，限制产业有效供给和质量效益提升。引导粮食合理加工、深度加工、综合利用加工，推进多元化开发、多层次利用、多环节增值，实现减损增供、减损增收、减损增效，是产业优化升级的重要方向。

二、初加工产品重点培育优质品牌

市场对优质粮食需求强劲，但当前有效供应并不充分，这将刺激企业增加优质口粮种植和产出。普通口粮则因需求下降，供过于求，价格趋弱，产量也将继续萎缩。品牌化粮食影响大、效益高，以品牌培育为重点提高附加值是加工企业的发展方向。

三、精深加工提高粮食产业效益

目前我国粮食加工主要针对原粮的一级和二级开发，精深加工不足，综合利用率和效益不高。发展专用粉、全麦粉和专用米、糙米、营养强化米等新型健康产品、开展高品质多样化米面方便食品、休闲食品加工、开发营养健康型杂粮食品等，是做强主食精深加工转化、提高企业效益的重要途径。

四、综合利用提高资源产出率

米糠、稻壳、碎米、麦麸、麦胚等加工副产物营养丰富，产量巨大。开展粮食副产物的梯次利用，是提高资源利用率，提升资源价值的重要途径。创新超临界萃取、超微粉碎、生物改性等技术，深度挖掘原料功能价值，提取副产物中营养、功能因子，制备蛋白、纤维等营养基料。建立副产物稳定化和全利用技术，进行食品原料整体化利用，也是粮食精深加工发展的重要方向。

第五节　下一步重点突破科技任务

一、方便主食食品规模化加工关键技术

针对我国传统主食食品存在营养不全面、产品结构单一、品质易劣变、规模化不足等问题，重点研究以小麦、稻米、玉米和杂粮为主要原料的主食食品工艺挖掘与优化升级、特征风味与质构保持、主食原料关键组分修饰与改性、全营养精准设计与多源性配料制备、方便主食保质保鲜和安全控制等关键技术研发，创制蒸煮类和烘焙/煎烤类厨房预调理方便主食新产品；集成新型冷冻、智能包装和中央厨房制造等新技术和新装备，开展方便主食食品定制式组合设计与开发研究，建立规模化和智能化示范生产线。

二、高效节能小麦适度加工新技术

以传统面制主食品专用小麦粉和高端小麦粉加工技术研发为目标，围绕高效节能小麦适度加工新技术研发、小麦产业提升技术装备创新和粮食加工制品产业化关键技术装备研究与示范等方向进行研究开发、持续改进、产业化应用及较大

规模实施，主要针对中国小麦加工能耗高、出粉率低、蒸煮类食品加工适应性差、副产物综合利用率低等行业共性关键技术难题，创新出物料强化分级及纯化、磨撞均衡制粉、小麦麸皮膳食纤维产业化等一批国际先进的、具有自主知识产权的新技术/工艺、新装备。

三、特色杂粮精深加工技术研究

进一步加强荞麦、藜麦、青稞等杂粮营养作用机制研究，构建适合杂粮营养品质评价的方法和体系，为杂粮精准营养搭配及差异化高附加值产品开发奠定理论基础。在此基础上，研究杂粮质构改性技术、营养成分保持技术、营养成分提升技术等，改善杂粮加工特性的同时提高其营养价值，从而开发系列高附加值杂粮产品；以营养为指导，通过资源收集与评价，构建苦荞、藜麦、青稞等杂粮资源品质数据库，为优质、差异化杂粮产品开发提供参考与保障。

第二章

2020 年油料加工业发展情况

第一节　产业现状与重大需求

一、油料加工产业年度发展概况

2020 年我国油料生产稳中增长，植物油消费需求略有涨幅，油料油脂进口持续双增长。2019/2020 年度，我国主要油料产量为 6 095.5 万 t，比 2018/2019 年度增长 5.32%；植物油总产量为 2 763.7 万 t，同比增长 4.57%；食用植物油消费总量为 3 981.7 万 t，同比增幅为 3.79%。2019/2020 年度，我国进口主要油料 10 271.2 万 t，同比增长 18.42%；进口主要食用植物油 1 183.7 万 t，增幅为 12.56%（图 2-1）。

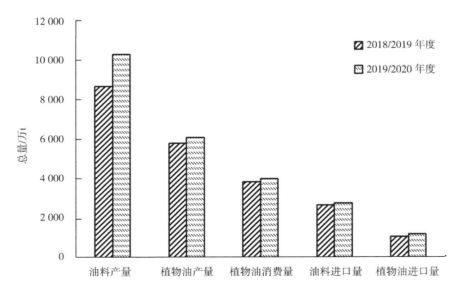

图 2-1　中国油料及食用油 2018—2020 年度情况

（资料来源：美国农业部）

　　2020年8月，国家粮食和物资储备局粮食储备司公布了我国粮油加工业的统计情况。纳入统计的成品食用油加工企业1 604个，其中国有及国有控股企业121个，内资非国有企业1 405个，港澳台商及外资企业78个。2019年食用植物油加工企业的油料年处理为16 862.8万t，其中大豆为11 586.5万t、油菜籽为3 287.8万t、花生为757.2万t、葵花籽为109.6万t，其他油料为1 121.7万t，分别占比68.7%、19.5%、4.5%、0.6%和6.7%（图2-2）。食用植物油加工企业的油脂精炼能力合计为6 515.0万t，其中大豆油为3 196.9万t、菜籽油为1 849.7万t、棕榈油为613.2万t、其他油脂为855.2万t，分别占比为49.1%、28.4%、9.4%和13.1%（图2-3）。

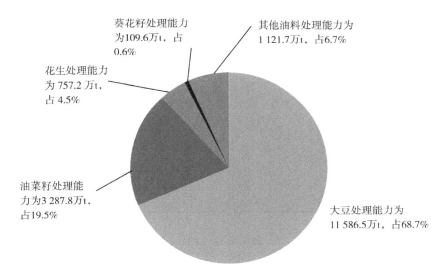

图2-2　2019年食用植物油加工企业年处理能力按不同原料划分比例

二、油料加工产业"十三五"期间发展成效

　　"十三五"期间，总体上我国油料生产稳步发展，消费增速快于生产增速，油料油脂进口双增长。2016—2020年，我国主要八大油料产量达到31 883.7万t，比"十二五"期间增长8.18%；产量排名前三位的是花生、大豆和油菜籽，产量分别为8 607.5万t、8 254万t和6 696.8万t，占比分别为27.00%、25.89%和21.00%；其中产量增幅排名前五位的是油茶籽、大豆、葵花籽、花生和胡麻籽，同比涨幅分别为38.53%、25.44%、21.40%、8.90%和8.30%（图2-4）。

　　"十三五"期间，主要植物油总产量为13 437.2万t，较"十二五"增长

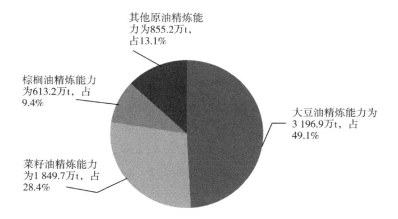

图 2-3　2019 年食用植物油加工企业油脂精炼能力按不同油品划分比例

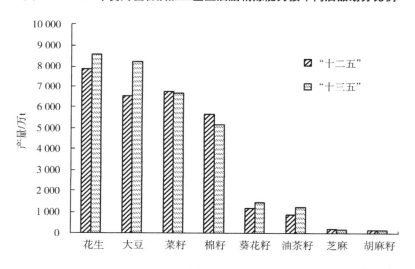

图 2-4　中国八大油料产量

（资料来源：国家粮油信息中心）

19.58%；其中大豆油为 7 813.2 万 t，同比增长 34.4%；菜籽油为 3 258.8 万 t，增长 1.65%；花生油为 1 441.6 万 t，增长 13.19%（图 2-5）。

　　随着我国人口规模的增长和居民收入水平的提高，食用植物油消费总量稳步增长。"十三五"期间，食用油的食用消费总量为 18 548.9 万 t，较"十二五"期间增长 20.16%；其中大豆油为 8 117.8 万 t，同比增长 27.14%；菜籽油为 4 223.3 万 t，增长 26.45%；花生油为 1 510.1 万 t，增长 13.22%；葵花籽油为 805.3 万 t，增长 119.97%（图 2-6）。

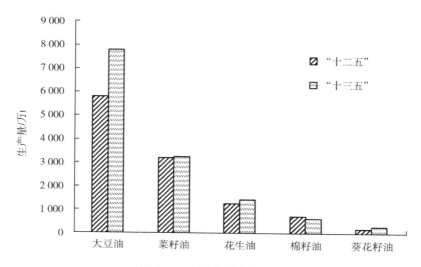

图 2-5 中国食用油生产量

（资料来源：美国农业部）

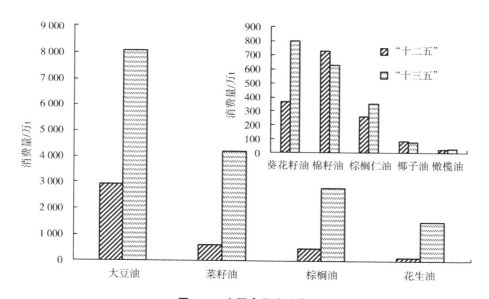

图 2-6 中国食用油消费量

（资料来源：美国农业部）

"十三五"期间，受国内外油料价格倒挂、饲料需求刚性增长、食用植物油消费量增长等因素带动，油料进口仍持续上涨。"十三五"期间，进口各类油料合计为 47 507.8 万 t，较"十二五"期间增长 40.47%。其中大豆为 45 189.3 万 t，增长 41.15%；菜籽为 1 903.0 万 t，同比增长 14.57%；花生为 288.6 万 t，增长 7.88 倍（图 2-7）。"十三五"期间，我国进口各类食用植物油合计为 4 491.9 万 t，同比增长 2.85%；其中葵花籽油为 516.9 万 t，增长 2.29 倍；菜籽油为 608.4 万 t，增长 23.78%（图 2-8）。

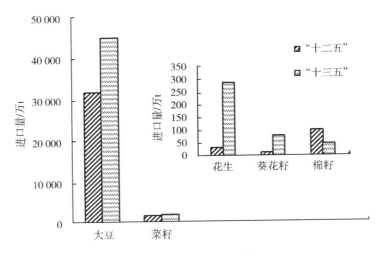

图 2-7　中国油料进口量

（资料来源：美国农业部）

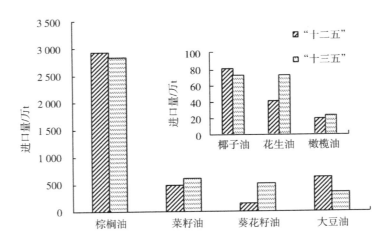

图 2-8　中国食用油进口量

（资料来源：美国农业部）

三、油料加工产业发展需求

多油并举满足市场消费需求。以国产菜籽油、花生油、葵花籽油、亚麻籽油、芝麻油、茶籽油等为主，核桃油、牡丹籽油、文冠果油、红花籽油、紫苏油、玉米油、稻米油等特色小品种的供应增加，既保障了优质食用植物油的供给，也满足了居民消费结构升级需求。

倡导绿色生产、适度加工、安全营养和健康消费。绿色生产、节能减排和保护环境是油脂加工业发展的永恒主题。在全民健康的大背景下，"优质、高效、营养、方便"是重要的发展方向，绿色精准适度加工是必要的技术手段，同时科学制修订油料油脂的质量标准，保障从原料到产品全过程的质量与安全，引领油料加工行业的健康发展，通过加强科普宣传引领科学消费、合理消费和健康消费。

进一步优化调整油料加工产业结构。继续培育壮大各级龙头企业和大型骨干企业，支持做强、大、优和精；引导和推动企业强强联合、跨地区跨行业跨所有制兼并重组；鼓励有地方特色、资源优势的中小企业积极提升技术装备水平和创新经营方式，形成大、中、小型企业合理分工、协调发展的格局；依法依规加快淘汰落后产能；支持油料加工产业园区或集群建设，促进优势互补。

第二节　重大科技进展

一、油茶鲜果鲜榨分相制取茶油及深加工工艺技术

湖南大三湘茶油公司发明了油茶鲜果鲜榨茶油技术，通过对油茶鲜果用自制茶果脱壳机剥掉外壳得到油茶籽，再用磨浆机将茶籽进行磨浆处理，接着压榨分离得到新鲜浆液，再通过分离得到茶油、茶皂素、糖类等。该技术缩短了鲜果到油的加工周期，实现了油茶加工产业的一步式跨越，直接从果到油，无须层层分拣，保证原料及产品品质的同时，能充分保留油茶鲜果天然活性物质，取得66项相关技术专利；并建成国内首条日处理100 t油茶鲜果大试生产线，年产值达到1亿元；同时研发出了鲜果茶油酵素凝胶糖果、山茶籽焕颜魅肌原液、山茶籽营养逆活精华液（胶囊）等一系列产品，市场反馈良好。

二、大宗油脂生物炼制高值化关键技术

暨南大学科研团队研发了大宗油脂生物炼制高值化关键技术。发明了鼓泡式酶反应器催化非均相酯化高效合成甘油二酯技术，显著提高无溶剂体系酶催化效率。鼓泡式反应器中脂肪酶利用次数大大提高，反应30次后酶催化酯化活力大于95%，催化剂成本节省80%~90%。研发了酶催化制备高效安全食品乳化剂技术，采用磷脂酶A1催化制备单甘酯和聚甘油酯，拓展了酶催化理论在食品乳化剂中的应用。采用固体超强酸催化天然植物油和甘油反应生产新型不饱和单甘酯，单甘酯转化率提高30%以上。发明了甘油酯化和酯交换两步法利用废弃油制备脂肪酸甲酯技术，和传统技术相比能耗降低30%以上，转化率>99%，得率>98%。发明了陶瓷膜微滤技术对粗脂肪酸甲酯脱皂技术，取代传统两次水洗脱皂方法，实现清洁生产脂肪酸甲酯，无废水排放。

三、高效定向油料活性多肽制备技术

为推进油料低温饼粕高值化加工利用，河南省农业科学院研发团队创制了高效定向油料活性多肽制备技术，采用计算机辅助筛选、固定化酶解、膜分离等技术创新耦合，利用油料低温饼粕中蛋白资源开发植物蛋白与活性多肽产品。将低温压榨并去除残油后的饼粕粉碎，采用超声波辅助弱碱提取蛋白，再经过中和、脱色、干燥等处理，加工成植物分离蛋白；然后以植物分离蛋白为原料，采用生物信息学技术分析蛋白组成，找出主要蛋白种类及其序列组成。根据已知活性肽结构特征，确定该蛋白适宜制备哪类活性肽，并利用虚拟水解技术，筛选出适宜的蛋白酶；随后利用固定化酶技术将该蛋白酶固定，水解蛋白，采用膜分离与柱层析技术将酶解液分离纯化，制备活性肽产品。该技术较传统技术相比，生产效率高、生产成本低、产品品质高，适宜大规模工业化推广。

第三节 存在问题

一、油料副产物综合利用率低

国内油脂加工行业的加工收益主要依赖于油料原料的含油率，同时油料饼粕

主要作为低附加值的产品利用，用作饲料、肥料等，其中豆粕、花生粕饲用消费常年占 90% 以上，菜籽等饼粕饲用消费也占 96% 以上，据估测豆粕等副产物综合利用率不高于 10%，因此困局仍未突破。以大豆为例，国产大豆具有蛋白含量高的优势，榨油后的豆粕可以开发大豆分离蛋白、组织蛋白、浓缩蛋白、多肽、多糖、膳食纤维等精深加工产品。但在传统的产业模式下，国产大豆优质蛋白深加工不足，产品特色优势以及综合效益未充分发挥，主要原因是很多企业由于技术储备不足、资金等限制未能充分利用。国产大豆振兴计划也提出，要立足我国资源禀赋和生产实际，形成进口大豆与国产大豆错位竞争、相互补充的格局。其中之一就是发挥国产大豆优势。适应居民饮食消费习惯，发挥我国非转基因大豆、高蛋白大豆、菜用大豆优势，生产如功能性浓缩蛋白、营养型浓缩蛋白、注射性浓缩蛋白、组织蛋白、卵磷脂、酱油专用粕等。随着国内消费市场规模不断壮大，并伴随着消费升级转型，深加工产品的国内外市场前景非常广阔，可以支撑整个大豆产业发展的空间。因此国内企业急需提高科技创新能力，走产业链一体化、产品高值化及多元化的道路，大幅提高加工利润、抗风险能力和竞争力。

二、油料专用品种供应短缺

为满足日益升级的消费需求，食用植物油加工对多元化、专用化和优质化的原料需求逐渐增多。但目前国内优质专用品种如高含油、高油酸、高脂类伴随物系列品种原料供给明显不足，突出表现在生产规模较小，原料标准化水平较低、品质不稳定，以及种子价格虚高等问题，制约了原料收购和后续高品质油品的加工和供给。加上目前的混种混收现状，导致多数企业只能以市场统一价格收购原料，仅能生产普通产品，使产品同质化更加严重，产品利润无法得到保障。加工企业对油料专用品种需求是迫切的，通过加工专用品种原料，可以充分发挥优质优价的优势，获得更多的差异化发展路径，产业链将得到延伸，在市场中获得更高的利润。采用高含油油料可以直接提升单位加工效益，而高油酸、高脂类伴随物、高蛋白等优质原料可生产高品质油，甚至功能脂质、食品添加剂、化工制品、医药制品等高价值产品，意味着技术和产品升级换代，从一般的植物油、饲料原料生产行业向功能食品、日用化工、医药等行业衍生。因此油料专用品种供应的突破将极大地促进油料加工行业发展，也会带动我国油料种植产业发展。

第四节　重大发展趋势

一、油料加工业持续向规模化、集约化、智能化和个性化等方向转型升级

城镇化进程和居民消费结构升级为油脂工业转型升级提供了广阔空间，信息化、市场化与国际化持续深入发展为产业转型升级提供了重要契机，而能源资源和生态环境约束更趋强化对工业转型升级提出了紧迫要求。同时产能过剩造成低效产能将逐步退出，行业持续整合增效。持续集约与消费升级的行业变革趋势，以及龙头企业对产业链的全程把控能力，将引领食用油行业竞争格局进一步高度集中。

二、"营养、健康、绿色、安全、综合"是未来发展方向

在安全的基础上更加重视"营养与健康"，绿色健康将持续提高，筛选和利用新的对环境、健康有利的浸出溶剂、柔性加工、智能制造、功能产品创制技术是油脂加工业面临的新的挑战和未来发展方向；提高油料综合利用程度，开发利用油料蛋白、多糖、低分子活性物质等产品是未来油料产业的发展之路。

三、大力发展木本、特色油料加工已成为必然趋势

我国木本和特色油料种类繁多、资源丰富，具有天然的优势和基础，开发潜力巨大，前景广阔。90后和00后新兴消费群体需求极具多元化，促使木本和特色油脂驶入发展快车道，或将成为各企业新的利润增长点；同时也是解决自给率问题、缓解国内食用植物油严峻供给形势的关键。

四、龙头企业多元化、高端化布局将加剧食用油行业竞争

随着龙头企业的多元化、高端化布局，不同企业针对的不同品类食用油市场将进一步交叠，包装油对散装油持续替代，小包装油品牌溢价突显，高端油种消费占比增加，这些将进一步加剧未来食用油行业的竞争。

五、细分油料油脂品类或成中小企业破局关键

龙头企业虽然占据了食用油行业的大半壁江山，中小企业突围难度较大，但目前食用油细分品类繁多，均未建立食用油细分品类市场地位，需要企业不断增加研发，丰富品类和品质的分布层次，多方面提升自身竞争力，更大程度地满足不同消费阶层的需求。

第五节　下一步重点突破科技任务

一、油料品质与加工适应性研究

创建全景油料脂质组高效剖析和营养评价新方法和新技术，建立我国油料大规模综合脂质组数据库，开展油料功能脂质迁移变化规律，形成机制与构效关系研究，探索出一整套广适、高效的从分子水平研究油料脂质形成机制与构效关系的新理论和新技术。突破长期制约产业发展的油料脂质量效、构效、组效关系不清等瓶颈问题，为油料油脂的品质评价及其调控机制研究提供新途径。系统研究油料的加工特性、贮藏特性，构建基础数据库，揭示油料加工过程中生化成分、营养组分的流变及其调控机制。重点研究多酚等生物活性物质在加工过程中的变化规律及调控机理的研究以及对油料营养品质及氧化稳定性的影响。为实现高营养价值食用植物油的可控生产，推动油料高值化加工技术发展提供技术支撑。

二、油料全资源绿色高效高值加工技术

系统开展油料多物理场提质预处理，膛温/压精准可控可自适应的数字化可视压榨，高选择性、安全高效的低温临界流体绿色萃取，高适应性、高营养保留率的柔性物理精炼，基于复杂工艺环境下的参数控制，以机器学习、嵌入式控制、云端数据统计、在线检测采集等为手段的智能化控制技术研究；探明油料的油脂及其内源脂类伴随物的析出及控释机制，突破油料典型加工过程营养与安全的平衡点和关键控制点，加工过程中生物毒素、脂质氧化和异构化产物等危害物精准控制及消除技术，建立油料全资源绿色高效高值加工利用技术体系，突破油

料绿色储藏、生物解离、柔性制取、提质增鲜等新型技术，全面提升食用油脂产品营养与品质。

三、油料基合成生物学制造技术

突破发酵菌种高通量筛选技术、以油料基为主要原料的发酵工艺及其放大技术、油料基发酵生物产品生产和评价体系，利用基于系统代谢工程和合成生物学技术构建油料基高效利用并高产目标代谢产物的工程菌株，研究油料基发酵的产物合成代谢调控机理，挖掘并解析影响油料基转化利用的关键酶和代谢途径，针对不同发酵菌株的代谢产物开发长链多不饱和脂肪酸、虾青素、黄酮类和萜类等油料基发酵营养品，建立示范生产线。打破国外专利壁垒，解决我国油料基生物转化的核心技术供给问题，建立现代生物制造技术在发酵和油脂食品行业的应用。

四、油料分子修饰与产品创制技术

以油料基油脂和蛋白为原料，构建基于"组学资源挖掘-蛋白质构效阐释-分子理性设计-高通量筛选"的新酶创制的技术平台；通过"定格"酶的关键结构域，构建高活性的酶微反应阵列催化剂；联用介质工程、皮克林乳液体系、超声波-微波强化、反应-分离耦合、微流场等新技术，强化脂肪酶、蛋白酶等生物催化剂在油脂生物精炼、重构脂质、活性肽等生物加工和制造中的综合性能。开展基于酶元件特异性分子修饰反应体系，挖掘新颖合成途径，构建多酶协同固定化与串联催化反应模式和自动控制系统。研发多通道连续流酶反应器、乳液酶工厂等高效转化体系耦合生物分离精制技术与装备。开展重构脂质和多肽分子靶向设计合成，结合物理加工-酶催化、可控酶解、稳态化调控等技术创建植物甾醇酯、OPO 结构酯、油料活性肽等油料基高值化产品的酶法制备关键技术和示范生产线。构建酶资源、化合物结构、营养保健功能信息数据库。开发出"视同天然"且高附加值的油料基食品添加剂及配料，形成具有自主知识产权的具有国际竞争力的油料基绿色生物制造成套技术与核心装备。

第三章 2020 年果品加工业发展情况

第一节 产业现状与重大需求

一、果品加工产业年度发展概况

1. 产业化经营水平越来越高

部分地区已实现了果蔬产、加、销一体化经营，具有加工品种专用化、原料基地化、质量体系标准化、生产管理科学化、加工技术先进及大公司规模化、网络化、信息化经营等特点。

2. 加工技术与设备逐步自动化智能化

近年来，生物技术、膜分离技术、高温瞬时杀菌技术、真空浓缩技术、微胶囊技术、热泵干燥技术、微波技术、无菌贮存与包装技术、超微粉碎技术、超临界流体萃取技术、膨化与挤压等相关技术与装备设备等已在果品加工领域得到普遍应用。这些技术与设备的应用，使我国果品加工减损增值能力得到明显提高。

3. 产品越来越多样化

产品不仅仅局限于传统的鲜果、罐头、果干、果脯、蜜饯等，鲜切、NFC 果汁、休闲果品等新型果品加工产品日新月异。在质量、档次、品种、功能以及包装等各方面均已能满足各种消费群体和不同消费层次的需求，尤其是营养健康导向的休闲果品的绿色制造已经成为了果品加工行业的新的经济增长点。

4. 资源综合利用高值化

在果品加工过程中，往往产生大量废弃物，如生理落果、疏果、不合格果以及大量的果皮、果核、种子、叶、茎、花、根等下脚料。如柑橘生理落果和疏果，被用来提取功能性成分辛弗林和圣草次苷，果皮被用来提取制备香精油和果胶，而种子被用来提取类柠檬苦素。

5. 产品标准体系和质量控制体系日益完善

果品加工企业日益重视产品标准体系、生产过程中食品安全体系的建立和全程质量控制体系，普遍通过了 ISO9000 质量管理体系认证，实施科学的质量管理，采用 GMP（良好生产操作规程）进行厂房、车间设计，同时在加工过程中实施了 HACCP 规范（危害分析和关键控制点），使产品的安全、卫生与质量得到了严格的控制与保证。

二、果品加工产业"十三五"期间发展成效

1. 果品加工产业自主创新能力明显增强

"十三五"期间，我国对果品加工科技研发的支持力度明显增强，取得了一批重大科技成果，制订了一批新标准，建设了一批创新基地，培育了一批优秀人才，组建了一批产业技术创新联盟，果品加工科技创新能力不断增强，果品加工装备行业整体技术水平显著提高，食品安全保障能力稳步提升，有力支撑了果品加工产业持续健康发展。2019 年我国果品种植面积 1 187.48 hm^2，果品年产量 2.57 万 t，比上年分别增长 1.73% 和 6.2%。果品产业结构不断优化，效益持续增长，投资规模进一步扩大。

2. 果品加工产业科技水平大幅提升

通过建设一批国家工程技术研究中心、产业技术创新战略联盟、企业博士后工作站和研发中心等，形成了一支高水平的创新队伍，显著增强了果品加工产业的科技创新能力。在干坚果保鲜与贮藏加工、柑橘绿色高值加工、营养健康型导向的亚热带水果加工、特色浆果等果品的产地加工处理与精深加工等方面取得了重大突破；解决了一批果品加工生物工程领域的前沿关键技术问题，研创了一批果品采后高品质保鲜关键技术，显著延长了产品贮藏期，实现果品采后减损增值；开发了一批具有显著健康功效的方便休闲果品等，大幅度提高了果品的加工转化率和附加值。"十三五"期间，果品加工领域共获得了 4 项国家科学技术进步奖二等奖，分别是"干坚果贮藏与加工保质关键技术及产业化"（2016 年度）、"柑橘绿色加工与高值利用产业关键技术"（2019 年度）、"营养健康导向的亚热带果蔬设计加工关键技术及产业化"（2020 年度）和"特色浆果高品质保鲜与加工关键技术及产业化"（2020 年度）。

三、果品加工产业发展需求

1. 果品产地加工与供应链物流品质保障迫切需要技术支撑

我国果品产地加工比率低，供应链物流产业环节多，物流过程产品品质劣变

和腐败损耗严重，物流能耗偏高，标准化和可溯化程度低等问题突出。特别是面对"互联网+"等新业态下的技术研发滞后，智能控制技术与装备不完善，物流成本大幅度提高。全面推进果品物流产业向绿色低碳、安全高效、标准化、智能化和可溯化方向发展迫切需要新技术支撑。

2. 传统加工技术向智能制造升级迫切需要科技创新

我国果品加工制造在资源利用、高效转化、智能控制、工程优化、清洁生产和技术标准等方面相对落后，特别是在果品加工制造过程中的能耗、水耗、物耗、排放及环境污染等问题尤为突出。深入研究与集成开发绿色低碳制造技术，提升产业整体技术水平，推动果品生产方式的根本转变，实现产业升级和可持续发展迫切需要科技创新。

3. 营养健康导向产品创制迫切需要科技引领

我国在公众营养健康上面临着营养过剩和营养缺乏双重问题，特别是体重超标与肥胖症、糖尿病、高血压、高血脂等代谢综合征类问题突显。积极推进公众营养健康的全面改善，不断增强健康营养食品精准制造技术水平与开发能力，在营养均衡靶向设计与健康干预定向调控以及功能型营养健康果品与特膳食品开发等方面迫切需要科技引领。

第二节　重大科技进展

一、营养健康导向的亚热带果蔬设计加工关键技术及产业化

围绕荔枝、龙眼等亚热带特色果品中多糖、多酚和三萜等主要活性物质的分离鉴定、营养健康效应分子机制及功能性食品精深加工关键技术和新产品创制开展创新性研究，发明了荔枝果壳原花青素、荔枝龙眼果肉多糖等活性物质高效制备技术，鉴定出多酚、三萜等新化合物，首次从荔枝中鉴定出 A 型原花青素三聚体和槲皮素–3–芸香糖–7–鼠李糖苷等酚类化合物，分离出荔枝龙眼多糖免疫调节的主活性级分，并表征了其精细结构；构建了主要活性成分谱数据库，筛选出9 个高活性专用品种。发现并确证了荔枝果肉多酚保护酒精性肝损伤作用，揭示出其通过保护线粒体结构完整性、抑制肝细胞凋亡和肠源性内毒素引起的肝脏炎性损伤的分子机制；发现了荔枝果壳 A 型原花青素的抗动脉粥样硬化作用，探究了其通过脂质代谢调控和抑制血管炎症的分子机制；发现并确证了荔枝龙眼果肉

多糖肠道免疫调节活性，揭示其与肠道微生物互作，通过增强 sIgA 合成分泌为核心的黏膜免疫、保护肠道屏障的构效机制；探明了龙眼多糖改善学习记忆功能和苦瓜三萜-多糖协同降血糖的作用机制。探明了荔枝、龙眼、苦瓜中主要活性物质在分离制备等加工过程中的变化规律，建立其健康食品精深加工技术，创制出以多糖、多酚和三萜等为主要功能因子的增强免疫力、提高学习记忆力、控制血糖和调节肠道微生物等系列功能性食品并实现产业化。获授权发明专利 25 件，发表论文 116 篇，其中 SCI 论文 54 篇；研发新产品 28 个，其中获保健食品批文4 个；成果在国内 10 多家企业应用，取得了显著经济和社会效益。该成果整体技术达国际先进水平，其中活性多糖的精细结构表征及其肠黏膜免疫调节机制研究处于国际领先水平，获得 2020 年度国家科学技术进步奖二等奖。

二、特色浆果高品质保鲜与加工关键技术及产业化

针对浆果柔嫩多汁、易腐烂、不耐贮运、专用加工装备缺失、高附加值深加工产品稀少等制约浆果产业发展的瓶颈问题，开展了围绕浆果深加工基础理论和应用技术研究，取了多项创新成果：①建立了特色浆果速冻品质评价体系及贮藏技术规程，延长了特色浆果的加工周期。构建了代表性浆果速冻品质评价体系信息库；研发了低温冷藏结合^{60}Co-γ 辐照、冰温结合钙处理技术，提高了浆果货架品质；开发了浆果前处理、速冻、解冻关键技术，为浆果速冻、冻干产品及装备研发提供理论支撑。②创建了特色浆果深加工及综合利用技术，实现了特色浆果资源的高值化利用。从微观分子角度揭示了单元加工操作过程对浆果典型生物活性物质的影响规律，为工艺技术开发提供理论支撑；开发了浆果食品稳态化加工、高效提取纯化、致病性病毒检测和指纹图谱掺伪检测技术，实现了浆果资源高效加工及产品控制；开发了浆果 NFC 果汁、发酵、干制、提取物等 37 种新型浆果制品。③构建了特色浆果及副产物活性物质功能评价体系，明确了其分子作用机理。研究了特色浆果中典型活性物质抗氧化、护肝、辅助降血脂、增强免疫力等功效及分子作用机制，构建了活性成分功能评价体系，为浆果活性成分应用开创了新领域。④研制了特色浆果速冻、冻干、活性成分制备等专用装备。研制开发了浆果速冻、冻干、活性成分制备等专用装备，构建浆果高效连续加工生产线。该成果获得 2020 年度国家科学技术进步奖二等奖。

三、岭南特色水果加工产业化关键技术创新与应用

针对荔枝、龙眼和菠萝等岭南特色水果品种多、品种加工特性和品质控制技术缺乏、专用前处理装备机械化程度差、高附加值产品少、副产物利用率低、产业效率不高等问题，以升级岭南特色水果加工产业技术水平为主线、实现水果减损增值为目标，开展系统性创新性研究。①研创适合荔枝、龙眼和菠萝的原料前处理加工技术和初加工系列装备，构建了不同荔枝品种的加工特性数据库和品质评价方法，建立了荔枝干、龙眼干和菠萝蜜饯的节能和质量控制技术。②探明了荔枝、龙眼和菠萝加工过程物质基础和作用机制，创新了荔枝和菠萝果汁、浓缩汁、果酒、果醋和乳酸菌发酵制品关键技术及工艺，设计创制系列新产品并实现产业化。③明确了荔枝、菠萝皮渣等加工副产物的营养物质成分，开展了其功能成分挖掘及其高值化加工研究，创建了其规模化和资源化加工利用的技术体系。项目整体技术水平达国际先进水平，获授权发明专利33件，发表论文118篇（SCI论文23篇、EI和国家级学报论文23篇）；研发新产品25个；成果在20余家企业应用，累计新增销售额50多亿元，为推动水果精深加工发展发挥了重要作用。

第三节　存在问题

近年来，我国果品加工业得到了一定的发展，但与国外果品加工发达国家相比，主要还存在以下问题。

一、果品加工技术及工艺相对落后

由于我国果品加工业整体上是从传统的作坊发展而来，准入门槛低，整体加工技术装备水平不高，能耗水耗高，效率低。普遍缺乏绿色节能与降耗减排的新工艺新技术。以果蔬休闲食品加工为例，热水漂烫结合热风干燥仍是目前休闲果蔬最常用的方法，不仅破坏物料组织结构，且热效率低、能耗水耗高。一批新兴干燥技术如氮源热泵干燥、微波真空干燥、过热蒸汽干燥等不断涌现，相比传统工艺，具有能耗低、效率高、产品品质好等特点。

二、加工关键装备依赖进口

尽管高新技术在我国果品加工业得到逐步应用，加工装备水平也得到了明显提高，但由于缺乏具有自主知识产权的核心关键技术与关键制造技术造成了我国果品加工业总体加工技术与加工装备制造技术水平偏低。如柑橘榨汁设备、果汁浓缩机械蒸汽再压缩成套装备、利乐包无菌冷灌装等均长期依赖进口。

三、加工副产物综合利用率低，高附加值产品少

以柑橘副产物及下脚料利用为例，巴西柑橘加工企业利用巴西甜橙皮渣提炼获得香精油、黄酮、果胶、辛弗林、蛋白质，并通过化学修饰，将黄酮和果胶分别制备成不同酯化度和酰胺化的果胶、多甲基黄酮等多种产品；种子最后被制成颗粒状动物饲料。产生的废水用于生产沼气，其综合利用率达到95%以上。制汁厂几乎无废物排出，只有少量多次使用无有机物的洗果用水及浓缩果汁时排出的水蒸气。而我国只有极少数公司掌握了酰胺化果胶产品改性关键技术，目前生产所需的酰胺化果胶仍须从斯比凯可（Kelco，美国）等国外公司大量进口。

四、质量保障体系需进一步完善

随着社会的进步和人民生活水平的提高，人们对果品安全的关注程度越来越高，消费者对果品的需求已逐渐由"数量型"向"质量型"转变，天然、营养、安全、无污染的果品日益受到人们的青睐。抽查数据显示，滥用农药、土壤重金属、不合理使用生长激素和非法使用添加剂等问题，直接影响我国果品的质量，而目前我国果品质量安全追溯制度尚未全面建立。

第四节　重大发展趋势

全球果品加工产业已发生深刻变化，技术装备更新换代更为频繁，果品加工制造智能、低碳、绿色趋势更加多元，产品市场日新月异、向营养健康需要导向与个性化定制趋势发展愈发明显，科技创新驱动全球果品加工产业向全营养、高科技和智能化方向快速发展。

一、智能高效全程精准冷链实现物流保质减损

高效节能制冷新技术、绿色防腐保鲜新方法、环境友好包装新材料、智能化信息处理与实时监控技术装备开发受到全球性的高度关注。构建"产地分级预冷-机械冷库贮藏-冷藏车配送-批发站冷库转存-商场冷柜销售-家庭冰箱保存"的全程精准冷链物流体系，保障果品"从农田到餐桌"全程处于适宜环境条件，实现果品物流保质减损成为全球物流产业的共识。

二、绿色加工低碳制造保障产业持续发展

面对资源、能源及环境约束日益严峻的形势，传统的果品加工生产方式正经历深刻的变化。高效分级、物性修饰、超微粉碎、非热加工、节能干燥、发酵工程、酶工程、细胞工程、基因编辑等现代食品绿色加工与低碳制造技术的创新发展，已成为跨国食品企业参与全球化市场扩张的核心竞争力和实现可持续发展的不竭驱动力。

三、智能互联机械装备支撑产业转型升级

数字化、信息化和智能化食品装备助推全球食品产业快速转型升级。智能控制、自动检测、传感器与机器人及智能互联等新技术大幅度提高食品装备的智能化水平。基于柔性制造、激光切割和数控加工等先进制造技术全面提升了食品装备的制造精度。规模化、自动化、成套化和智能化的食品装备先进制造能力成为实现食品产业现代化的重要保障。

四、食品组学技术推进健康食品精准制造

食品营养学研究从传统的表观营养向基于系统生物学的分子营养学方向转变。以宏基因组学（人和肠道微生物 DNA 水平）、转录组学（RNA 水平）、蛋白组学（蛋白质表达与修饰调控）和营养代谢组学、基因编辑技术为基础的食品分子营养组学技术及其应用研究成为国际食品营养学领域的新热点，为实现果品营养靶向设计、健康营养果品精准制造提出了新思路、开辟了新途径。

第五节　下一步重点突破科技任务

一、果品采后供应链保鲜与减损

1. 果品采后供应链过程中品质劣变机制和腐败微生物演变规律研究

开展基于供应链温度、湿度、气体等微环境下果品品质劣变机制和微生物演变规律研究。构建基于物流微环境条件、时间和忍耐性等货架期品质变化预测模型，确立供应链物流过程品质劣变和腐败微生物控制的有效途径。

2. 果品供应链物流工艺与核心技术装备开发研究

研究果品产后供应链产品与环境应激响应互作调控，提出基于生物、化学和物理手段的保质减损控制措施。研创新型高效绿色防腐剂，明晰其使用的技术特性；开发新型保鲜剂；研发绿色防腐保鲜纳米材料及其精准控释保鲜技术；研创保鲜剂减量增效关键技术及配套装备；构建基于不同物流业态需求的标准化技术体系，并进行示范应用。

3. "互联网+"电商新型果品物流技术集成示范

推进信息技术、移动互联网、大数据、物联网等与果品供应链物流产业的紧密结合，重点建立电子商务、物流车联网、互联网物流园区和全供应链互联网物流支撑系统，助推果品直销、预售、网络直播等产业新模式和新业态，构建基于"互联网+"的社会化、协同化果品供应链物流2.0体系。

二、果品加工制造与装备

1. 果品加工制造过程中的物性学基础研究

开展果品加工制造过程中组分结构变化及品质调控机制研究，确定果品生物大分子与功能性小分子的结构特性，揭示加工过程中物性修饰机制与保质减损机理。探索风味特征与品质评价理论及加工过程中风味形成与变化规律，阐明风味与感官品质稳定性控制方法。

2. 果品加工制造共性关键技术及配套装备研究与集成

重点突破高效分离、靶向萃取、质构重组、超微粉碎、节能干燥、新型杀菌、快速钝酶、MVR浓缩、节能速冻解冻和副产物高值综合利用等现代食品制造共性关键技术研发，开发果品生产网络化自动管理系统，研制无损检测分选、低温快速压榨、MVR节能浓缩、高效节能干燥、无菌高速灌装等系列核心设备，提升大宗和特色果品等标准化、连续化及工程化技术水平，创制方便美味、营养安全的健康休闲果品。

三、果品营养与健康

1. 基于肠道微生物宏基因组学与人类营养代谢组学研究

系统开展人类肠道微生物宏基因组学与人类分子营养代谢组学的理论研究；探索果品营养成分、功能因子对健康靶向影响，阐明果品成分、功能因子的协同作用及营养代谢与健康效应。从分子水平揭示功能因子和营养素的协同作用，为实现营养靶向设计奠定理论基础。

2. 营养强化果品创制关键技术与健康食品创制

基于不同人群肠道微生物宏基因组学与营养代谢组学研究新发现，开展新果品原料功能因子高通量筛选与绿色制备、果品功能因子稳态化及靶向递送技术研究。开展膳食营养与健康大数据分析及营养功能评价等关键技术研究，开发适用不同人群营养保健性健康食品，支撑健康产业发展。

第四章 2020 年蔬菜加工业发展情况

第一节 产业现状与重大需求

一、蔬菜加工产业年度发展概况

我国是世界蔬菜生产和消费第一大国，2020 年全国蔬菜年产量 7.22 亿 t，人均蔬菜年消费量超过 370 kg，远高于发达国家平均值 115 kg 和发展中国家平均值 118 kg。据中国国家统计局与农业农村部数据，我国规模以上蔬菜加工企业达到 2 300 余家，规模以上企业销售收入超过 4 000 亿元，在全行业收入中占比超过 50%。2019 年全国农产品加工业 100 强企业中涉及蔬菜加工的企业共计 8 家，这些企业是带动我国蔬菜加工产业规模持续扩大、经济效益不断提高的中坚力量。

1. 出口贸易稳中有升

2020 年我国蔬菜出口总量 1 017 万 t，其中鲜或冷藏蔬菜 692 万 t、果蔬汁 49 万 t、蔬菜罐头 15.4 万 t，较 2019 年同期增长了 6.3%、9.6% 和 -4.2%。从出口蔬菜产品结构来看，鲜或冷藏蔬菜、耐贮运的加工蔬菜制品仍是重要出口品类，鲜或冷藏蔬菜依旧占据我国蔬菜产品出口数量（重量）的第一位。蘑菇及块菌制品、番茄制品是我国蔬菜加工出口的前两大明星单品，2020 年的净出口总额分别为 68.4 亿元和 45.3 亿元。

2. 番茄加工领跑行业

蔬菜加工领域新技术、新工艺，如双道精细打浆、卧螺离心分离、UHT 等广泛应用于高品质鲜榨番茄汁加工，原料分级筛选、杀菌等环节，提高了产品的营养与安全品质。以新疆冠农果茸股份有限公司为代表的番茄加工企业日处理番茄原料能力达 1.2 万 t，拥有目前亚洲最大的单体番茄制品厂，年产大桶番茄酱 8 万 t、番茄汁 1 万 t、番茄丁 2 万 t、小包装番茄制品 20 万 t，真正将小番茄做成了大产业。

二、蔬菜加工产业"十三五"期间发展成效

"十三五"期间，我国蔬菜年产量由 6.64 亿 t 上升至 7.22 亿 t。将蔬菜进行适当加工，降低蔬菜损失率，提高产品附加值，是延伸蔬菜价值链的重要途径。截至 2020 年底，我国"十三五"期间蔬菜加工全行业年均收入总额约为 7 500 亿元，行业毛利率大于 14%，产品销售利润率高于 10%。

2020 年我国食用蔬菜、根及块茎类产品和蔬菜等植物制品出口总额分别较 2015 年提高了近 20% 和 16%，反映出"十三五"期间我国蔬菜产地初加工精深加工规模的扩大和技术的提升。据粮农组织数据，"十三五"期间我国园艺作物的显示性比较优势指数均维持在 1.6 以上的高位（该指数小于 0.8 时不具有出口比较优势），说明包括蔬菜在内的园艺作物及产品是我国最具国际贸易比较优势的农产品类别之一。

三、蔬菜加工产业发展需求

基于我国蔬菜产业目前加工环节浪费损耗较大、加工产品附加值较低、加工产品同质化较严重的现状和特点，结合乡村振兴、产业兴旺的发展要求，现阶段我国蔬菜产业发展需求主要包括 3 个方面。

1. 促进加工环节减损增效

支持蔬菜预冷、保鲜、冷冻、清洗、分级、分割、包装等仓储设施建设和商品化处理技术研发，拓展蔬菜初加工范围；引导蔬菜加工企业应用低碳低耗、循环高效的绿色加工技术，综合利用菜叶菜帮等副产物，实现变废为宝、化害为利。开展智能化、清洁化加工技术装备研发，提升农产品加工装备水平。运用智能制造、生物合成、3D 打印等新技术，集成组装一批科技含量高、应用范围广、节粮节水节能的蔬菜加工工艺及配套装备，降低蔬菜加工物耗能耗。

2. 推进深度加工和综合应用

鼓励科技型蔬菜加工企业，创新超临界萃取、超微粉碎、大分子改性等技术，挖掘特色蔬菜多种功能价值，提取营养因子、功能成分和活性物质，开发营养均衡、养生保健、食药同源的加工食品和质优价廉、物美实用的非食用加工产品；应用生物发酵、高效提取、分离和制备等先进技术，综合利用菜叶菜帮等副

产物，开发饲料、肥料、基料以及果胶、精油、色素等产品，实现蔬菜产品多层次利用、高值化加工。

3. 发展特色蔬菜加工品牌

针对我国各区域蔬菜优势品种，引导促进蔬菜加工业向优势区域集中，在产业聚集地区合理布局，推进产业园区化、规模化、集约化，推进生产、加工、科技研发一体化；开展特色蔬菜产品多元化开发和品质提升，指导地方蔬菜加工产业根据不同品种和不同需求，合理确定蔬菜加工产品类型，做到宜粗则粗、宜精则精，宜初则初、宜深则深，突破加工技术瓶颈，创新加工工艺，创制配套设备，因地制宜，培育"一村一品"示范村镇，打造特色蔬菜加工产业"特色品牌""金字招牌"，推进特色化、差异化、多样化蔬菜加工。

第二节 重大科技进展

一、辣椒非发酵高值化加工关键技术

针对辣椒非发酵加工中存在的自然干制辣椒干品质不稳定、鲜椒加工产品相对缺乏、辣椒籽大量浪费的问题，中国农业大学深入新疆戈壁滩辣椒生产一线，就辣椒高品质干制、鲜椒产品研发、辣椒籽油绿色高效提取开展研究。构建辣椒加工基础数据库1个，研发辣椒非发酵高值化加工技术4套、鲜椒加工产品3个，授权专利4件，发表论文10余篇，制修订标准9项，为丰富辣椒制品种类、提高辣椒制品附加值、推动辣椒加工产业高质量发展提供技术支撑。

该成果系统研究了辣椒自然干燥过程中翻晒、拢堆、"发汗"等关键环节，揭示了辣椒自然干制的规律，有效控制了自然干制过程中的发霉率，将经验判断的干制终点判断转换成理论值，并开发辣椒自然干制和热风干制加工技术2套。依托高静水压加工技术创制鲜辣椒酱、辣椒丁、辣椒番茄复合酱新产品3个。采用超高压辅助提取技术，将缩短辣椒籽油提取时间较传统溶剂提取法缩短了95%以上，辣椒籽油提取率高达83%，能够有效保留较高含量的不饱和脂肪酸，γ-生育酚等抗氧化活性物质。

二、基于机械蒸汽再压缩的泡菜盐渍液高效综合利用关键技术

针对泡菜生产中产生的高盐有机废水处理难度大、成本高的难题，四川省食品发酵工业研究设计院围绕源头减排、发酵液处理、副产物利用开展深入研究，目前已建成 500 m³/d 泡菜盐水机械蒸汽再压缩（MVR）蒸发结晶回收利用示范线 1 条，研发核心技术、装备 10 余套，授权专利 13 项，发表论文 9 篇，制修订标准 3 项，年节能 500 万元以上，为解决泡菜行业高盐废水处理难题提供技术支撑。

该项目系统解析泡菜盐渍发酵液，创新两段发酵工艺与安全高效预处理工艺，采用"低浓度盐渍液+直投式功能菌（DVS）"调控泡菜发酵，集成自动提升、同步切碎拦截等预处理工艺，降低食盐用量 30%、降低泡菜中生物胺含量 90%，使盐渍液黏度低于 30%、实现源头减排；应用双效 MVR 高效节能蒸发结晶系统回收泡菜盐渍废液，较传统蒸发结晶技术节能提升 50% 以上，使泡菜浸渍废液中食盐的回收率达到 100%；MVR 浓缩液脱毒脱色脱臭处理，可应用于酱汁泡菜、泡菜酱油等新产品开发；回收食盐用于半干态和干态泡菜的生产，可显著提升产品感官品质。

三、银耳保鲜加工及其副产物综合利用关键技术

针对当前生鲜银耳销售企业在采后保鲜处理、包装及贮运过程中缺乏统一规范，影响银耳的保质增值且存在一定的食品质量安全隐患，福建省农业科学院农业工程技术研究所系统解析不同银耳原料、干燥方式和加工特性，研发银耳饮料、冻干银耳羹新产品 2 个，相关国家标准"生鲜银耳包装、贮存与冷链运输技术规范"完成立项，为银耳产业保值增值提供技术支撑。

该成果揭示了银耳加工中共晶点、共熔点及冻干曲线变化规律，形成了速食银耳羹加工关键技术，降低生产成本，开发出冲泡型高品质速食银耳羹和高膳食纤维低 GI 值速食银耳羹新产品。以银耳加工副产物蒂头为原料，集成湿法粉碎、生物酶解提取、瞬时蒸发浓缩和陶瓷膜微滤技术，研发出清爽型银耳饮料产品，并进行规模化生产。该项目研究成果对促进银耳加工产业创新发展具有重要意义，总体技术达国际先进水平。

第三节　存在问题

一、企业规模有限，行业影响力不足

2020 年 9 月，农业农村部新闻办公室发布了由中国农业产业化龙头企业协会联合农民日报社、南方农村报社发布的《2019 年全国农产品加工业 100 强企业名单》，其中涉及蔬菜加工的企业共计 8 家：新疆冠农果茸股份有限公司、北京首农食品集团有限公司、北京顺鑫农业股份有限公司、湖北拍马纸业股份有限公司、今麦郎食品有限公司、郑州思念食品有限公司、江苏省食品集团有限公司、华润五丰（中国）投资有限公司。然而，以蔬菜加工为核心业务的仅新疆冠农果茸股份有限公司一家，龙头带动作用相对有限。截至 2020 年 10 月，我国共有蔬菜种植和加工相关企业 52.18 万家，其中注册资本在 100 万元以下的中小型企业约 31 万家，注册资本在 500 万元以上的企业仅有 8 万余家。规模以上蔬菜加工企业数量仅 5 000 余家，其销售收入占行业总收入一半以上。中小企业仍然是我国蔬菜加工行业的主体，他们数量众多、规模有限、市场集中度低、盈利能力不突出、品牌竞争优势不显著，亟须通过国有资产配置、适度政策干预、扶持有影响力的大规模企业成长，参与国际竞争，提升我国蔬菜加工行业的国际影响力和话语权。

二、高值化蔬菜加工技术亟待推广

我国大多数中小型蔬菜加工企业仍以传统初级清洗、热风干燥等"洗剪吹"技术为主，设备产能低、耗能高、自动化程度较低，整体技术和装备相对落后，现代化水平还有待提高。据统计，2018 年我国果蔬加工业主营业务增速为1.7%，2019 年增速仅为 0.1%，高值化技术和装备未能普及使行业增长遇到瓶颈。近年来，新研发的光电磁协同脱水、高静水压靶向改性、食用菌富硒加工、泡菜低盐发酵、特色果蔬保鲜贮运技术等蔬菜高值化加工新技术已成功在部分加工企业示范，协助企业扩规模、提档次、增产能，成效显著。如何政策引导，将高新技术推广扩展，更广泛地应用于通过蔬菜加工行业，激发蔬菜加工产业活力，探索蔬菜加工高质量发展的新动能，进一步挖掘大型企业的潜能，充分开发和释放中小企业的产能，是我国由蔬菜生产大国向蔬菜加工强国跨越的重要任务。

三、生鲜蔬菜采后流通损耗依然严重

蔬菜属于季节性、区域性很强的不耐贮藏农产品，我国蔬菜消费又以鲜销为主，蔬菜的采后减损是提升行业价值链的重要保障。据不完全统计，我国每年至少有 8 000 万 t 蔬菜在采后流通过程中腐烂，占我国年蔬菜总产量的 10% 以上，相比发达国家不到 7% 的损耗率，仍需在蔬菜采后减损方面突破困局。通过规范采收、升级采后处理技术、研发贮藏库、完善冷链流通网络和节点建设等关键技术研发，能够有效解决我国生鲜蔬菜采后流通中仍存在品质劣变快、腐烂损耗严重、产业适用技术缺乏、标准化程度低、产业链可控能力弱等问题。

四、特色蔬菜资源需进一步挖掘

我国特色蔬菜资源丰富，2020 年我国辣椒产量 1 960 万 t、黄花菜 60 万 t、萝卜 4 500 万 t、芋头 19 万 t、南瓜 4 000 万 t。这些特色蔬菜具有非常高的加工增值潜力，但由于目前对这些高功能活性特色蔬菜资源挖掘不够，存在特质性成分不明、本底不清、品质评价技术匮乏等问题和优质加工品种少、配套生产技术相对落后、规模化标准化程度低、产品类型相对单一且附加值低、产业效益不显著等问题，极大地限制了相关产业的增值发展。通过挖掘特色蔬菜加工潜力，充分发挥我国特色蔬菜资源和价格优势，打造差异化高值化发展途径，进一步延伸产业链和价值链，提升特色蔬菜在市场中的核心竞争力。

第四节　重大发展趋势

一、蔬菜加工产业结构不断完善

蔬菜资源的初加工、精深加工和综合利用得到更合理的统筹规划，特色蔬菜食品开始崭露头角，蔬菜的多元化开发、多层次利用、多环节增值加工将逐步占据主流，蔬菜加工产业结构得到进一步完善。以农民合作社、家庭农场和中小微企业为主力的蔬菜产地初加工进一步拓展；蔬菜预冷、保鲜、冷冻、清洗、分

级、包装设施逐步健全，蔬菜采后损失显著降低。以大型科技型企业为主力军的蔬菜精深加工将得到进一步提升；依托非热加工、高效分离、智能控制等升级技术，利用专用原料、配套专用设备、研制专用配方、开发蔬菜营养因子、功能成分和活性物质等蔬菜加工规模逐步扩大。依托大型科技企业和农产品加工园区的蔬菜加工副产物综合利用进一步发展；采用先进的提取分离、靶向制备等技术，对菜皮菜渣、菜叶菜梗循环利用、全值利用、梯次利用，实现变废为宝、化害为利，进一步提升蔬菜加工业增值空间。

二、蔬菜加工空间布局不断优化

按照"农头工尾"的要求，蔬菜产地、销区、厂区园区布局将得到进一步优化，形成生产与加工、产品与市场、企业与农户协调发展的格局。蔬菜加工企业逐渐向加工专用蔬菜原料基地、产地下沉，向劳动力和物流节点聚集，向产加销贯通、贸工农一体、一二三产业融合发展的加工园区集中。利用蔬菜原料区位优势，通过研发蔬菜休闲食品、方便食品、净菜加工等产品，创新"中央厨房+冷链配送+物流终端""中央厨房+快餐门店""健康数据+营养配餐+私人定制"等新型加工业态，带动蔬菜种植与加工业在地方的发展，以业态丰富提升价值链。

三、蔬菜加工产业技术不断升级

技术创新重点突破蔬菜加工关键环节和制约瓶颈，围绕绿色贮藏、动态保鲜、快速预冷、节能干燥等实用新兴技术，研发自动测量、精准控制、智能操作功能，以实现蔬菜加工的品质调控、营养均衡和清洁生产。装备提升重点运用智能制造、生物合成、3D打印等新技术，集成信息化、智能化、工程化的加工工艺和配套装备，推进蔬菜加工产业技术向科技含量高、适用范围广、加工层次高的方向升级。

第五节 下一步重点突破科技任务

一、生鲜蔬菜产后供应链保鲜减损与节本增效关键技术研发

针对生鲜蔬菜采后流通过程中品质劣变快、腐烂损耗严重、产业适用技术缺

乏、标准化程度低、产业链可控能力弱等问题，研究主要生鲜蔬菜采后供应链产品与环境应急响应互作调控，提出基于生物、化学和物理手段的保质减损控制措施；研创新型高效绿色防腐剂，明晰其使用技术特性；开发新型保鲜剂；研发绿色防腐保鲜纳米材料及其精准控释保鲜技术；研创保鲜剂减量增效关键技术及配套装备；构建基于不同物流业态需求的标准化技术体系，并进行示范应用。

二、特色蔬菜特征品质分析与特征标准研究

针对辣椒、黄花菜、高山蔬菜等特色蔬菜特质性成分不明、本底不清、品质评价技术匮乏等问题，开展特色蔬菜时空品质和多维品质评价研究，分析鉴定特色蔬菜中的特质性成分种类和含量，解析主要特质性成分形成机理和环境互作效应，研究中华传统与民族特色蔬菜加工过程中营养功能组分及典型产品品质特性形成规律，解析典型外源配料、加工助剂对特色蔬菜营养物质消化、吸收、代谢与转化过程的影响规律与机制，明确典型制品品质特性评价关键指标和阈值，制定特色蔬菜特征品质评价标准，集成特色蔬菜品质保持和提升技术，构建特色蔬菜品质指纹图谱平台、特征品质评价与保持及标准体系。

三、特色蔬菜产业高值化绿色加工关键技术研究与应用示范

针对黄花菜、辣椒、萝卜、芋头、南瓜、苦瓜等特色蔬菜优质加工品种少、配套生产技术相随落后、规模化标准化程度低、产品类型相对单一且附加值低、品牌效益不显著等问题，开展特色蔬菜高值化利用加工产品与技术研发，着力特色蔬菜采后加工、品质保鲜技术研发以及自动采摘、运输、分级、包装等智能化装备研发，创建适宜性特色蔬菜绿色高效生产关键技术模式，建立示范基地，形成可复制推广的技术模式。

第一节　产业现状与重大需求

一、肉品加工产业年度发展概况

2020年，我国肉类产量持续保持世界首位，全年猪牛羊禽肉产量7 638万t，比上年下降0.1%。其中，猪肉产量4 113万t，下降3.3%；牛肉产量672万t，增长0.8%；羊肉产量492万t，增长1.0%；禽肉产量2 361万t，增长5.5%。2020年末，生猪存栏、能繁殖母猪存栏比上年末分别增长31.0%、35.1%。随着新增的生猪产能陆续兑现为猪肉产量，猪肉市场供应最紧张的时期已经过去，后期供需关系将会越来越宽松。预计2021年下半年，猪肉供应将逐步恢复到正常年景水平。

1. 营收上涨利润下降

2020年，我国规模以上肉类加工企业累计实现主营业务收入10 786.21亿元，同比增长2.86%，其中，牲畜屠宰业、禽类屠宰业、肉制品及副产品加工业和肉、禽类罐头制造业分别同比增长9.60%、-1.00%、0.10%、-6.60%。规模以上肉类加工企业累计实现利润总额420.35亿元，同比降低17.67%；其中，牲畜屠宰业、禽类屠宰业、肉制品及副产品加工业和肉分别同比降低9.90%、47.70%、5.50%，禽类罐头制造业同比增长9.10%。

2. 进口上涨出口下跌

2020年，我国继续有序扩大肉类进口，分批投放中央储备肉，全力保障市场供应和价格稳定。全年猪、牛和禽肉进口量分别为439.2万t、211.8万t、143.3万t，同比增长108.3%、27.2%、98.3%，进口额分别为120.4亿美元、101.8亿美元，32.8亿美元，同比增长157.6%、23.8%、74.8%。畜禽肉进口量的成倍提升表明在当前国内产能形势下，进口肉对国产肉的消费替代进一步加强，国内市场对国际市场的依赖越来越大。全年出口肉类（包括杂碎）31万t，同比降低11.8%，出口额113.6亿元，同比降低13.3%。

二、肉品加工产业"十三五"期间发展成效

1. 肉类产量呈下降趋势

"十三五"期间，我国肉类产量 41 190 万 t，较"十二五"时期 42 209 万 t 下降明显，产品结构发生显著变化，猪肉产量占比下降，牛、羊、禽肉产量占比上升。"十三五"期间，2019 年受非洲猪瘟疫情冲击，我国生猪产能大幅下降，猪肉产量为 4 255 万 t，较上年减少 1 148.4 万 t，同比下降 21.25%，占肉类总产量比重下降 7.2%；同期牛、羊、禽肉产量呈现不同程度增长，其中禽肉产量显著增加，增幅达 12.3%，占肉类总产量比重上升 6.8%。2020 年在新冠肺炎疫情和非洲猪瘟疫情"双疫情"背景下，我国生猪产能恢复缓慢，猪肉产量仍然延续下降态势，较上年下降 3.4%，牛、羊、禽肉产量小幅增加（表 5-1）。

表 5-1　"十三五"期间我国肉类产量　　　　　　　单位：万 t

年份	不同肉种产量				总产量
	猪肉	牛肉	羊肉	禽肉	
2016	5 299	717	459	1 888	8 540
2017	5 340	726	468	1 897	8 611
2018	5 404	644	475	1 994	8 631
2019	4 255	667	488	2 239	7 769
2020	4 113	672	492	2 361	7 639
合计	24 411	3 426	2 382	10 379	41 190

注：2020 年"总产量"数据未出，该数据仅为全国猪、牛、羊、禽肉总产量，不包含其他肉种。
数据来源：中国国家统计局。

2. 营收和利润呈下降趋势

"十三五"期间，全国规模以上屠宰及肉类加工企业营业收入、利润总额整体呈现下降趋势。2016 年和 2017 年，全国规模以上屠宰及肉类加工企业营业收入、利润总额趋于稳定，每年屠宰及肉类加工企业收入和利润分别稳定在 14 000 亿元和 700 亿元左右；2018 年，受非洲猪瘟疫情影响，全国规模以上屠宰及肉类加工企业营业收入和利润总额分别为 9 675.4 亿元和 433 亿元，总体比上年下降 27.8% 和 32.6%，生鲜肉类及肉类制品销量不同程度下降；2019 年，全国屠宰及肉类加工企业发展呈现回暖态势，规模以上屠宰及肉类加工企业营业收入和利润总额分别为 10 387 亿元和 518 亿元；2020 年，在新冠肺炎疫情的影响下，屠宰及

肉制品加工企业营业收入和利润总额依然呈现稳中向好趋势，全国规模以上肉类加工企业营业收入和利润总额分别为 10 786 亿元和 420 亿元（表5-2）。

表5-2 "十三五"期间全国规模以上屠宰及肉类加工企业营业收入 单位：亿元

年份	营业收入	牲畜屠宰	禽类屠宰	肉制品及副产品加工	肉、禽类罐头制造	利润总额	牲畜屠宰	禽类屠宰	肉制品及副产品加工	肉、禽类罐头制造
2016	14 527	5 875	3 420	4 935	297	730	287	144	283	16
2017	13 417	5 193	3 163	4 720	342	642	240	119	265	19
2018	9 675	3 434	2 237	3 719	285	433	132	59	225	17
2019	10 387	3 476	2 633	4 061	217	518	132	130	244	12
2020	10 786	3 892	2 730	3 956	208	420	119	73	214	149

数据来源：中国国家统计局。

3. 进出口贸易逆差急剧增加

"十三五"期间，我国国产肉品缺口较大，需求旺盛，加之非洲猪瘟疫情和新冠肺炎疫情"双疫情"重创国内养殖、屠宰加工业，从 2018 年开始，肉类（包括杂碎）进口量大幅攀升。2017 年和 2018 年分别为 409.9 万 t 和 421.7 万 t；随着非洲猪瘟疫情的发生，2019 年达到 617.8 万 t；又遇新冠肺炎疫情的全面暴发，2020 年进口量达到为 991 万 t，比 2016 年增长 112.21%。与此同时，肉类出口量逐年下降，2016 年为 39 万 t，2017 有所增长达到 41.6 万 t，随后逐年降低，2020 年为 31 万 t，贸易逆差不断加大（表5-3）。

表5-3 "十三五"期间肉类（包括杂碎）进出口变化情况

年份	肉类进口量/万 t	肉类进口额/亿元	肉类出口量/万 t	肉类出口额/亿元
2016	468.5	699.3	39	130.5
2017	409.9	666	41.6	153.3
2018	421.7	750.4	38.2	146.2
2019	617.8	1 330.2	35.3	131
2020	991	2 131.5	31	113.6

数据来源：中国海关总署。

4. 产业结构加速转型升级

"十三五"期间，受非洲猪瘟疫情影响与新冠肺炎疫情叠加冲击，经得住考验的企业必须具有迎难而上、稳产保供的能力。主要表现为产业集中度显著提升，散户退出，巨头布局，肉品加工产业加速整合升级、规范运营和产业链重塑。同时，畜禽屠宰企业资产比重下降，肉制品及副产品加工企业资产占比上升，产业深加工能力提升，产业链进一步优化延长。全产业链上市公司中双汇集团依旧保持龙头地位，金锣集团、新希望集团、温氏集团等较为稳定，唐人神集团、龙大集团、得利斯集团有亮眼表现。此外，随着健康意识和消费能力的增强以及现代物流的快速发展，满足消费者对肉类食品健康营养消费需求，成为肉类产业结构调整的重要方向。

5. 科学技术取得重大突破

"十三五"期间，国家对肉品加工领域加大科技投入，在屠宰加工、质量安全控制等领域取得多项重大关键技术突破。2018年"羊肉梯次加工及产业化"、2019年"传统特色肉制品现代化加工关键技术及产业化""肉品风味与凝胶品质控制关键技术研发及产业化应用"分别获得国家科学技术进步奖二等奖，"冷鲜鸡质量安全控制关键技术集成与示范""调理肉制品品质提升关键技术创新及应用"等多项成果分别获得省部级科技进步奖，并涌现出一批优秀学术带头人。

6. 标准化能力显著提升

"十三五"期间，发布实施 GB 2726—2016《食品安全国家标准　熟肉制品》、GB 20799—2016《食品安全国家标准　肉和肉制品经营卫生规范》、GB/T 34264—2017《熏烧焙烤盐肉制品加工技术规范》、GB/T 13213—2017《猪肉糜类罐头》等国家标准20项，NY/T 3524—2019《冷冻肉解冻技术规范》、QB/T 5442—2020《牛排》、QB/T 5443—2020《牛排质量等级》等行业标准27项，为推动肉品加工产业高质量发展奠定了坚实基础。同时由我国牵头制定的首个肉类加工领域 ISO 产品标准 *ISO/NP 23854 Fermented Meat Products-Specification* 目前已进入国际标准草案（DIS）阶段，得到了西班牙和美国等9个国家的鼎力支持，显著提升了我国在肉品加工领域的国际影响力和话语权。

三、肉品加工产业发展需求

1. 加速规模化、现代化进程

"十三五"期间，经过非洲猪瘟疫情和新冠肺炎疫情接连冲击，可以更清晰地认识到，我国亟须建立以肉品加工为核心，涵盖养殖、屠宰、精深加工、贮运、销售以及装备制造、冷链物流、副产物综合利用等的完整产业链，建成具有高规模化和现代化水平、抗风险能力强的产业体系。

2. 提高低温肉制品占比

市场主导产业发展。随着消费能力和健康饮食观念的更迭，我国居民肉品消费结构逐渐发生变化，中高温肉制品市场份额逐步降低，低温肉制品市场份额稳步升高，充分表现出市场对低温肉制品的青睐，这也对冷链物流、品质调控等技术保障能力提出了迫切要求。

3. 完善冷链物流体系

我国尚未形成完整独立的冷链物流体系，在冷链物流的运输、仓储、配送等各个环节的衔接尚不完善，冷链物流的发展很大程度上还仅仅停留在运输与冷藏环节。从全国范围来看，信息技术在冷链物流管理体系中的应用明显不足，技术装备也相对落后。

4. 关注肉品健康营养

近些年，我国食品安全态势平稳，抽检合格率稳定在 98%~99%，食品安全已成为食品工业最基本的保障。未来，无论产品迭代的速度和趋势如何变化，消费者对肉品的最大需求将从质量安全逐步过渡到营养健康，逐渐呈现出梯次化、多元化和个性化的发展势头。

5. 提高装备制造水平

机械装备是肉品加工产业快速发展的基本保障之一，国产肉类机械装备近些年高速发展，产品类型较为丰富，但质量却参差不齐，自动化智能化装备制造尚且薄弱，亟须提高我国肉类机械装备制造水平，助力我国肉品加工产业高质量发展。

第二节　重大科技进展

一、中华传统禽肉制品绿色加工关键技术

围绕中华传统禽肉制品绿色加工关键技术从原料控制、加工工艺标准化与有害物减控、产品保真、工程化技术 4 个方面进行了系统研发，解析了禽肉宰前应激与宰后肉品质的形成机制，制定了禽系列福利屠宰标准，揭示了天然产物抑制传统禽肉制品加工过程中危害物的机制，研发了利用鸭肉/鸭血内源酶和外源酶协同作用生成活性肽技术，优化了传统禽肉制品气调包装技术，研制了全自动连续式油水混合油炸等设备，为中华传统禽制品实现绿色加工和清洁生产提供了理论依据和技术支撑。该成果整体达到国际领先水平。

二、新型真空制冷滚揉机

针对普通滚揉机物料容积小、易受损、耗人力、效率低等缺点，自主开发了倾斜式滚筒和梯形三角桨叶设计，容积利用率达到 70%，提高近 2 倍；集成真空吸料和机械上料复合工艺，大大缩短上料时间，提高生产效率；在滚筒内建有保温层、制冷层，以达到制冷、保温的效果，更适合加工块状高端物料；采用乙二醇加水液态剂制冷，制冷效率高，节能效果好，能耗从 20.85kW·h/t 物料降低到 8.26kW·h/t，水耗 0.75t/t 到 0.45t/t 物料；通过 PLC 控制液压系统，可实现筒盖开关、滚筒倾斜，液压密封闭合，操作安全方便，减轻劳动强度。该设备生产规模可达 2 500 L，是国内最大的真空制冷滚揉机，达到国际水平。

第三节 存在问题

一、产业结构不够合理，肉类深加工程度较低

我国肉类产品结构不太合理，产品科技含量比较低，新产品开发能力较弱。基本可以概括为三多三少：即高温肉制品多，低温肉制品少；初级加工多，精深加工少；老产品多，新产品少。这充分反映了我国肉类科技与加工水平还比较低，产业技术创新不足，不能适应我国肉类生产高速发展和人们消费增长的需要，与国外发达国家肉制品占肉类总产量比例相比还存在差距。

二、全链条冷链物流保鲜技术缺乏

我国的肉品冷链物流保鲜技术发展起步较晚，与世界发达国家相比仍处在比较初级的阶段。发达国家已经普遍采用全程冷链不间断技术，保障肉品从屠宰到餐桌全程处于适宜环境条件，肉品冷链流通率 95% 以上、损耗率低于 3%~5%。随着居民消费模式的改变，我国的冷链物流也得到了一定程度的发展，在快速预冷、气调包装、适温冷链配送等方面取得很大进步，但仍存在肉品超快速预冷、亚过冷保藏、冷链物流精准控制技术、绿色可降解包装材料和智能包装技术、冷链环境因子动态变化在线监控技术缺乏的问题。

三、肉品加工全链条智能设备缺乏

系统化成套化的自动化制造技术和装备是肉类产业实现转型升级、提质增效，提高国际竞争力的有力保障。目前，发达国家基本实现了机器替代人工，提高了生产标准化程度和产品质量安全水平，智能屠宰、分割、分级、智能清洗、加工、物流、传感器、机器人及智能互联等新技术广泛应用。然而，我国肉品加工手工操作、半机械化、机械化生产还普遍存在，肉类产业自动化程度低、稳定性差、用工多，与国际先进水平差距较大，严重制约了行业的健康发展。且国内大型肉类加工企业的装备较多依赖进口，自动化控制系统的模型和程序也被国外企业垄断。

第四节　重大发展趋势

一、新品定位高端化

随着消费升级和人民生活水平的不断提高，我国肉品消费需求多样化和高质化的趋势逐渐突显。消费者更加注重产品的质量和口感，对单一肉制品的依赖性降低，对营养价值高、食用便利、安全卫生的高端肉制品的需求越来越大。未来，企业产品研发不会再以"新奇特"和降低成本为首要目标，而是更注重产品品质和生产成本、效益的有机结合，高端化产品将带来更加良性的运营生态链条。

二、营养调控精准化

欧美发达国家已从宏观营养研究转变到分子营养研究，构建了基于组学的现代分子营养学，功能成分稳态化、营养靶向设计、肠道菌群靶向调理、新型营养健康食品精准制造技术持续快速发展，特殊医学用途食品、特殊人群食品、个性化食品开发居领先地位，开始进入个性化精准营养调控阶段。我国亟待开展肉品营养健康基础理论和关键技术研究，在精准营养与个性化肉制品制造领域实现跨越式发展。

三、冷链保障常态化

冷链运输是肉类流通的关键。非洲猪瘟疫情发生以来，我国进一步加强生猪及其产品的调运监管，猪肉供应链正向"集中屠宰、冷链运输"转型。同时，随着居民水平生活的提高，消费者更加追求健康、新鲜、快捷，多频次、小批量地购物，生鲜食品消费逐年提高。在此环境背景下，构建"从工厂到餐桌"一体化全程冷链物流技术和标准体系，实现冷链保障常态化乃大势所趋。

四、生产制造智能化

尽管肉品加工业还正在自动化生产的道路上摸索前进，但不可否认的是终将完成智能化制造的蜕变。目前，网易、京东、睿牧科技等已经将人工智能应用于生猪养殖领域，部分肉品加工企业在开展智能工厂的战略布局。可见，科研人员提早开展技术改造、目标识别、算法、应用模型、智能设备和相关标准的研究是大趋势。

第五节　下一步重点突破科技任务

一、构建高端生鲜肉智能化加工技术体系

针对我国生鲜肉加工效率低、保质期短、产品同质化严重等问题，研究胴体及分割肉的食用品质特性和加工特性，基于畜禽品质大数据，研发智能分级分割技术；研究生鲜肉加工过程中微生物组的时空变化，研发冰温保鲜、真空包装、活性包装等生鲜肉品质智能保持新技术；研发低温高湿以及物理场辅助的原料肉解冻技术，开发智能化的预处理、腌制、保鲜等生鲜肉调理加工新技术；研究活性物质分离提取、调制加工等鲜肉加工副产物的高值化利用技术；开发高品质生鲜肉产品和调理肉制品。

二、构建肉品绿色智能制造技术体系

探究肉品加工和贮藏过程中多元危害物形成机制，挖掘快速识别和高效防控技术；解析原料加工适应性与典型色、香、味、质形成的分子机制，攻克品质提

升和营养素保持关键技术；改造与创新传统工艺，引入智能监测技术，创制智能化、自动化、高效节能装备；基于贮藏过程中产品特性，开发活性智能包装材料与技术，融合人工智能、纳米技术等新兴交叉前沿技术，实现肉品品质提升、营养保持、节能减排综合效益。

三、构建肉用有益微生物商品化制剂制备技术体系

利用有益微生物作为生产工具是提升肉制品营养健康品质的重要技术手段。以健康需求为导向，围绕肉用微生物资源的挖掘与应用进行基础研究–技术创新–产业示范的全链条设计，重点突破微生物种质资源精准鉴定评价和高效选育两大技术瓶颈，通过建立"肉制品营养品质–特征微生物"关联判别体系，创建基于培养组学、基因组学、转录组学等多组学技术的优良菌种精准筛选和评价技术，构建优良肉用微生物菌种资源平台，开发商品化微生物制剂。

四、构建肉品智能化加工装备体系

开展肉品智能化加工装备的研发，在数字化设计、新材料、新原理等方面取得突破性进展，结合加工过程自动检测、机器人、互联网等核心技术，开发智能化、成套化装备体系；研制高效节能智能化包装新技术和新装备，建立规模化和智能化示范生产线。

第六章

2020 年蛋品加工业发展情况

第一节　产业现状与重大需求

一、蛋品加工产业年度发展概况

2020 年我国人均蛋品占有量达到 23.6 kg，是世界人均占有量的 2 倍。随着蛋品加工产业的发展，传统蛋制品的生产也呈现规模化，足以满足市场需求；传统蛋制品加工工艺也越来越标准化，在改进了原有生产过程中安全隐患的同时，也提高了生产效率。新型蛋制品也逐年研发，涌现出功能性蛋粉、蛋液，鸡蛋干等方便蛋制品。

我国蛋品加工产业虽有了一定的发展，但加工比例低，与蛋品产量不成比例，其主要表现如下。

1. 初加工多、深加工少

我国禽蛋消费仍以鲜蛋为主，对加工后的禽蛋制品的需求量不足，禽蛋加工比例仅为 13%～15%，主要是以鸭蛋加工为主，达到 70% 左右，而鸡蛋的加工比例仅为 3% 左右。而禽蛋深加工产品则少之又少，仅是部分企业的一小块业务，还未形成规模。

2. 产品种类少，结构不合理

目前我国蛋制品加工多以传统蛋制品为主，经过"十三五"时期的发展，洁蛋、液态蛋、专用蛋粉等新型蛋制品产量逐年增加，但总体份额并不高，并因一些产品性能不如鲜蛋而制约着其发展。市场上也涌现出鸡蛋干、蛋酱沙拉、方便蛋、金蛋粽、醋蛋液饮料等产品，但其比例很小。

3. 产品质量有待提高，跟踪溯源体系不完备

我国许多传统蛋制品生产企业的产品质量不稳定或质量差，每年均会检出非法添加物质的现象。且由于蛋制品的生产量大，销售范围广，跟踪溯源困难，需搭建起与国际接轨的食品安全风险评估技术平台。对蛋制品进行跟踪与追溯，分

段建立的可追溯管理系统，无法实现对养殖场—加工厂—销售—餐桌等全程质量安全溯源的无缝对接。

4. 单项技术多，工程化技术少

我国蛋品加工领域技术成果以单项居多，但集成程度低，尚未完全实现工程化，尤其是未能实现工艺技术同装备的有效结合，导致未能有效解决工艺装备"从无到有，从有到优"的问题，与欧美等发达国家存在很大的差距。在蛋品加工技术与装备的结合仍以引进为主，在防止蛋白变性，消除腥味，专用蛋粉等方面未能实现技术突破；研发的蛋品自动分级机与蛋品清洗、消毒、包装设备未能有效衔接，加工关键技术的关联度低。清洁蛋全自动生产线、液体蛋生产线等同发达国家仍然相差 50 年左右。

5. 蛋与蛋制品系列标准的研究制定

基于 5 年来的标准调查和研究，我国蛋与蛋制品标准最少，我国现行有效的蛋品加工标准化 95 个，近 10 多项。需要制定、修订洁蛋、液态蛋、鸡蛋粉、皮蛋、咸蛋、咸蛋黄、卤蛋、蛋壳粉、蛋壳膜胶原蛋白（肽）、糟蛋、鸡蛋干、蛋品罐头、方便蛋制品、蛋品饮料、营养强化蛋等产品标准及皮蛋生产技术规程、咸蛋生产技术规程、咸蛋黄生产技术规程、卤蛋生产技术规程、清洁蛋生产技术规程、液态蛋生产技术规程、蛋粉生产技术规程、鲜蛋流通技术规范、咸蛋流通技术规范、咸蛋黄流通技术规程等规程（规范）。

二、蛋品加工产业"十三五"期间发展成效

"十三五"期间，我国蛋鸡产业发展迅速，鸡蛋总产量呈现平稳增长的趋势，年均增长 2.3%（图 6-1）。围绕我国蛋鸡产业链各环节亟须解决的技术问题，在遗传育种、疾病控制、营养与饲料、生产和环境控制、蛋品加工与质量检测等方面涌现出了一系列新品种、新技术、新方法、新产品、新工艺，有力支撑了蛋鸡产业提质增效、转型升级，不仅满足了消费者的需求、提高了人民生活水平、改善了人们的膳食结构，而且还带动了相关产业发展，促进了就业和农民增收（图 6-2）。

三、蛋品加工产业发展需求

1. 相关技术的完善与新技术的持续研究相结合

经 30 年的蛋品加工研究，目前已建立起了诸多技术，如禽蛋功能性蛋白质

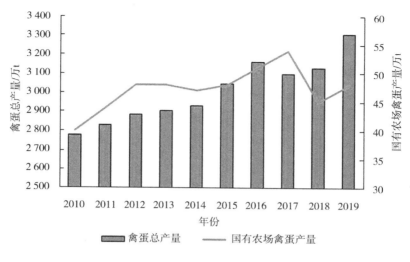

图 6-1 我国禽蛋产量

（数据来源：中国国家统计局）

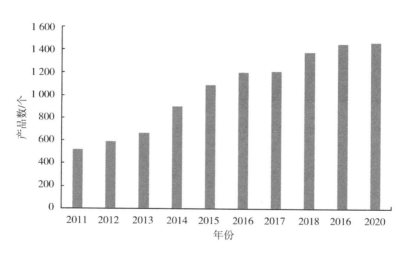

图 6-2 全球蛋与蛋制品产品上新趋势

提取纯化以及精深加工应用（建立溶菌酶、卵白蛋白、卵黏蛋白、卵巨球蛋白、S-卵白蛋白、卵类黏蛋白、抗生物素蛋白、核黄素结合蛋白、卵转铁蛋白、蛋黄卵磷脂、免疫球蛋白、卵黄高磷蛋白 12 种单功能成分分离纯化方法）；蛋壳副产物产品开发与综合应用（研究的蛋壳有机钙转化技术、壳膜多肽制备技术已经成熟并实现产业化）；传统蛋制品绿色健康加工技术及其多元功能食品开发（研究超声辅助腌制过程中食盐在蛋清、蛋黄中的渗透动力学随时间、温度的变化规律及其与蛋清蛋黄微观结构变化的相关性；研究建立料液主成分在线监测技术，研究建立皮蛋、咸蛋、卤蛋料液循环利用模式与技术，确立回笼补料方法与程序）。一些技术在具体推广过程中，仍需要结合生产实际进行补充和完善，才能做到尽快将技术落地，将科技转化为生产力，转化为产品，转化为经济价值。

同时，科学研究需长期坚持、要不断努力突破创新、必须走在时代前沿，所以在将已有的技术转化为生产力的同时，持续不断地开发新的研究，建立一个具有前瞻性、可行性、创新性的技术储备库。

2. 相关政策扶持与企业利益的保护

目前蛋品生产过程中，存在着新产品推广困难，一旦有市场，相关产品推广"无阻碍"的问题。一样新产品，从建立生产线、确保其中安全生产、市场推广需要花费巨大的人力、物力、精力、时间，部分产品还需要面临着材料、辅料、添加剂的完善（原有的国家标准中并未对此具体指出，需取得新材料申请或添加剂中允许在蛋制品中使用）等，政策上应对这样的企业予以支持，并在推广成功后对这些企业予以保护，确保其利益，只有这样才能大幅度地调动企业创新、开发推广新产品的积极性，推动产业快速、健康发展。

3. 相关产品标准的制定与修订

目前我国蛋与蛋制品标准过少，已有的标准大部分也因制定时间过久，不适合用来约束现有的产品生产，急需根据现有的蛋制品加工产业现状更新相关标准，科学规范生产，确保产品的安全性和稳定性，为国民提供营养、健康、安全的禽蛋制品。

第二节　重大科技进展

一、现代高新技术的引入，促进了蛋品基础研究的快速发展，使禽蛋经济价值的提高成为可能

关注禽蛋制品质量安全，重视禽蛋精深加工技术研发，提高禽蛋高附加值产品的研制。与进入创新型国家行列和建设世界科技强国的要求相比，我国科技创新还存在一些薄弱环节和深层次问题，主要表现为科技基础仍然薄弱，科技创新

能力特别是原创能力还有很大差距，关键领域核心技术受制于人的局面没有从根本上改变，许多产业仍处于全球价值链中低端，科技对经济增长的贡献率还不够高。制约创新发展的思想观念和深层次体制机制障碍依然存在，创新体系整体效能不高。随着现代高新技术如膜分离技术、超临界流体萃取技术、色谱分离技术、酶技术、超微粉碎技术等的快速发展，国外率先实现了对鸡蛋中的溶菌酶、卵磷脂、免疫球蛋白、卵黄高磷蛋白磷酸肽、高 F 值寡肽等的分离纯化，进一步提高了鸡蛋的经济价值。

二、蛋制品种类的不断研发，为进一步提高蛋品的消费积累了技术储备

蛋品加工比例仍然低于世界平均水平；符合年轻人消费习惯的便携式休闲类产品稀缺，蛋品在休闲食品中的市场占有率低；传统蛋制品现代化和蛋品精深加工产业化进程缓慢；某些产品缺乏相应的国家或行业标准。无论是贮藏后的蛋液还是复水后的蛋粉，其凝胶性、乳化性、起泡性等性能均无法达到鲜蛋水平，性能有所下降。

三、引进、研究、自主研发等方式开发出一系列蛋制品加工装置、装备，促进蛋制品加工业的发展

我国蛋品多以鲜蛋销售为主，蛋制品加工比例低下，在一定程度上是受加工设备无法满足生产现状所致，加工设备的发展直接关乎蛋品加工业的发展。因为蛋品加工业在我国开展较晚，蛋制品加工设备研发较慢，经国内众多高校科研院所与企业合作开发，目前已形成一系列蛋制品加工设备，在推广过程中不断完善，不断进步，如相继开发出了打蛋机、蛋粉加工装备、蛋液加工装备等。其中以洁蛋加工装备和卤蛋生产线最具代表性，目前所研发出的洁蛋加工装备集上蛋、清洗、烘干、消毒、涂膜、分级、喷码、包装为一体，并配有裂纹检测装备等，每小时生产量可达 5 万~30 万枚；所研发的卤蛋生产线，集煮蛋、剥壳、卤制、烘干、真空包装、巴氏杀菌为一体，日生产量可达 30 万枚。

第三节 存在问题

一、产业集中度低

虽然我国蛋品消费总量巨大，且逐年稳定增长，但蛋品集中生产程度和产业化发展水平比较低，长期徘徊在以小农经济为主体、以分散生产为特征的经营模式上，影响了品牌蛋品数量和品种的市场供给。由于产业化水平低，蛋禽养殖过于分散，防范措施不当，我国禽蛋生产商品化率仅为40%，禽蛋业生产集约化程度不高，仅占30%左右，而农村的散养比重仍高达70%以上。因此，禽蛋业的持续发展出路在集约化地推进。目前在我国蛋品加工产业中，大型的蛋品加工企业比较少，大多数企业生产规模非常有限。

二、市场波动性大

我国自改革开放以来，养禽业得到了迅速发展，禽蛋产量不断攀升；但由于禽蛋加工技术和装备十分落后等原因，致使蛋禽养殖业比较脆弱，禽蛋的市场销售价格波动起伏很大，周期性出现禽蛋生产大起大落的现象，这也使得我国蛋禽养殖业呈徘徊式发展。因此，提高禽蛋产业抗市场风险的能力，促进我国禽蛋生产稳定、健康、持续发展十分重要。

三、产业链不健全

由于禽蛋产业链不健全，产量虽大，但主要是鲜销上市，禽蛋加工率低，国内蛋品深加工企业不到400家，新型蛋制品虽然发展较快，但仍然以传统蛋制品为主，加工咸蛋、皮蛋、干蛋黄、去壳蛋等低附加值产品较多，市场上科技含量高的深加工蛋制品不多。蛋品不能实现转化增值，蛋品价格及效益受市场冲击较大。因此，加工业的带动作用不能充分发挥，农民收益得不到有效保障。

四、国际贸易少

我国蛋品在国际市场上很难转化为贸易优势。在我国鲜蛋产量逐年增加的情况下，出口量却徘徊不前。目前我国的禽蛋年出口量8万~10万t，仅占我国禽蛋生产总量的约 0.5%，占世界总出口量的 10%。然而，欧洲虽然产蛋量很少，但禽蛋的贸易量占到世界禽蛋贸易量的 14%，亚洲平均水平也达到了 18%，中国是最低的国家之一。国际贸易门槛的提高，对我国畜禽产品提出了更高的要求，如何提高蛋品质量是一个急需解决的问题。因此，虽然我国禽蛋产量增长较快，但蛋品国际竞争优势并不明显，这也是我国蛋品行业的重要特征。

五、标准数量少，体系不健全

由于我国禽蛋加工水平低下，产品种类单一，导致禽蛋及其产品的标准制定偏少，而对生产过程进行监控的标准更少，如产地环境标准、生产技术规程、产品分级、包装、运输等标准几乎没有。另外，对于市场上出现的蛋粉、干蛋品等产品只有基本的卫生标准，没有全国统一的产品质量标准及相关配套标准，因此无法实现这些产品的优质优价，对内不能保护本国消费者的合法权益，对外不利于产品打入国际市场。

近年来，在许多大城市的超市里已经出现经清洗消毒的带壳鲜蛋，但国内仍然没有制定清洁蛋的产品质量标准和生产操作规程来保证产品的质量安全。同时，国内市场上已经或未来将出现许多新产品，相关标准急需制定。

六、初加工多，深加工少

目前，我国禽蛋仍然以未经清洗除菌的壳蛋为主，禽蛋加工比例仅为 14%～16%，主要是以鸭蛋加工传统蛋制品为主，达到 70% 左右，鸭蛋加工的产品主要是皮蛋、咸蛋等传统蛋制品，而鸡蛋的加工比例仅为 3% 左右。

七、产品质量有待提高，跟踪溯源体系不完备

我国许多传统蛋制品生产企业的产品质量不稳定或质量差，每年均会检出非法添加物质的现象，大量企业仍在使用草灰、黄泥等进行贮藏保鲜，不仅包泥滚灰的产品卫生差，也会影响食品安全，还会造成严重污染环境等。我国蛋品在跟踪溯源体系方面同发达国家相比，还存在一些问题需要解决。我国传统的、小规模的动物饲养生产模式，制约了国家动物源食品溯源体系的全面实施。由于对动物源产品进行跟踪与追溯，会增加企业负担，涉及众多管理部门。分段建立的可追溯管理系统，无法实现对饲养场—屠宰厂—加工厂—销售—餐桌等全程质量安全溯源的无缝对接。

第四节　重大发展趋势

我国蛋制品产业快速发展，在国民经济中具有越来越重要的地位，不仅能够调动农业结构调整，利于农业增效、农民增收。在保障民生、拉动内需、带动相关产业发展和县域经济发展、促进社会和谐稳定等方面作出了巨大贡献。蛋品是我国畜产品中唯一一种"供过于求"的产品，今后的发展中，需区别于其他畜产品，开拓出独有的一条新路径。在"十四五"期间，蛋制品产业的发展趋势预计如下。

一、禽蛋营养与人体健康的关系

合理膳食行动是在全方位干预健康影响因素这个板块中的一个重要行动，营养是人类维持生命、促进健康的重要因素，是健康的重要基石，国民健康素质与国民营养状况息息相关。众所周知，受精后的禽蛋可孵化出一个生命，可见其营养组成最为完善、最为合理，但不同的加工方式下风味、口感均有不同。采用什么样的方式进行加工，才能充分利用禽蛋营养成分，以确保国民健康；加工与风味、营养的关系是怎样的；蛋制品的营养与人体吸收率的关系及影响因素是什么？围绕禽蛋营养需开展一系列的探索，进而建立一套科学的饮食方案，促进蛋制品产业的健康发展。

二、新型蛋制品品种的开发，促进蛋品的消费

我国禽蛋产量约 3 000 万 t，人均占有量超过 20 kg，出现"供过于求"的现象，这对蛋品加工也来说既是机遇，又是极其严峻的挑战。如何加大、加快蛋品加工产业的发展，开发出一系列既能够快速消化蛋品的产品，以实现蛋制品产业的快速发展，又能解决蛋品生产过剩的问题，是"十四五"期间需尽快解决的问题，相关技术领域的突破刻不容缓。

三、传统蛋制品及新产品相关机械设备的研制与推广

一个产业的快速发展离不开相配套的机械化设备的支持，蛋制品加工业所有

的机械化设备种类奇缺，特别是传统蛋制品和新开发的蛋制品相关设备严重不足，极大制约蛋制品产业的发展。通过引进和学习国外相关蛋制品加工装备，目前我国洁蛋加工保鲜技术与装备、液态蛋生产技术与装备等已有了一定规模，但其他方面的相关设备或无，或自主研发部分代替人工。

第五节 下一步重点突破科技任务

一、禽蛋高效清洁消毒、分级、保鲜关键技术与装备研究

开展经蛋传播禽流感等人禽传染病调查与控制技术研究，找出禽蛋内外传染病病原快速检测技术与方法，研究产出禽蛋内外携带传染病病原体生存环境与控制条件。研究纯天然清洗剂和清洗消毒技术，研制洁蛋清洗、消毒、干燥等一体化工艺技术以及先进的鲜蛋涂膜剂与涂膜技术。研究鲜蛋有效的检选与分级技术，制定有关标准，研制适合我国国情、具有自主知识产权的洁蛋成套加工生产线。

二、液态蛋生产关键技术研究与装备研发及产业化

研究液态蛋生产中菌相衍变与高效综合冷杀菌技术、蛋清、蛋黄品质衍变与高效调控技术，研究液态蛋功能特性提升技术与专用液态蛋系列产品开发，提高液态蛋的功能特性、提升性价比、拓展应用领域；提高液态蛋加工中的综合效益，降低成产成本；开展液态蛋生产成套设备设计与制造，研发适于蛋液生产、杀菌、包装等加工装备。

三、传统蛋制品现代化加工技术及装备研究

研究生物源碱性剂、生物源纳米促渗剂、超强固体催化剂、咸味香精等绿色辅料，协同微波场预处理、超声技术、高频脉冲电场技术，开发传统蛋制品的高效绿色加工技术及现代高新技术装备。开发低盐咸蛋、低碱度低异味皮蛋、营养强化皮咸蛋、功能型皮咸蛋等数种健康型再制蛋。

四、禽蛋功能性蛋白质提取纯化以及精深加工应用

针对禽蛋蛋白质质优价廉、富含活性组分及相互作用的复杂性，建立禽蛋蛋清以及蛋黄中多种功能性蛋白质的绿色高效、工程化提取、纯化，实现得率高、纯度高。开展重要活性禽蛋蛋白质如卵黏蛋白、卵转铁蛋白、卵黄免疫球蛋白、卵黄高磷蛋白、溶菌酶的结构与功能活性，阐述其功能与构效关系规律。

五、肉蛋奶新型加工工程技术的开发与应用

畜产食品包含肉蛋奶，涉及人体所需的各种动物源营养成分，关乎国民身体健康。人体摄入的营养物质需要多样化，才能确保人体健康，肉蛋奶的综合利用研究需尽快提上日程。将生物工程技术在肉蛋奶加工过程中的应用，具体包括：高档发酵制品核心关键技术生物发酵剂的制备与应用工艺，开发发酵剂制备和产品发酵关键设备；研究生物防腐剂保鲜技术；研究肉蛋奶加工制品品质和功能改善的酶工程技术，开发新型或功能性食品；研究肉蛋加工过程中智能化分级、在线检测、无损检测、虚拟现实等信息化技术；研究超高压、辐照、脉冲光、高压静电场、等离子体、超声波等非热加工技术在肉蛋奶加工中的应用技术；研究肉蛋奶中功能性成分无损与联产提取技术；肉蛋奶综合产品的开发等。

第七章

2020 年乳品加工业发展情况

第一节 产业现状与重大需求

一、乳品加工产业年度发展概况

在新冠肺炎疫情影响下，2020 年上半年我国牛奶产量有所下降，但 2020 年下半年，国内乳业陆续恢复。2020 年全国乳制品总产量 2 780.3 万 t，同比增长 2.2%。分品种来看，液态奶总产量同比增长 2.4%，干乳制品总产量同比减少 0.4%。如果用国内生产量与进口量之和来衡量消费量，全年液态奶消费量 2 707 万 t，同比增长 2.9%，比 2019 年的同比增幅（2.1%）高了 0.8 个百分点。2020 年，干乳制品的产量与进口量合计 401.9 万 t，同比增长 4.0%，增幅较 2019 年的 3.2% 高了 0.8 个百分点。全国规模以上乳制品企业达到 572 家，较 2019 年新增 7 家。奶业是现代农业和食品工业中最具活力、增长最快的产业之一。

1. 产量稳步提升，消费日渐恢复

新冠肺炎疫情影响下，乳业成为逆势增长的行业之一，乳企业绩不断好转，整个行业的利润总额同比降幅不断收窄。根据中国国家统计局数据，2020 年全国液态奶产量 2 599.43 万 t，同比增长 3.28%，其中 12 月产量 234.28 万 t，同比下降 2.30%。2020 年全国干乳制品产量 180.95 万 t，同比下降 3.09%，其中 12 月产量 16.85 万 t，同比增长 4.19%。2020 年全国奶粉产量 101.23 万 t，同比下降 9.43%，其中 12 月产量 10.15 万 t，同比下降 1.41%（图 7-1）。

2. 乳制品加工利润总额增幅由负转正

2016—2018 年我国乳品加工业利润总额呈下降趋势，2019 年虽受到新冠肺炎疫情影响，但呈现增长。根据中国国家统计局数据，2020 年 1—12 月进入统计范围的企业有 572 家，与 1—11 月数据相同，其中亏损企业 125 家，比 1—11 月数据增加 5 家，亏损比例 21.9%；规模以上乳企主营业务收入 4 195.58 亿元，同

图 7-1　2016—2020 年我国主要乳品产量情况统计

（数据来源：中国国家统计局）

比增长 6.22%；利润总额 394.85 亿元，同比增长 6.10%，利润总额增幅转正，销售利润率 9.41%，比 1—11 月数据增加 0.84 个百分点（图 7-2）。

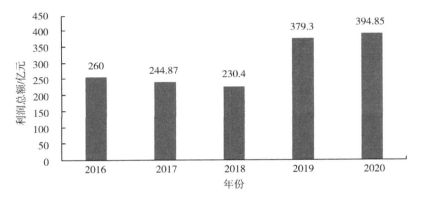

图 7-2　2016—2020 年我国乳品加工业利润总额统计

（数据来源：中国奶业协会）

3. 乳制品抽检合格率稳定在 99% 以上

我国乳制品国家监督抽检合格率连续 5 年达到 99% 以上，是抽检合格率最高的一类食品，质量安全指标和营养指标基本与国际水平相当（图 7-3）。中国奶业 20 强企业市场份额达到 70%，国产品牌婴幼儿配方乳粉市场占有率超过 60%，多款产品在国际乳制品质量评比中获奖，通过国际权威机构认证，奶业品牌世界知名度显著提升。

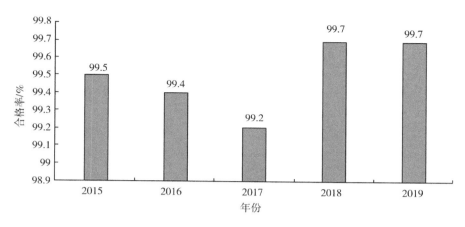

图 7-3　2015—2019 年我国乳制品抽检合格率

二、乳品加工产业"十三五"期间发展成效

1. 乳制品消费需求实现 15 年来最快增长

"十三五"期间我国乳品加工产业得到了快速发展，虽然 2019—2020 年受新冠肺炎疫情影响，但是我国乳品加工产业也得到了稳定、快速增长。如果以国内奶类总产量（图 7-4）与折合原料奶的乳制品进口总量之和来衡量，2020 年乳制品总需求达到 5 431 万 t，与 2019 年相比增长 8.0%，这也是 2006 年以来中国乳制品消费需求增长最快的一年。

2. 乳制品进口增速放缓，自给率逐渐增强

2020 年，奶源自给率连续第 5 年下降，但自给率降幅连续第 4 年缩小。根据中国海关总署统计数据，2020 年中国乳制品进口总量达到 328.1 万 t，同比增长 10.4%，与 2019 年同比增幅相比下降 2.5 个百分点；进口金额为 117.1 亿美元，同比增长 5.2%（表 7-1）。奶粉进口量 2016 年以来首次下降，婴幼儿配方奶粉进口量也是近年来首次下降。全年乳制品净进口 323.8 万 t，折合原料奶 1 887.2 万 t，同比增长 9.0%，与 2019 年同比增幅相比高了 1.9 个百分点。如果 2020 年全国奶类总产量按 3 544 万 t 匡算，2020 年中国奶源自给率为 65.3%，与 2019 年相比下降 0.3 个百分点。

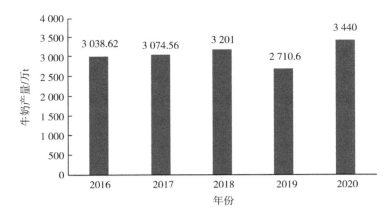

图 7-4　2016—2020 年我国牛奶产量统计

（数据来源：中国国家统计局）

表 7-1　2020 年中国乳制品进口量

类别	进口量		进口额	
	总量/万 t	同比增长/%	总额/亿美元	同比增长/%
乳制品	328.1	10.4	117.1	5.2
液态奶	107.2	16	13.7	17.8
鲜奶	104	16.8	13.1	18.9
酸奶	3.2	−4.9	0.6	−1.6
干乳制品	220.9	7.8	103.4	3.8
奶粉	97.9	−3.5	32.9	5.4
乳清	62.6	38.2	8.2	34.9
奶酪	12.9	12.5	5.9	13.1
奶油	11.6	35.2	5.5	17.1
炼乳	2.4	−31.6	0.4	−27.5
婴幼儿配方奶粉	33.5	−3.0	50.5	−2.7

数据来源：中国海关总署。

分品种来看，2020 年乳制品进口呈现以下特征：①乳清和奶油进口量有较大增长，进口量分别为 62.6 万 t 和 11.6 万 t，同比增幅分别为 38.2% 和 35.2%。②鲜奶、奶酪进口量也有明显增长。鲜奶进口量首次突破 100 万 t 达到 104 万 t，同比增长 16.8%。奶酪进口量为 12.9 万 t，同比增长 12.5%。③炼乳进口量有较大下降，同比减少 31.6%，降至 2.4 万 t。④酸奶、原料奶粉和婴幼儿配方奶粉的进口量都有小幅下降，进口量分别为 3.2 万 t、97.9 万 t 和 33.5 万 t，分别同比减少 4.9%、3.5% 和 3.0%。奶粉进口量 2016 年以来首次下降，婴幼儿配方奶粉进口量也是近年来首次下降。

三、乳品加工产业发展需求

中国乳品行业自 1998—2008 年经历了超常规、高速度的 10 年发展，"三聚氰胺"事件后，中国乳制品行业遭受沉重打击，但是经过国家各部门、科技界和产业界的共同努力，我国乳制品产业重新进入了健康快速发展时期，但是在发展过程中仍然存在制约产业发展的问题。

1. 发展符合我国人营养需求的配方乳粉技术

产业的重新发展让产业界和科技界从科技的角度重新审视了我国乳粉的发展战略。我国现阶段对于乳粉的需求主要集中在一老一小，老年人专用乳粉和婴幼儿乳粉是我国乳粉的主要市场。婴幼儿配方奶粉市场是目前和未来一个时期乳业竞争的一个热点领域，很多企业都在积极研发并且已经意识到婴幼儿配方奶粉国际化竞争的重要性，开始在中高端领域向国际品牌发起挑战，并购海外乳企成为许多企业脱胎换骨的捷径。但是真正长期制约我中国乳粉发展的不是国际化竞争和产业规模问题，而是产品质量和市场需求问题。目前我国乳粉技术研发基础薄弱，乳粉配方基本上是在国外配方基础上进行修改调整，在营养结构上很难符合中国婴幼儿的营养需求和发育特点。我国目前已经进入老年社会，老年人的健康和产品消费需求未来是一个巨大的市场，真正能满足老年人健康需求，保证老年人营养合理供应的配方乳粉市场上基本是空白。因此，建立完善的婴幼儿和老年人乳品技术研发体系，开发符合中国人营养特点和健康需求的乳粉产品是未来 20~30 年我国乳品产业科技发展的重大需求。

2. 质量安全防控技术需要持续加强

虽然目前我国乳制品的质量安全水平达到了历史最高水平，与欧盟、美国、日本等发达国家相比，我国的乳品安全水平也已经没有差距。但是目前乳制品安全仍然存在很多的潜在风险，防控技术尚有许多需要解决的问题。一是外源污染物的污染风险。由于我国的农业生产环境污染背景较为严重，因此，生原料乳生产过程中随时都有污染的风险，环境及饲料中的重金属、生物毒素、持久污染物等外源物质都是影响乳制品安全的潜在风险源，而且这些风险源将持续存在。二是农业投入品污染风险。饲料中过量残留的农药、饲养过程不规范使用的兽药是主要的污染风险。三是生产加工过程中内源有害物的安全风险。如超高温奶的质量与安全问题、新菌种使用的安全问题、新型乳制品工艺的安全问题、乳制品热加工过程的一些有害物的安全风险问题等，均是乳制品质量安全需要关注的重点。急需发展研究乳制品中安全风险评估技术，科学合理地对安全风险进行评估，合理制定限量标准，研发风险控制技术，在技术上确保产品安全。

3. 乳品基础研究亟须加强

乳制品基础研究一直是我国乳品科技的短板。乳品基本营养成分与功能的解析、乳品成分与人体健康的关系、我国母乳基本成分与婴儿健康的关系、婴粉成分对婴幼儿身体发育的影响、老年人对乳品营养成分的需求特点及与健康的关系、各种功能性成分和营养素的存在方式与营养吸收的关系、我国奶源营养成分的基础数据库建设等一系列重大基础研究目前有的处于起步或者初步研究阶段，有的还没有被列入研究计划。深入系统的基础研究是技术创新、产业持续发展的基石，强化基础研究是乳品科技的重要任务。

4. 加快技术、工艺需要加快创新进程

在对国内现有主导产品液奶、酸奶、乳饮料和婴儿配方乳粉等国内现有主导产品全面进行技术创新的同时，要不断加强新产品的开发能力，促进干酪、黄油、稀奶油等产品产业化创制的技术研发，丰富我国乳制品的种类，为消费者提供营养价值丰富、多样化的产品。要加大婴幼儿配方乳粉中的功能性配料如乳铁蛋白、免疫球蛋白等高附加值产品的技术研发和生产工艺及产品开发，改变依赖进口的局面。加强对工业奶粉的品质质量提升技术的研发，增强对劣质奶的转化利用能力，满足酸奶、乳饮料等产品的应用要求。

5. 提升装备技术研发和成套设备制造能力

我国乳品生产的关键机械装备与国外先进技术相比差距大，品种少，性能差。改善设备依赖进口的局面，提升乳业装备整体水平是提升乳品行业竞争、保证持续发展的基本条件。加快国外设备核心技术的消化吸收，从机理上透彻地掌握关键设备的设计，以便自行设计制造，如 2t 以上大型干燥塔等关键设备。同时加快关键自控系统的自行研发和集成，从根本上解决设备稳定性问题，提升乳业装备整体水平。

第二节 重大科技进展

一、中国母婴营养健康研究队列

生命早期 1 000 天指从母亲怀孕到幼儿 2 周岁，其营养状态影响一生的健康，母乳是婴幼儿的最佳食品。中国母婴营养健康研究队列旨在系统地研究中国母婴人群的膳食营养摄入、药物、生活方式等因素与母乳组成、母婴肠道菌群结构及近期、远期健康的相关性，探索我国慢病的早期影响因素和营养干预的预防措施。通过近 3 年来的追踪调研，检测分析了近 3 000 份母乳样本宏量营养成分、蛋白质、氨基酸、脂肪酸、乳脂球膜蛋白、低聚糖、维生素、免疫球蛋白及微生物等数百种组分，搭建了覆盖初乳、过渡乳和成熟乳的健康母乳数据库，建立了成为较为完善的"中国人母乳成分数据库"，并对比了不同地区与丹麦、美国、日本等国家的部分母乳营养成分，为针对我国婴儿的营养需求，设计配方产品和制定、修订营养素参考摄入量、产品标准提供科学依据。在设计新一代婴幼儿配方食品中，除需要考虑脂肪酸的含量、饱和度外，脂肪酸的结构也是关注的重点。

二、食品安全检测与质量控制技术

围绕"确保群众舌尖上的安全"这一国家重大需求，推进源头创新，系统建立了"从农田到餐桌"的质量安全保障技术，开展食品加工贮运过程中危害因子控制、品质保持与劣变控制技术，开展食品真伪高判别度系统化识别、品质新型评价和鉴别、质量安全快速无损检测、绿色高效精准检测与筛查等技术及进出口食品通关相关技术研究。研发智能化溯源与预警技术、快速无损检测设备、全产业链质量安全信息集成与数据挖掘及多重风险分析与暴露评估技术。DNA芯片技术、气质联用、液质联用等高通量技术，不但速度快，而且灵敏性高。

三、多组学技术联用

多组学技术联用可以涵盖环境所有微生物的基因表达、蛋白或代谢物差异的多层面分析，快速获取海量数据。利用多组学联合揭示传统发酵乳品特征风味物质的形成机理，并以此为导向筛选功能微生物，从而对发酵生产进行指导。利用功能基因组的多位点序列分型技术，成功将保加利亚乳杆菌发酵的酸化速率、产乙醛等表型特征与其功能基因序列结合，建立了一种可快速鉴定发酵菌是否具有良好发酵性能的方法。通过多组学联用对微生态多样性、基因和代谢水平的差异分析，明确与特征风味成分形成相关的微生物及其基因的转录表达，表征了发酵风味物质代谢调控关键的"生物标志"。

四、冷杀菌技术

目前乳制品工业中普遍采用的杀菌方式主要有巴氏杀菌和超高温杀菌。这也是乳制品工业中最为经典和有效的杀菌方式，具有相当长的应用历史。然而随着人们对牛乳中营养成分认识的不断深入，以及最大程度地保留乳中有益营养的诉求日益强烈，以超高压、紫外杀菌、超声波加工和膜过滤等为代表的冷杀菌技术逐渐走入人们的视野。超高压技术随着压力增加，压力诱导的间接效应导致与核黄素光敏氧化相关的波长的散射率和吸光度增加，核黄素的降解率下降了50%，维生素C超高压处理的影响也小于巴氏杀菌，因而具有更好的抗氧化效果。

五、益生菌发酵乳的开发

在国家"健康中国"国家战略驱动下，益生菌产业成为我国食品工业中增长较快以及创新密集的产业。益生菌系指活的微生物，当摄取足够数量时，对宿主健康有益。2018年我国修订的《益生菌类保健食品申报与审评规定（征求意见稿）》及2020年《益生菌的科学共识》也认同这一概念，亦明确指出益生菌的核心特征是足够数量、活菌状态和有益健康功能。我国在不断开发新菌种，包括乳双歧杆菌C-I和IU-100、植物乳杆菌ST-Ⅲ、LLY-606和PC-26、格氏乳杆菌等，已广泛应用于益生菌发酵乳和乳饮料产品中，并保证其活菌数量均在$1×10^6$ CFU/g以上。随着自主知识产权益生菌菌株的不断挖掘，我国市场上益生菌发酵乳产品种类和适用人群呈现多样化的趋势，然而其功能仍集中于调节肠道菌群和增强免疫力方面，这可能与我国目前益生菌菌株的缺乏及相关政策法规的局限性有关。未来，在全球益生菌行业蓬勃发展的大背景下，益生菌发酵乳作为一类大健康食品，是未来发酵乳市场中的机会点，将会带来产业结构升级，有利于乳业做强、做优，促进行业的高质量发展。

第三节　存在问题

一、母乳数据基础研究薄弱

母乳是宝宝最理想的食物，也是婴幼儿配方奶粉研发的黄金标准。中国婴幼儿配方奶粉是对中国人母乳的模拟，需要结合中国人母乳的特殊性和差异性，不能照搬国外。对于中国人母乳的研究，中国起步晚、研究基础相对薄弱，大部分婴幼儿配方奶粉仍处于模仿国外奶粉的阶段。近年来，各大乳企和科研机构纷纷开展中国人母乳数据库研究，虽然取得一定进展，但相比发达国家，中国差距明显。如缺乏覆盖全国或者覆盖面特别广的数据，缺少临床应用评价结果的支持，严重制约了国内婴幼儿配方奶粉产业的健康发展。

二、婴配乳品核心辅料依赖进口

目前国内婴幼儿配方奶粉生产所需的乳清、乳铁蛋白、乳糖等原料基本处于空白状态，供给几乎全部依赖进口。海关总署数据统计，2019 年中国合计进口乳清 45.3 万 t，主要来自欧盟（45.3%）和美国（35.7%）。此外，乳糖、OPO 结构油脂、乳铁蛋白等受到国内乳品产品结构、提纯制备技术及单体工厂产能的影响，也大多依赖进口。目前仅有新西兰、澳洲、北美等具有大规模的国家和地区才能形成产业规模。

三、乳品加工关键技术与装备自主化程度低

目前我国乳业加工关键技术与设备发展主要是引进消化和自主创新相结合的方式。膜分离技术已经用于去除乳中的微生物、孢子等，也用于生产乳清蛋白，但在蛋白质浓缩、标准化、膜装置上还与国外有一定差距。高压脉冲电场杀菌、超声波灭菌、微波杀菌技术、脉冲强光杀菌等冷杀菌技术在乳品工业得到不同程度的研究和应用，但主要集中在实验室阶段。国内企业虽已部分实现乳品浓缩设备、无菌生产线、乳粉生产设备、奶酪加工设备等乳品加工装备自主化生产，但质量和性能与国外产品的差距较大。

四、乳制品的产品结构单一

我国是奶业大国，但是居民奶制品的摄入量仍然偏低，而且乳制品的产品结构很单一，同质化严重，以液态奶消费为主，各种液体乳产品琳琅满目，品种齐全，已处于相对饱和状态。乳制品结构调整、品种优化已是行业发展的当务之急，开发功能乳制品，将"饮奶"转变为"吃奶"，推出更多功能化、多元化产品，促进我国乳制品工业的健康发展。

五、乳制品安全问题依然存在

乳制品行业产业链包括奶牛养殖、原奶生产、乳品加工、市场销售等多个环节，产业链条较长，安全隐患控制难度大，总体表现出持久性、复杂性、隐蔽性等特点，如原料乳生产环节存在农兽药残留限量标准与国际水平相差很多、患病奶牛用药不规范，加工生产环节中的二次污染等问题。

第四节　重大发展趋势

2018年6月《关于推进奶业振兴保障乳品质量安全的意见》，对奶源基地建设、乳品加工流通、乳品质量安全监管以及消费者引导等做出全面部署，提出到2025年实现奶业全面振兴，基本实现现代化、奶源基地、产品加工、乳品质量和产业竞争力整体水平进入世界先进行列。中国乳业迎着发展机遇，也伴随着各方面挑战，如今被进一步提上振兴战略，再度吸引各界目光。

一、益生菌行业将迎来新拐点

益生菌产品将成为后疫情时代的一个消费"爆品"，全球功能性益生菌酸奶市场、场景与功效琳琅满目，产品种类丰富。近年国内各大乳企也纷纷推出多种功能性酸奶发酵乳，包括肠道健康、增强免疫力、美容、防雾霾、控制体重等功能，国内外功能发酵乳都突出了菌株功效、活菌数、添加膳食纤维等，同时也强调功效临床验证。

二、柔性化生产装备与技术升级

目前我国乳制品加工设备国产化程度较低，虽然部分关键设备已实现国产化，但在设备的稳定性和后续配套服务等方面仍有较大提升空间。未来通过提高产品设计的平台化、模块化、标准化的要求，实现通用化、自动化、智能化的柔性化生产加工，最大程度实现产品的多样化和个性化。同时，持续升级膜分离、高效节能浓缩、新型杀菌技术、高黏性物料加工等新型节能降耗、绿色加工装备以及物料在线乳化及均质、干酪奶油连续加工、低温喷雾干燥和超声冷冻干燥等关键技术与设备，不断提升我国乳品加工装备的自主化水平。

三、乳品安全风险快速检测技术

全面实施乳制品安全战略，完善乳品全链条质量管理体系，实现质量管理由"全面质量管理"向产品、服务、过程和体系的"大质量管理"演进，并依托移动互联、大数据、云计算、物联网等新一代信息技术，推进"从农田到餐桌"全过程质量安全管控的信息化、网络化、智能化；利用现代先进科学技术，建立乳品安全风险因素高通量、高分辨、高快捷检测新技术，以及乳品安全在线检测技术与便携式监测装备，实现乳品安全控制技术的多元化、智能化发展。

四、营养靶向设计和健康食品精准制造技术

针对不同人群的健康需求，着力发展保健类、营养强化类等新型乳制品。开展乳制品健康烹饪模式与营养均衡配餐的示范推广。加强乳制品与中餐烹饪适配性研究，研发适合我国居民口味的餐桌营养乳制品烹饪模式。示范开展乳制品健康食堂和健康餐厅建设，推广健康烹饪模式与乳制品营养均衡配餐。加强营养与健康信息化建设，完善食物成分与人群健康监测信息系统。积极推动"互联网+乳品营养健康"服务和促进大数据应用试点示范，带动以乳品安全、营养健康为导向的信息技术产业发展。

第五节 下一步重点突破科技任务

一、基于中国母乳研究的婴配粉及配料智慧制造技术研究

开发高通量多组学检测技术，解析中国母乳营养组成分子与微生态特征及变化规律；解析婴配粉加工中组分互作机制，优化婴配粉中核心组分构效保持技术；建立大动物模型与临床队列解析婴配粉喂养效果，制备更接近中国母乳的新型婴幼儿配方乳品；突破乳源蛋白、脂肪与糖等核心配料高效分离纯化关键技术与产业化装备，研究、新型母乳结构脂肪与低聚糖、母乳益生菌等制造关键技术，实现婴配乳品及核心配料自主化。

二、乳制品加工装备的开发

我国乳品加工相关装备应从集成创新升级至引进消化再创新，支持跨专业联合攻关乳品加工关键装备，在低温干燥装备、膜分离装备、干酪加工装备、无菌灌装装备及其生产线配套设备、新型加工及包装装备等方面加大研制投入，形成核心竞争力。加大设备研发过程中积累设备可靠性数据、积累发现问题解决问题经验、提升技术支持和服务能力。优化支柱产业，强化优势企业，组建食品及乳品机械装备工业集团，培育乳品产业重大技术创新产业群体，带动一批企业向"专、精、特、新"方向发展。

三、乳品深加工技术的研究

提高传统乳品加工技术与乳品深加工技术契合度，提升乳及乳制品的附加值，对减少浪费、保护环境等具有重要意义。深化乳品中热敏性功能蛋白如乳铁蛋白、乳过氧化物酶等活性物质分离、纯化、保持技术研究；深化乳清、乳脂球膜蛋白等特色乳品深加工技术开发，提升乳品价值；深化超高压、陶瓷膜等非热处理加工技术研究，升级传统乳品加工技术。

四、乳品全产业链质量安全保障体系防控技术的研究

立足乳品全产业链建立"大质量"管理体系，将乳品质量安全工作延伸至

产业链条上的所有合作伙伴、所有关键环节，推进"从农田到餐桌"全过程质量管理的信息化、网络化、智能化服务平台建设，推动乳品全产业链的协同创新发展。开发展乳及乳制品抗生素、农药、兽药残留、真菌和细菌毒素、生物胺等食源性危害物的快速检测技术的研究，建立乳制品中食源性危害物的在线监控技术。推动乳品流通企业物联网系统建设，建立智慧物流体系，提升乳品物流的信息化、智能化和标准化水平。强化乳制品全产业链安全保障体系的研究，打造完整的产业链，提升乳品安全科技水平，保障乳品产业的健康持续发展。

五、乳制品营养健康与精准营养调控技术研究及产品研发

建立原辅料营养质量、安全、感官品质的大数据库；强化加工与贮运过程组分结构功能、品质变化及调控技术的研究；构建婴幼儿配方乳粉营养与安全评价技术体系，以中国健康母乳为标准，通过配方和生产工艺的优化，产业化开发新型婴幼儿配方乳粉，突破我国高端婴幼儿配方乳粉发展的关键技术瓶颈；利用药食同源等功能因子，研发代餐等精准营养调控产品，深化精准营养调控产品开发及营养组学技术的研究。

第一节 产业现状与重大需求

一、茶叶加工产业年度发展概况

茶产业是我国特色优势产业，承担着支撑茶区经济、满足人们健康消费、稳定扩大就业、服务乡村振兴的重要任务。2020年4月，习近平总书记在陕西考察时，勉励当地政府和相关的专业人士要"因茶致富，因茶兴业，把茶叶这个产业做好"，给茶产业发展注入强大信心和鼓舞！2020年，对中国茶产业来说是极不平凡的一年。面对新冠肺炎疫情困扰及宏观经济形势的不利影响，在党和政府的正确领导下，在全行业共同努力下，中国茶加工业表现出了强大的发展定力与韧劲——茶叶总产量、总产值，内销量、内销额，出口额、出口均价持续攀升，再创历史新高；茶业作为精准脱贫的支柱产业，助力全国脱贫攻坚战取得决定性胜利。

1. 茶叶产量稳定增长，生产规模不断扩大

2020年，我国茶叶加工行业总体保持平稳发展态势，茶园面积增速趋缓。2020年，全国干毛茶产量为298.60万t，比上年增加19.26万t，增幅6.9%。农业产值持续增长（图8-1）。2020年，全国干毛茶总产值为2 626.58亿元，比增230.58亿元，增幅9.62%。

2. 茶叶供给侧结构性调整逐步到位，茶类结构持续优化

茶叶供给侧结构性平稳调整，六大茶类绿茶、红茶、乌龙茶、黑茶（含普洱）、白茶、黄茶及再加工茶茉莉花茶总体销售格局保持稳定，结构持续优化。绿茶主导地位稳固，生产规模仍保持稳定增长，但在茶叶总产量占比持续下降，2020年，绿茶占比61.7%；红茶受市场需求和延长保质期规避滞销风险等因素影响，产量已保持连续10年上涨，增长率为31.59%；红茶取代黑茶成为中国第二大量产茶类，黑茶略有减产，减幅为1.28%；小种茶白茶和黄茶近年来日益受

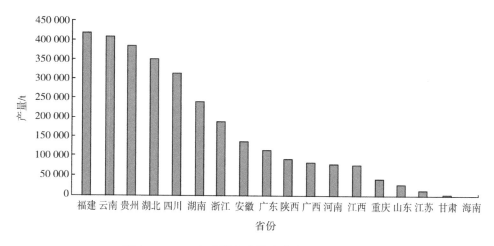

图 8-1 2020 年中国各主要产茶省份干毛茶产量

到消费者青睐，2020 年白茶市场持续升温，春季福鼎白茶的茶青价格整体上涨了约 20%，发展态势良好；再加工茶茉莉花茶由于产品结构调整，及工艺创新和文化挖掘，近年来受到北方传统市场的欢迎，整体趋势向好（图 8-2）。

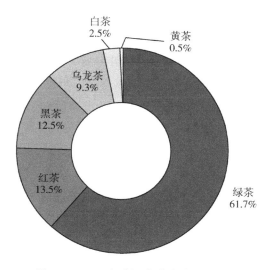

图 8-2 2020 年中国各茶类产量占比

3. 内销市场量额齐增，内销为茶业经济增长的主动力源

2020 年，中国传统茶类销售格局基本稳定。名优茶仍是创造茶产业价值的主力军，内销额贡献率继续保持在 70% 以上（图 8-3）。从销售通路看，受新

冠肺炎疫情影响，连锁门店、批发市场、商超卖场、传统茶馆，甚至新中式茶饮等实体经济都出现了发展停滞的现象，而天猫、京东等电商平台的销售量额大增，销售份额持续扩大。从消费市场发展看，由于新冠肺炎疫情使人们更注重健康，因此饮茶人口数量与消费需求量持续增多。2020 年，茶叶国内销售量达 220.16 万 t，比增 17.61 万 t，增幅为 8.69%。

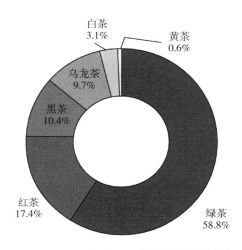

图 8-3　2020 年中国六大茶类内销额占比

4. 国际贸易茶叶出口量小幅下降，均价上涨出口额微增

目前全球范围内新冠肺炎疫情形势依然严峻，仍将对我国茶叶出口造成持续影响。据中国海关总署统计，2020 年全国茶叶出口量 34.88 万 t（图 8-4），同比减少 1.77 万 t，降幅 4.84%，这是自 2014 年以来我国茶叶出口量首次出现下降；出口额 20.38 亿美元，同比增长 0.91%；出口均价 5.84 美元/kg，同比增长 6.04%。

5. 茶旅文康融合发展，产业延伸模式新颖成效显著

茶产业积极探索延伸产业链和商业链，与文化、旅游、饮品、健康等行业创新融合，茶文化旅游经济持续增长延伸效果显著。新茶饮行业异军突起，形成茶叶消费新热点，激活潜力市场。截至 2019 年底，我国茶饮门店数量接近 50 万家，市场规模突破千亿元。茶馆业总计规模、经济效益同步扩大，社会功能突显，服务日趋规范。截至 2019 年，全国茶馆已达到 20 万家。

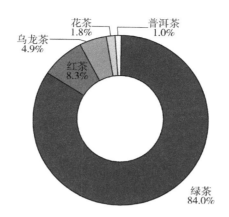

图8-4　2020年中国茶叶出口量分茶类占比

二、茶叶加工产业"十三五"期间发展成效

1. 茶叶产业规模体量迈上新台阶，扶贫贡献突出

"十三五"期间，茶产业生产、消费与经贸主要指标均呈现稳定增长态势，提质增效成果显著，综合竞争实力进一步提升，巩固了我国作为世界茶叶生产、消费、出口大国的地位。到2019年，干毛茶年产量达到279.3万t、产值2 396亿元，国内市场年销售量达202.56万t，销售总额为2 739.5亿元，茶叶出口量36.65万t、金额20.20亿美元、出口均价5.51美元/kg，较2015年增21.1%、57.7%、19.0%、69.1%、12.8%、46.4%和29.6%。扶贫贡献突出，通过茶叶产业扶贫，助推337个涉茶贫困县经济发展，带动茶农增收致富。

2. 科技创新能力增强，支撑产业增效显著

"十三五"期间，茶领域共申请专利30 909项，同比增长23.3%，专利增长迅速；获国家和各级省级科技奖30余项，其中"茶叶中农药残留及管控体系""黑茶提质增效关键技术创新与产业化应用""绿茶自动化加工与数字化品控关键技术装备及应用"3项成果获国家科学技术进步奖二等奖；针对产业急需攻关技术，开展6项国家重点研发项目重点专项课题，科技发展对产业的支撑作用更为显著。

3. 标准体系覆盖全产业链，国际化步伐加快

茶叶标准化体系愈加完善，团体标准培育激发市场主体活力。茶叶食品安全标准体系和检验检测体系更加健全，茶叶产品整体质量安全总体水平稳步提升。

茶叶产品监督抽检的项目增加至 65 种，总体合格率平稳提升，从 2015 年的 98.9%上升到 2019 年的 99.2%。茶叶标准化体系愈加完善，团体标准培育激发市场主体活力。"十三五"期间，行业发布茶叶相关标准 499 项，较"十二五"增加了 1 倍以上。国际标准的参与度与话语权稳步提升，行业牵头承担了《乌龙茶》《茶叶分类》《绿茶　术语》3 个国际标准制定工作。

4. 产业主体规模壮大，经营模式优化

行业集聚度提升，各省通过积极扶持茶叶龙头企业，企业培优壮大。茶企生产销售两端发力，销售型企业重资产转型、产地设厂，产销一体化发展趋势明显。茶企跨界合作形式多样，多个行业进军茶产业；截至 2019 年 12 月末，共有 63 家主营业务为茶叶的企业入选《农业产业化国家重点龙头企业名单》，对比"十三五"初期，增长超过 1/3。

三、茶叶加工重大需求

茶产业的经济、生态、文化等多功能性日益显现，在现代工业理念引领下，产业链条不断延伸拓展，加快了茶业升级转型步伐。针对茶叶加工业发展重大的技术瓶颈，以降低生产成本，提质增效，促进茶加工业高质量发展为目标，茶叶加工业科技创新聚焦在茶叶风味品质化学、茶叶精准化加工、茶叶深加工、质量安全等领域，茶叶节能降耗绿色加工、传统茶自动化智能化加工装备、茶叶深加工高值化利用、品质风味与营养健康、质量全安保障为茶产业重大需求。

1. 茶叶品质形成机理与定向调控技术

发掘和鉴定茶叶"色香味形"品质性状形成的关键因子；解析茶叶主要品质成分代谢的生物学机理；揭示茶叶风味品质形成的养分和环境调控机制及关键调控技术过程；基本探明各茶类典型香型，以及绿茶基本味"鲜味、苦味、涩味"的化学基础。提出绿茶、茶饮料和茶食品品质定向调控的加工技术。

2. 全方位推广高效节能的绿色标准化茶叶加工生产技术模式

绿色生产是茶叶供给侧结构性改革的方向，更是茶产业可持续发展的动力源。目前，茶叶生产中，清洁能源使用效率普及度不高，部分地区仍以燃油、煤炭为主，能耗高污染重；茶叶加工企业规模小，标准化生产水平低，实施标准的配套设施不健全。因此，要把低碳节能、环保高效、提升标准化水平、节约成本等作为科技创新研发重点，推广茶叶绿色生产技术，提升产业竞争力。

3. 大力创新智能化、信息化茶叶精准加工技术与装备

21世纪是信息化、智能化时代，信息互联网技术的革新成为助推茶叶加工技术发展的新动力。目前，我国茶叶加工机械化、自动化加工水平较低，特别是关键制茶工序的数字化和智能化程度偏低，缺少对工艺参数和在制品品质在线快速检测、诊断、决策和反馈智能化控制技术。依托移动互联网、云计算、大数据、物联网等新一代互联网技术，大力创新茶叶加工技术和装备，促进茶叶生产向自动化、智能化、信息化转型升级。

4. 开发茶资源的精深加工高值化利用技术

通过茶叶功能性成分、茶饮料、茶食品、日化用品等深加工高值化利用技术深度开发，提高茶资源的利用率。据不完全统计，目前国内多数产茶大县一般80%~90%的茶园不采夏秋茶，全国每年约有40%以上的产量未能采收；提高我国茶叶深加工比率仅为9%，远低于日本等发达国家。随着茶叶功能性成分健康机理揭示，通过茶叶深加工和多用途技术应用，实现茶产业高质量发展。

5. 加快科技成果转化助力乡村振兴

茶叶是我国山区特色支柱产业和重要富民产业，以乡村振兴工作为抓手，大力培育茶叶龙头企业、标准化茶叶加工厂；通过"产、学、研"相结合的方式，加快科研成果转化和新技术推广，创新和拓展茶叶的特色品牌，打造高品质、高产量的优质茶，增加农民收入。

第二节　重大科技进展

一、食品工业专用茶高值化加工关键技术与产业化

夏秋季中低档茶的高效利用是茶产业亟待解决的难题，而食品工业茶产品是最主要的解决途径。该成果针对夏秋季中低档茶苦涩味强、适口性差和传统工艺茶叶所制茶汁品质稳定性差、茶提取物风味品质低等制约食品工业用茶产业发展的技术瓶颈问题，在多个国家级、省部级重点项目持续支持下，通过15年系统研究，取得以下主要的理论创新与技术突破：探明了茶汁"苦、涩、回甘"滋味形成及其热稳定性机理；发明了茶叶热转化、茶汁复合酶转化、固体速溶茶高质化定向制备等食品工业用茶提质转化加工关键技术，显著提升了茶品质与加工特性，满足了食品工业领域原料用茶的加工需要；集成创制出饮料专用茶叶、特

色茶浓缩汁、高品质专用速溶茶等三大类食品工业专用茶成套加工技术与装备，并实现了产业化应用，经济效益提高 20% 以上。该成果共授权国家发明专利 28 件，实用新型专利 8 件，发表 SCI 论文 20 篇，整体达到国际先进、部分国际领先水平，显著提高了浙江省茶叶精深加工技术水平。成果已在浙江、江西、广东、福建、云南等省份产业化应用；项目参加单位近 3 年新增产值 10.7 亿元，新增利润 0.60 亿元，取得了显著的经济效益和社会效益。该成果 2020 年获神农中华农业科技奖二等奖。

二、绿茶自动化加工与数字化品控关键技术装备及应用

绿茶是我国最重要的茶类，长期以来，绿茶品质评判依赖感官，加工依靠手工和单机，导致加工效率低、品质不稳定，严重制约了绿茶加工现代化水平。按照"品控数字化-加工自动化-技术体系化"思路，历经 14 年攻关和应用，取得如下创新：深入揭示了茶叶主要风味成分形成机理，建立绿茶品质评价理论基础，创建了基于品质成分的茶叶分类方法国家标准；建立了茶叶中风味物质含量与近红外光谱信息的数字关系，创新了绿茶数字化品控技术；创立了绿茶色泽标准化、香气可视化、滋味数值化和外形图像化的综合评判新技术；建立了基于近红外光谱技术的绿茶主要风味物质含量快速检测方法，实现了绿茶等级的数字化快速评判，研制出茶叶品质分析仪；创建了基于多光谱亚像素拼接技术的高速复合成像采集系统，发明了基于多光谱亚像素拼接技术的茶叶数字化智能色选机，茶梗剔除率大于 95%。

突破绿茶加工温度精准控制、连续化揉捻及做形等技术瓶颈，创建了绿茶自动化加工技术体系及生产线。开发了基于 DMC-PID 的绿茶加工各工序温度精准控制方法；创新了多台揉捻机并联、模块化协同作业及精确工作时序控制技术，攻克了茶叶高效连续化揉捻技术难题；研制了条形、芽（尖）形、片形及颗粒形绿茶连续化做形关键装备，创建了 4 种典型外形绿茶自动化加工技术体系及生产线。近 3 年累计新增产值 43.0 亿元，新增效益 10.3 亿元，显著提升了我国绿茶加工现代化水平和产品国际竞争力。第三方评价表明，成果整体处于国际先进水平，其中绿茶自动化加工技术、智能化茶叶专用色选技术及装备达到国际领先水平。本成果 2020 年获国家科学技术进步奖二等奖。

三、黑茶加工关键技术创新与产业化应用

成果针对传统黑茶的外形笨拙、生产条件简陋、产品品质不稳定、健康机理不明确等黑茶产业发展的关键技术瓶颈，研究揭示了黑茶加工中品质风味形成机理、黑茶功能成分的物质组成、健康功效及作用机制。发明了"调控发花技术""散茶发花技术""茯茶砖面发花技术""品质快速醇化技术"等黑茶加工新技术，缩短黑茶加工周期 3～5 天，降低加工成本 30%以上，提高产品综合效益 50%以上。发明了茯砖茶安全高效综合降氟工艺，有效保障了黑茶的质量安全；研制了黑茶加工新装备 12 款，提高了生产效率 3 倍以上；制定和修订了黑茶国家标准与地方标准 19 项，推进了黑茶由粗放的传统手工作业向机械化、自动化、标准化的规模生产升级。创制了时尚型的现代黑茶专利产品 20 余种，有效推进了黑茶由单纯的西北边区向内地和国际市场拓展。2016 年获国家科学技术进步奖二等奖。

第三节　存在问题

一、生产成本快速上升，制约了生产效益的进一步提高

我国茶园基本建设严重滞后，具有道路、灌溉设施、生态防护配套完善的标准化茶园所占的比例低，抵御旱、寒冻、洪涝等不良气候，持续性稳产、优产能力薄弱。大部分茶叶加工厂房破旧，加工装备陈旧，性能落后，加工能力不强；茶叶是劳动密集型产业，劳动力成本是茶产业最主要的成本之一，茶叶采摘、耕作、加工等主要依靠人工作业，劳动强度大，茶叶生产用工紧缺矛盾十分突出，人工成本居高不下。

二、产业组织化、集约化经营程度较低，缺少知名品牌和大型企业

我国茶业经营主体是广大分散的农户和为数众多的中小企业，经营分散，组织化程度低，生产规模小，标准化程度低，许多茶叶企业没有建立科学的管理体系，对环境反应迟缓，管理水平落后，不能适应不断变化的环境需要。茶叶企业实力还比较弱，品牌影响力也不强。

三、茶叶生产标准化体系不够完善，产品质量和安全水平的保障条件能力需要加强

我国茶叶品类繁多、加工工艺复杂，使茶叶标准的制定、修订难度较大，许多重要的茶类产品缺乏标准，无标准可依；生产、加工技术规程等标准相对欠缺，难以实现从源头和流通环节保证茶叶质量的要求。国内茶叶质量安全标准与国外先进水平相比差距较大，对新的外源和内源污染物等检测方法、安全指标标准等的研究滞后。茶叶标准的缺失和标准化体系建设滞后给我国茶叶生产和行业管理带来了挑战，制约了我国适应全球茶叶市场发展变化、有效防范进口国绿色壁垒和积极参与全球竞争的能力。

四、产能增加与消费增长不足导致供大于求、茶叶产品结构不能满足消费者多样化需求

茶叶产品结构性失衡不能满足消费者多样化需求的问题突现，市场需求的多元化问题已经十分明显，主要体现为利用方式的多元化、产品结构的多元化。我国茶叶基本上是初级产品，名优茶发展中过分关注产品外观，同质化现象严重。而近年来，国际上袋泡茶消费量比例已由占茶叶总消费量的 2% 上升到 60%～90%。我国茶叶的深加工技术和设备相对落后，各种高新技术的应用还很少，深加工产品只占 6% 左右，多数属于低级、初级加工产品，附加值低。提取茶叶功能成分并用于保健功能产品开发不足，相关产品极少，市场规模也很小。

第四节　重大发展趋势

新一轮科技革命和产业变革的加速演进，使科技创新成为今后一段时期茶产业形成现代产业体系的主要动力。人们对健康的关注日益增强，茶叶加工产业从产品结构优化、技术引领、产业转型升级等方面加快发展。茶产品的发展趋势向多元化、特色化和营养健康并重；茶叶初制加工向节能省力、绿色化、自动化、智能化发展；精深加工向高值化发展，将加大生物工程等高新技术新产品研发力度，开发茶叶新用途。

一、茶叶产品发展趋势为多元化、特色化、健康化

随着社会科技的不断发展和人们消费理念的转变，茶叶产品以市场需求为导向，将呈现出以下发展趋势：从传统的茶饮料、茶食品，更多拓展至茶叶功能产品、日化品等多元化产品，满足消费者日益增长的安全、健康的需求。茶叶产品风味将更多元化，追求个性化、特色化定制；由单纯追求风味向营养保健转变。饮料的便捷、风味、健康的融合。

二、传统茶加工技术发展趋势为省力化、低碳化、标准化

通过对高劳动强度作业工序的机械化，配套相应专家系统和控制技术，实现多数茶叶产品的自动化和智能化加工，清洁化和低碳化提升技术。研发基于清洁化能源的节能装备，研制茶叶清洁化加工配套装备，实现茶叶加工的全程节能化和清洁化；基于全程机械化加工的产品特色化和稳定性技术，通过品种选择、工艺组合、加工环境参数调控等技术途径，实现茶叶机械化加工产品的稳定性品质，实现标准化生产。

三、茶饮料加工技术趋势为天然化、高保真

茶叶天然营养和风味品质极易劣变，高品质纯味茶产品需要高保真制造技术和保存技术的支撑；改变香精香料等食品添加的调制方式，积极开发采用天然植物、水果等自然配料进行调配的天然化调制技术。

第五节 下一步重点突破科技任务

"十四五"时期是我国全面建成小康社会，经济建设进入新发展阶段；也是茶叶加工产业以创新驱动，提高发展质量效益、振兴茶乡的关键时期。针对茶产业发展的新挑战和新需求，"十四五"重点突破的科技任务如下。

一、茶叶制造化学与品质化学机理研究

重点开展制茶过程中风味、物性学基础研究，开展茶树资源的功能成分及品

质调控机制研究。发掘和鉴定不同茶树资源的特征性化学成分，为茶叶加工的茶树品种适制性提供基础。探索风味特征与品质评价理论，明确加工过程中风味品质形成机理与关键成分代谢变化规律，突破制茶化学理论为加工技术与装备的创新提供理论依据。

二、加快构建现代化茶叶加工技术体系

茶叶生产以全程机械化为目标，以耕作、采摘、加工机械化为当前工作重点，深化"机器换人"，着力提升生产水平。据不同茶类的产品特点与要求，研发标准化、自动化、数字化、智能化加工生产线，试点智慧无人化工厂。研制节能高效制茶装备，促进茶叶农机农艺融合。

三、深入发掘茶与健康机理促进资源高效利用

重点开展基于健康功能的茶资源精深加工和高值利用相关核心技术研发及产业化应用。开展茶树资源健康功能的发掘，包括：茶树资源的健康功能评价，发掘新的健康功能；开展茶叶功能性成分的分离鉴别、活性追踪、明确茶树资源化学成分的生物活性。开展茶树种质资源高值化利用与产品开发基于功能组分的功能性茶产品开发，形成多元化、系列化、品牌化的精深加工产品。

第九章 2020 年特色农产品加工业发展情况

第一节 产业现状与重大需求

一、特色农产品加工产业年度发展概况

1. 蜂产业

我国蜂群总数约为 925 万群，其中 2/3 为西方蜜蜂，1/3 为中华蜜蜂。蜂蜜的年产量约 45 万 t，居世界之首。蜂王浆、蜂花粉、蜂胶更是以我国为主，如蜂王浆的产量占世界的 90%以上，我国年产蜂王浆约 4 000 t，蜂花粉约 5 000 t，蜂胶约 350 t。

作为我国优质蜂蜜的主要产地，吉林省地处长白山区，自然资源、蜂种资源、文化资源、科技资源得天独厚。目前全省拥有蜜蜂养殖户 5 200 多户，养蜂 39 万群左右，每年外省进入吉林放养的蜂群为 20 万~30 万群。正常每年可产蜂蜜超 1 万 t，平均群产蜂蜜达到 40 kg 左右，其中 85%以上为椴树蜜。

2. 糖产业

（1）蔗糖 全国 2019/2020 年度制糖期榨季共计产糖 1 042 万 t，较上一榨季减少 34 万 t，下降 3.66%，食糖产量从连续第三年恢复性增长转为下降。其中，产甘蔗糖 902.5 万 t；产甜菜糖 139 万 t（表 9-1）。全国开工制糖集团 46 家，糖厂 224 家；其中甘蔗糖生产集团 42 家，糖厂 189 家。2019/2020 年度制糖期截至 2020 年 7 月底，重点制糖企业（集团）累计加工糖料 7 538.57 万 t，累计产糖量 960.41 万 t，累计销售食糖 715.23 万 t（上制糖期同期 752.52 万 t），累计销糖率 74.47%（上制糖期同期 78.11%）；成品白糖累计平均销售价格 5 572元/t（上制糖期同期 5 165元/t），其中，甜菜糖累计平均销售价格 5 499元/t，甘蔗糖累计平均销售价格 5 581元/t。

表 9-1　中国食糖供需平衡表

压榨期（11月至翌年5月）	2017/2018 年度	2018/2019 年度	2019/2020 年度（11月预测）
糖料种植面积/万 hm²	137.6	144.1	138.0
甘蔗	1 201	1 206	1 165
甜菜	175	235	215
糖料单产/(t/hm²)	60.75	62.03	59.40
甘蔗	66.75	69.60	62.70
甜菜	55.20	54.50	56.10
食糖产量/万 t	1 031	1 076	1 042
甘蔗	916	944	902.5
甜菜	115	132	139
进口量	243	325	374
出口量	18	19	18
消费量	1 500	1 520	1 500
结余	-254	-140	-100

（2）**功能性糖**　目前功能性糖质资源的生产途径主要可归结为 4 种：①从天然原料中提取的未衍生功能糖，主要有棉籽糖、大豆功能糖等，但大多数天然原料中的功能糖含量极低，工艺操作费时，成本高；②微生物发酵法制备，主要利用微生物酶将淀粉或葡萄糖直接转化为功能糖或糖醇，其工艺与一般的发酵法相似，工艺简单，利于大规模生产，如海藻糖、赤藓糖醇等；③化学合成法合成，利用高压加氢反应制备，如木糖醇、麦芽糖醇等，因而化学合成法需引入多步保护反应和去保护反应，比较烦琐、复杂；④酶学方法，根据不同酶制备低聚糖的机理不同，可分为三类：一是转移糖苷合成法，通过专一性极强的糖苷转移酶催化合成。该方法的局限性在于天然存在的糖苷转移酶含量极少且稳定性差，因此能否工业化取决于底物核苷二磷酸糖的再生作用。二是可逆水解合成法，用糖苷酶通过可逆水解反应催化单糖缩合成寡糖。该方法的特点是受体底物的特异性不高，缺点是合成得率较低，一般需酶浓度高，反应时间长。三是酶水解法，用功能糖转化酶降解高分子多糖，生成短链的低聚糖。实际上具体到每一个功能糖种类其技术路线的特点不尽相同，都有其自身的侧重点和难点。

3. **人参产业**

我国人参 30%~40%用于直接出口，40%~50%以原参形式消费掉，人参二次加工不到 10%，人参产品开发精深加工严重不足。主要以药物加工为主，食品加工不强。许多制药龙头企业介入人参食品领域，产品科技含量不高。

二、特色农产品加工产业"十三五"期间发展成效

1. 蜂产业

总体上，"十三五"期间，我国蜂产业处于稳步发展中，产业延伸方面也有了长足进步。虽然我国是世界第一养蜂大国，蜂产品资源丰富，但我国蜂产品加工业与世界先进国家相比仍有着较大差距，现阶段存在着蜂产品质量差和深加工技术落后这两大突出问题，严重困扰着我国养蜂业的可持续发展。在蜂产品种类、生产设备和加工工艺等方面还有待提高。

2. 糖产业

（1）蔗糖　蔗糖是我国食糖消费的主体，占食糖消费的 90% 以上。广西、云南是我国最大的糖料蔗生产基地，种植面积和产量均占全国糖料蔗面积和产量的 80% 以上，糖业也是两省重要的支柱产业和农民收入的重要渠道。近年来，受生产条件差，良种研发滞后、品种单一、机械化推进缓慢，人工成本增加较快以及国内外价格波动等多种因素影响，糖料蔗种植效益下滑，市场竞争力下降，糖业发展和蔗农增收受到影响。

（2）淀粉糖　淀粉糖是利用含淀粉的粮食、薯类等为原料，经过酸法、酸酶法或酶法制取的糖，包括麦芽糖、葡萄糖、果葡糖浆等，统称淀粉糖。淀粉糖在我国有悠久的历史。淀粉糖工业是采用生物工程技术进行农产品综合加工的重要产业。淀粉糖现已经成为食糖市场的重要补充，是淀粉深加工的支柱产品，是生物发酵产业乃至许多食品的技术和物质基础，为推动食品工业的发展和促进以生物科技带动农业产业化发展作出了重要贡献。

"十三五"初期，在国家放开玉米深加工审批限制，取消玉米托市政策，蔗糖价格高企等因素影响下，淀粉糖产业迎来发展的曙光，产量回升，生产成本大幅下降，价格竞争优势突显，市场份额逐步扩大，产销量增加，企业利润水平有所提高。进入 2018 年，新扩建产能还未完全建成投产，同时由于环保压力及资金问题，部分企业产能彻底退出市场，总的产量的增长幅度不大，行业日渐集中在大型企业集团和经营管理、技术竞争能力强的企业，行业集中度明显提升。2019 年，新建产能释放，在产能增长大于需求增长情况下，产品结构性过剩加剧，市场形势严峻。

3. 人参产业

大力实施人参产业振兴工程，强化政策扶持，规范标准化种植管理，推进人参精深加工和品牌建设，促进人参产业全产业链开发和转型升级。吉林省人参种植规模 134.4 万亩[①]，产值突破 600 亿元。加快推进科技研发和成果转化，实现人参根、茎、叶、花、果全株开发利用，已开发人参食品、药品、保健品、化妆品、生物制品五大系列 1 000 多个品类；"长白山人参"品牌产品生产企业达到 44 户，品牌产品 152 种，年转化原料人参 5 000 多 t。"长白山人参"品牌先后获得 "2016 年度中国农产品网络品牌五十强"、"中国商标金奖"提名、"2017 最受消费者喜爱的中国农产品区域公用品牌"、"2017 中国农产品区域公用品牌价值"百强榜单上第一、"2018 亚太知名特产"、"2018 中华品牌商标博览会金奖"、2019 年区域公用品牌 "神农奖" 等。人参产品出口到亚洲、欧洲、美洲等多个国家和地区。

三、特色加工产业发展需求

国家 "十四五" 规划要求及 2035 年远景目标，为功能性特色资源领域指明了方向，即创新发展、高质量发展、绿色发展的方向。①通过供给侧改革，以市场需求为导向，调节产品结构，逐步降低大宗产品比重，增加新产品比例，增加新应用领域。②增品种、提品质、创品牌、促升级，开发新型产品，促进特色产业升级。③补短板，加强具有自主知识产权的特色产品技术开发，提升原料利用率、分离提取回收率等，推动国产关键设备水平提升。④增后劲，提升行业智能制造水平、绿色制造水平。

第二节 重大科技进展

一、蜂产业

蜂蜜、蜂王浆、蜂胶和蜂花粉的生物学活性、保健功能研究方面取得重要进展；建立了中蜂蜂蜜与意蜂蜂蜜来源真实性鉴别的胶体金免疫层析分析方法；通过液质联用、气质联用和核磁共振等技术确定了油菜蜜、洋槐蜜和椴树蜜的标志

---

① 1 亩 $\approx$ 667 m^2, 15 亩 = 1 hm^2。

性成分，并通过指纹图谱技术对蜂蜜的质量进行分级鉴定。

在蜜蜂生态方面，我国科学家以行为生态学与化学生态学的方法和手段，研究了社会性昆虫嗅觉、视觉等不同信号感知模态下的信息交流机制，如验证了蜜蜂-胡蜂间的 ISY（I see you，ISY）信号的可遗传性，以及东方蜜蜂和西方蜜蜂面对胡蜂的行为差别，对东方蜜蜂、西方蜜蜂甚至是胡蜂的利用具有重要意义。在相关研究领域处于学科前沿，并已经形成国际影响力。

二、糖产业

近年来，功能性糖质资源微生物制备、高效提取、清洁生产等成为世界各国研究院所和生产企业研究开发的热点。

①高转化率菌种基因工程定向选育技术。②功能糖酶工程生产技术。③多组分功能糖醇高效分离技术。④串联纯化节能、清洁生产技术。

三、人参产业

人参基因组测序推动复杂天然产物生物合成途径解析。陈士林、徐江团队突破人参基因组重复序列较多（超过 62%）的障碍，成功破译人参的全基因组序列，共预测 42 006 个编码蛋白，与 13 种植物进行进化分析，发现 1 648 个基因为人参特有的。鉴定出 31 个基因参与甲羟戊酸途径，225 个 UDP–糖基转移酶（UGT）参与人参皂苷的合成和修饰。人参皂苷的合成生物学研究为天然产物的工厂化生产奠定基础。研究人员构建生产人参皂苷 F1 和 Rh1 的工程酵母，合成人参皂苷 F1、Rh1、Rh2 和 Rg3。

第三节　存在的问题

一、蜂产业

多年来我国养蜂生产规模小，效率低；养蜂人劳动强度大，产品质量差；蜂产品的价格与价值严重背离的局面依然存在；蜜蜂的生态、农业、社会价值还没能充分体现。

1. 蜜源植物分布不均，有待进一步调研

蜜源植物分布不均，主要表现在区域、季节分布不平衡，养蜂生产基本上还属于"靠天吃饭"。

2. 基本的农作物（包括蜜源植物）种植面积缺乏保障

基本的农作物（蜜源植物也包括在内，油菜、柑橘、枸杞……）种植面积不能保证，这是蜂业的根本性问题（油菜种植面积越来越少，过去大面积的紫云英几乎绝迹）由于蜜源植物的相对匮乏，蜂农不得不大转地养蜂，蜂群健康和蜂产品质量都受到影响。

3. 蜂胶产业与蜂胶市场连年下滑（表9-2）

表9-2　2014—2019年全国蜂胶产业与市场的总体状况

同比上年	蜂胶原料用量/%	进口蜂胶原料/%	蜂胶产品销售额/%
2014年比2013年	+8	−23	+30
2015年比2014年	−30	+40	−25
2016年比2015年	−17.5	−31.5	−12.8
2017年比2016年	−6.7	−25	−30
2018年比2017年	−25	——	−30
2019年比2018年	−26.3	−22.8	−32
年平均	−16.25	−17.8	−16.63

二、糖产业

1. 蔗糖

①产能闲置问题突出。由于甘蔗属于季节性原料，又由于原料蔗糖不足，导致制糖企业产能部分闲置，粗略估算，榨季制糖产能利用率仅为50%~60%，产能闲置使企业的制糖成本普遍偏高。②加工技术与装备停滞不前，降本增效缺少动力。③进口糖价格优势明显，食糖走私难以杜绝。④食糖质量总体良好，但仍存在食品安全风险。

2. 功能性糖

（1）原料供给　2020年以来，玉米价格呈持续上涨趋势，并持续保持高位运行，主要原因包括新年度临储拍卖政策取消，需求端旺盛多元收购主体增加，在种植成本增加的情况下农民惜售，以及资本介入，价格看涨预期增加等多方面。

（2）政策影响　一是目前，国家提出"碳达峰""碳中和"概念，力求实现2030年碳达峰、2060年碳中和，低碳转型既是人类生存的紧迫要求，也是一个巨大的经济机遇。二是能源供应。我们国家要逐步增加零碳、低碳能源供应的占比。但是，目前很多零碳、低碳能源并不便宜，部分能源占比越高，可能成本就越高。

（3）技术引领　目前，功能糖、淀粉糖产业拥有良好的发展机遇与环境，同时，也面临市场更新和竞争优化的局面，如今市场上的功能糖、淀粉糖面临的主要问题是同质化严重。

第四节　重大发展趋势

我国自 2000 年已进入老龄化社会，到 2050 年，我国老龄人口将达到总人口数的 1/3，大健康产业将大有可为，特色产业多为健康产业，如蜂产品、人参、功能性低聚糖等应发挥更大的作用。

积极开发与特色产品相关的药品、高级食品、营养保健品、美容化妆品，提高特色产品的附加值和竞争力，满足人们美好生活的需要是未来特色产品加工业发展的总趋势。新的加工技术和识别技术在特色产品上的应用是一个大的趋势。具体应遵循"把控原料质量、创新产品、深入挖掘功能成分、加强品牌建设"等发展原则，最终实现我国特色产品加工行业的跨越式发展。

一、发展总趋势

围绕特色产品生产全过程，建立质量可追溯体系，重点围绕生产机械化、产品深加工、副产品综合利用、工艺技术、装备制造等关键领域，组织实施一批自主创新科技项目。加强与国内外科研机构和高等院校合作，开展技术攻关和协同创新，推动科技成果产业化。积极建设特色产品优良品种、生产加工、产业链延伸等示范基地。

二、推进特色产品先进生产技术，提高质量，降低种植、养殖成本

如养蜂产业，推广"强群多箱体成熟蜜生产技术"，实现从稀蜜进而推进我国养蜂生产模式变革和"优质优价"市场形成。

糖产业，积极引进、消化吸收国外糖料生产机械化技术，加快国产机械研

发、制造，根据机械使用中的问题不断完善改进，同时进行制糖工艺和设备改造以适应机收糖料的需要。通过国家、农机制造商和制糖企业的共同努力，到2022年使甘蔗机播率由40%提高到70%，甘蔗机收率由4%提高到20%；甜菜机播率由80%提高到98%以上，甜菜机收率由60%提高到90%。

三、推行绿色制造技术，降低能耗和污染排放

推行绿色制造技术，实施清洁生产，降低特色农产品（如蜂产品、人参鹿茸、糖制品）生产过程的能耗、水耗和污染物排放。从原料预处理、压榨提汁、澄清过滤、加热蒸发、煮炼助晶、分级包装以及锅炉发电生产全过程推广实施一批绿色制造新技术新装备，加大节能、节水和污染排放技术改造的步伐，在特色农产品转型升级过程中，改善产业生态环境，实现经济效益与环境效益的双赢。

第五节　下一步重点突破科技任务

一、蜂产业

通过蜂产品贮藏加工过程品质变化机制与控制、活性成分分离鉴定及功能验证等方面的研究，加快蜂产品的转化与增值，突破蜂产品加工的关键技术，把我国蜂业资源优势转化为商品优势。

蜂产品贮藏加工的关键技术和设备的研发：应用高效节能型组合干燥、非热加工、CCD色选等技术，研究蜂花粉贮藏加工过程中品质劣变的控制技术；应用非热加工、真空浓缩、香气成分回收等技术，研究蜂蜜贮藏加工过程中品质劣变的控制技术；应用低温快速解冻、高效过滤、微胶囊等技术，研究蜂王浆贮藏加工过程中品质劣变的控制技术。在此基础上，优化和设计蜂花粉、蜂蜜、蜂王浆加工新工艺和装备。

蜂产品营养功能评价和高值化利用：针对主要蜂产品部分功能因子不明确，作用机理不清楚等问题，从细胞生物学、分子生物学和动物水平上，开展增强免疫力、抗氧化、辅助降血糖、辅助降血脂等功能评价技术研究，对蜂产品中多酚、蛋白质等活性成分进行高通量筛选，解析量效关系和构效关系，明

确功能因子的作用靶点，阐明其代谢途径和作用机理，为蜂产品的研制提供理论依据。

二、糖产业

功能糖是天然存在于植物中的有效营养功能物质，都有一定的保健功效，例如，最普通的润肠通便功效，所有功能糖几乎都具有此类功能，功能同质化现象严重，竞争日益激烈。因此，挖掘功能糖产品新功能、拓宽应用领域以及开发差异化、定制化或新型功能糖产品，势必成为功能糖产业的发展趋势。同时，未来该行业需以市场为导向、以客户为中心，不仅提供产品，还应提供解决方案，并与上下游关联企业共成长，加快产业转型升级。

1. 产业链延伸

拉伸功能糖产业链，丰富产品种类是目前功能糖产业的发展趋势，在提升现有功能糖产品品质、拓展市场规模基础上，积极发展药用糖、能源糖和其他新型功能糖品种，增强产品集聚度；拓宽原料范围，在淀粉、玉米芯等原料基础上，研发甜高粱、麸皮、马铃薯等替代原料，实现原料多元化；加强终端产品开发，推进功能糖原料药、药用辅料发展，加快功能糖在食品、饮品、保健品、畜禽用品等方面的研发生产，做大产业规模；积极开发生物酶制剂、乳酸链球菌素等上下游产品，提高产品附加值。

2. 技术提升方面

加强具有自主知识产权的高效的糖酶产品、果糖异构化酶及固定化技术开发；推动膜分离材料、均粒树脂、喷射液化器等国产关键设备水平提升；加强产品应用技术开发，建立配套应用服务体系。

3. 绿色、智能制造方面

推动先进膜分离、色谱分离、连续离交等清洁生产技术的高效利用，提升原料利用、分离提取等工艺水平，打破废气、废固制约行业发展的瓶颈，提高行业自动化、智能化水平，实现高效、高质量生产。

三、人参产业

1. 人参质量标准的提升与完善

目前，人参产业加工标准有2项，一项为国家标准GB/T 31766—2015

《野山参加工及储藏技术规范》；一项为农业行业标准 NY/T 2784—2015《红参加工技术规范》，人参产业质量标准较少，急需制定一系列相关标准，规范行业发展。

2. 人参营养功能评价的提升与完善

从细胞生物学、分子生物学和动物水平上，开展人参增强免疫力、抗氧化、缓解疲劳、改善睡眠、降尿酸（预防痛风）等功能评价技术研究，完成人参主要功能物质基础研究与阐释。

第十章

2020 年农产品加工装备业发展情况

第一节　产业现状与重大需求

一、农产品加工装备产业年度发展概况

2020 年，全国累计 1 097 家规模以上农产品加工装备企业完成主营业务收入 1 194.28 亿元，同比增长 1.30%。其中，包装专用设备制造相较 2019 年有较大增长，同比增长 7.51%；商业、饮食、服务业专用设备制造同比增长 2.87%；农副农产品加工专用设备制造大幅下滑，同比增长 -16.97%；农产品、酒、饮料及茶生产专用设备制造，同比增长 -3.88%。

全国 1 097 家规模以上企业实现全年利润总额 87.46 亿元，同比增长 -11.82%，行业利润率为 7.32%，比 2019 年利润率的 8.41% 降低了 1.09%，其中农副农产品加工专用设备制造的利润下滑幅度较大，拉低了农产品加工装备行业整体效益，但从细分领域来看，包装专用设备制造利润总额 33.81 亿元，同比增长 25.47%，利润率 8.24%；商业、饮食、服务业专用设备制造利润总额 4.30 亿元，同比增长 13.83%，利润率 6.52%；由此说明农产品加工装备行业在 2020 年发展尚不均衡，农产品加工装备行业整体效益受到 2020 年新冠肺炎疫情的影响比较大（表 10-1）。

二、农产品加工装备产业"十三五"期间发展成效

1. 行业经济运行态势持续增长

"十三五"期间，农产品加工装备行业总体发展态势良好，行业平均增长率高于全国机械工业的整体增长速度，在行业规模、产业结构、产品水平、国际竞争力等方面都有了较大幅度的提升。

表 10-1　中国农产品加工装备行业 2016—2020 年经济指标　　单位：亿元

分类名称	2016 年		2017 年		2018 年		2019 年		2020 年	
	营业收入	利润总额	营业收入	利润总额	营业收入	利润总额	营业收入	利润总额	营业收入	利润总额
农产品机械行业	1 259.73	89.41	1 217.15	84.19	1 184.94	86.34	824.39	57.13	606.26	39.86
包装机械行业	377.84	20.07	378.74	25.76	310.46	23.54	354.60	42.05	410.08	33.81

2. 自主创新促进行业快速发展

我国农产品加工装备行业企业自主创新能力不断提高，多项制约行业发展的新技术得到突破，产品结构向多元化、优质化、功能化方向发展，在智能化、高速化、绿色化产品研发方面有很大进步。高端的关键装备、成套装备的技术水平与国际先进水平逐步接近；中端产品已基本实现国产化，整机的技术水平和可靠性已逐年提高；低端产品由于存在技术配置低、故障率高、能耗高等缺陷，在结构调整中正逐步改造或被淘汰。

3. 产业结构调整取得明显成绩

我国农产品工业和农产品加工装备的转型升级过程明显加快。传统酿造、面食、肉类等领域农产品生产的自动化、智能化水平不断提升；休闲农产品潜力巨大，带动了农产品加工装备行业的蓬勃发展；液态农产品领域的技术装备升级不断推进，其白酒和调味品的智能化酿造装备已经开始进入大规模推广阶段，尤其是以小曲清香为主的白酒产品，从智能酿造到智能包装，已经非常成熟；新兴业态产业提速，如标准化、工业化的中央厨房装备进程不断提速。

4. 产学研技术创新模式基本形成

我国农产品加工装备行业已基本形成依托（国家）食品装备产业技术创新战略联盟、以大中型骨干企业为主体、以科研单位和高等院校为支撑、产学研相结合的技术创新模式。在各个细分领域扶持了一批具有较强科技创新能力的农产品加工装备企业。

5. 行业国际竞争力增强，贸易顺差持续扩大

国际贸易方面，我国农产品加工装备行业在 2015 年实现了行业国际贸易顺差，之后逐年扩大，显示出我国农产品加工装备在国际上的竞争力不断提升（表10-2）。

表 10-2　中国农产品加工装备行业 2016—2020 年产品出口　单位：亿美元

机械类别	年份				
	2016	2017	2018	2019	2020
农产品和包装机械	39.10	43.60	61.59	68.37	57.01

农产品加工装备行业骨干企业在开展国际市场方面取得了很大进步，部分企业年出口额超过了本企业年销售额的 40% 以上，产品出口主要集中在越南、泰国等东南亚国家和地区以及印度、俄罗斯等国家；精酿啤酒装备出口美国、加拿大、俄罗斯等国家；制糖技术及成套化设备已经出口到东南亚、非洲、南美洲一些国家和糖业相对发达的韩国和澳大利亚。

三、农产品加工装备产业发展需求

伴随人们生活节奏加快和对食品多样性、高质量的时代要求，我国农产品加工业正在向自动化、信息化、智能化生产方式发展，产业发展进入以技术创新、高性价比、资本密集投入为导向的行业竞争态势，加速推动以数字化、智能化为特征的产业升级，以数量增长向质量效益提升转变。农产品加工业的发展带动了我国农产品加工装备工业继续快速发展，促进了农产品加工装备行业技术进步，从跟踪模仿为主向自主创新为主转变，从注重单项技术向注重技术集成转变，智能化改造和产业转型升级步伐加快。未来我国农产品加工装备向柔性自动化、集成化、综合化、系统化、敏捷化和智能化方向发展，主要表现如下。

1. 技术的自主创新能力需要增强

行业更加重视技术进步与科技创新，科技投入继续加大，突破一批共性关键技术，重点领域成果丰硕；农产品分选、食品非热加工、可降解食品包装材料、在线品质监控等方面研究取得重大突破；掌握一批具有自主知识产权的核心技术，开发先进装备。

2. 装备制造业转型升级步伐需要加快

柔性加工技术、新材料、数字化管理系统等在农产品加工装备制造业中快速应用。粮油加工和食品制造自动化、智能化装备高速发展。粮油、酒类、乳制品、饮料、肉类加工、后端包装等装备领域出现龙头企业和标杆产品，并左右定价和标准。精酿啤酒装备出口至美洲、欧洲及东南亚等地，技术标准与产品质量稳步推进；饮料装备初具国际竞争力；乳制品装备具备酸奶制品、液态乳无菌灌装、乳酸菌饮料等全面装备供应体系。食品安全技术装备、在线检测、安全追溯发展较快，信息技术、传感器技术、控制系统、大数据等技术快速应用。

3. 传统生产线数字化、智能化改造升级

粮油制品、乳制品、饮料、肉类、酒类等产业加快生产线改造升级和数字化转型。农产品分级包装迅速发展推动智能化分级包装装备应用；畜禽安全屠宰拉动屠宰加工自动化、智能化生产线快速发展；低温乳制品需求旺盛推动低温立体库、安全追溯等装备发展；大包装、家庭装、商务用水等增速很快推动大容量灌装包装设备高速增长；调味品企业加快建设智能立体仓储；白酒类小曲清香等产品自动化、智能化酿造装备改造已近成熟。

第二节　重大科技进展

一、方便食品加工装备领域快速增长

2020 年新冠肺炎疫情，加快了方便食品行业发展的步伐，带动了方便食品加工装备的增长。2020 年上半年，中国方便食品消费增长了 1.5 倍，疫情最严重的 2 月方便食品增幅达到了 21.3 倍的爆发。下半年市场依然有着稳定的增长。由此可见，方便食品企业对装备自动化和智能化有了更高的要求，信息化软件、工业机器人等在农产品加工装备中的应用趋于广泛，主机和生产线的自动化水平越来越高，以无人或者少人操作为特征的智能化装备研发的进程显著提升。

二、中央厨房装备领域保持高速增长

2020 年，受新冠肺炎疫情影响和政府大力倡导，校园对学生饮食格外重视，学生营养餐中央厨房建设需求持续上升，上半年疫情重创了餐饮行业，下半年餐饮业纷纷投资建设中央厨房，主要服务于学校、机关、实体单位等团体用餐需求。中央厨房的建设增长，促进了中央厨房装备的高速发展。中央厨房装备融合农产品物理加工技术、传感技术、在线检测技术、物联网技术，实现中式中央厨房标准化与智能化加工；在智能化主食机械设备与仓储物流配送方式方面，实现主食安全化、成品化、方便化、营养化、节约化等；提高净菜整体处理效果，实现蔬菜机械加工设备向智能、节能和环保方面发展。

三、数字化、智能化水平保持显著上升态势

2020 年，对于农产品加工装备行业，现代化信息技术重构传统制造将带来巨大价值，工业产品正向数字化智能网络产品快速转变。

智能化提升方面，无论是中小型单机，还是大型液态包装设备，通过大规模应用芯片、PLC（可编辑逻辑控制器）、伺服零部件、触摸屏等极大提升了产品的硬件智能化水平，标准的工业接口和无线应用设备的嵌入使得设备本身对 5G+工业互联网、远程控制、云存储和云计算、虚拟仿真、虚拟调试、能源管理、智能巡航、震动检测等应用提供了很好的基础。此外，大量软件甚至是基于大数据的自学习型软件系统的嵌入使得装备本身的智能化提升到前所未有的高度。

整线数字化和整线智能化方面大幅提升。包括工艺极其复杂的大型智能化酿造生产线和系统、大型乳制品生产工艺控制和管理系统，大型制造企业生产过程执行管理（MES）系统与 ERP（企业资源计划系统）、PLM（产品生命周期管理系统）、CPS（信息物理系统）、CAPP（计算机辅助工艺过程设计系统）等进行集成，甚至是基于大数据的辅助决策系统等已经开始陆续在农产品制造业投入使用。全面落实两化融合创新发展战略，支撑实体经济数字化转型，实现车间生产制造过程的可视化、透明化、规范化，达到"快速响应、均衡生产、用工具提升效率和品质"的管理目标。陆续建成的智能化工厂大大提高了农产品制造企业的生产效率，降低了生产成本，提高了决策的效率和速度。

四、农产品安全可追溯和检测装备发展迅速

2020 年，由于新冠肺炎疫情影响，需要大量应用农产品安全技术装备。旺盛的市场需求，倒逼农产品安全装备的技术升级。从农产品制造企业反馈的数据来看，绝大部分农产品生产企业已经把农产品安全追溯和农产品安全检测作为企业生产过程的标准配置。

农产品安全可追溯方面，随着新冠肺炎疫情常态化的当下，农产品安全再次被推到"风口浪尖"，市场更加注重冷链农产品和进口农产品的追溯技术及系统。在"云"技术的支持下，标准化的读码、赋码设备和系统，视觉检测设备和系统等，已经成为农产品企业数字化建设的重要支撑和延伸，以及对消费者大数据分析的重要保障。

农产品安全检测装备方面，越来越多的农产品生产企业在原材料筛选过程检测和抽样检测、原材料处理过程检测与监控、包装完整性检测、异物检测等各个环节大量应用农产品安全检测设备和系统。国家和地方层面纷纷出台政策、采取行动以推行农产品安全放心工程建设，我国农产品安全整体水平得以提升。

但随着"网红农产品"的日益火爆，与之相关的农产品安全隐患随之暴露。考虑到人们对"健康农产品""绿色农产品"的需求日益增长，且政策环境利于检测装备行业的发展，未来，"网红农产品"将为农产品安全检测装备行业带来新的增长动力。

第三节　存在问题

一、全球疫情对企业产品出口影响依然很大

2020 年，新冠肺炎疫情在全球蔓延，有 63 个国家（地区）对货物贸易（除医疗物资外）采取措施，有 171 个国家（地区）对船舶/航班/列车采取措施，有 116 个国家（地区）对边境口岸采取措施，有 188 个国家（地区）对人员入境采取措施。货运塞港、路运不畅等问题经常发生，出口货物运输成本和企业外派员工成本成倍增加。疫情叠加贸易保护主义加剧国际贸易下行压力，特别是中美各领域贸易冲突不断升级，产品关税大幅提高，导致产品盈利空间急剧下降。2020 年上半年，农产品加工装备行业受到了很大影响。国外订单量严重缩水，出口额大幅下降。目前，受新冠肺炎疫情全球蔓延及国际政局动荡影响，多国停止发放签证，农产品加工装备企业业务推广及售后服务人员出境受阻，在一定程度上影响了市场开拓力度。目前市场开拓基本借助境外子公司、分支机构或代理进行。

二、存在未突破的关键核心技术

目前，国产农产品加工装备已经达到了满足我国农产品工业基本需求的发展水平，但部分中高端产品，在稳定性和可靠性方面与国外一流产品相比还有差距，如高速易拉罐封罐机、60 000瓶/h 以上饮料无菌灌装生产线等。在农产品加工装备配套的关键零部件方面，如大型 PLC、传感器、伺服控制、气动元器件、

关键阀门、管理软件等产品还依赖进口。在农产品安全在线检测方面，部分高端精密仪器和在线监测控制装置还需要从国外进口。

三、农产品加工装备行业标准化工作亟待提高

我国农产品加工装备国家标准、行业标准、团体标准覆盖面还不够广，农产品加工装备标准总量仍需加大，制修订工作力度还要加强，农产品加工装备国际标准还是空白，制定工作迫在眉睫，需要跟上农产品加工装备行业发展。

四、中小微农产品加工装备企业生存仍很艰难

新冠肺炎疫情和国际关系吃紧等因素对社会经济秩序造成了很大影响。大多数中小微农产品加工装备企业因自身抗风险能力较低，面临着蜕变或重新洗牌。我国中小微农产品加工装备企业通过银行融资较难，同时因我国银行融资体系和市场融资体系还不完善，针对中小微企业融资途径相对较少，导致通过股权融资等渠道金融融资较为困难。在资金链不足的情况下，缺少新产品研发的投入，设备无法更新换代，企业运营停滞不前，让中小企微企业生存更加困难。

五、原材料涨价进一步压缩了制造企业的盈利空间

从 2019 年下半年开始，受去产能、国际关系吃紧等因素的影响，原材料的价格一路飙升。2020 年年底，原材料又掀起一波"涨价潮"，农产品包装机械行业从订单签约到出货，需要 3~4 个月，在订单价格确定的情况下，原材料价格上涨势必压缩整个行业企业的盈利能力。

六、受中美贸易摩擦及疫情影响，企业运营成本持续增加

因中美经贸摩擦，目前行业企业所有出口美国的产品关税大幅提高，导致产品的盈利空间急剧下降，有些甚至会更低。此外，受到美国国内疫情的影响，货运塞港、路运不畅等问题经常发生，出口货物运输成本增加 1.5 倍，而外派人工成本也因不能直飞、且签证未开放等原因相应增加了 2 倍。

第四节　重大发展趋势

我国未来农产品加工装备产业发展，要面向目前农产品工业发展所面临的新挑战和新需求，针对制约农产品加工行业发展的技术瓶颈与关键难题，围绕农产品加工产业链重点环节的前沿基础问题、共性关键技术难题和技术集成示范的突破与需求，发展智能制造装备、智能制造关键共性技术以及农产品智能加工等领域。

一、企业快速提高自身发展实力

未来一段时间，农产品加工装备企业将重点致力于加强科技创新、加快提升装备质量和技术水平、推动产品向中高端迈进、提升中国产品的品牌形象和价值、增强国内产业链、供应链的自主可控、补发展短板，制订具有先进性的农产品加工装备国际标准，增强参与国际合作和竞争的本领，在全球复杂多变的经济形势下，谋求更大发展。

二、以"扩内需稳外贸"推进市场稳步增长

在疫情常态化的当下，国外贸易保护主义加剧，特别是中美贸易摩擦不断升级，使农产品加工装备出口下行压力加大。2020 年，党中央根据国内外形势变化，提出了加快构建以国内大循环为主体、国内国际双循环相互促进的新发展格局的重大决策部署，给国内农产品加工装备企业扩大内需市场提供了有利环境。农产品加工装备企业在未来发展中，将着力扩大内贸市场，稳增长、调结构，同时开拓国外市场，保证"引进来"和"走出去"协调发展，在机遇与风险并存的未来，实现贸易增长。

三、智能化和数字化将是行业科技发展的主线

农产品加工装备智能化、数字化转型升级是目前及未来多数企业主要业务的创新来源。企业需要构建数字化竞争优势为自身创造价值，从数字营销、智能采购、智能制造、安全检测、数字追溯、数据金融、智能财务、数字人力、协同办

公以及数智平台等领域的构建，帮助用户企业降低成本、提升效率、管理变革和科学决策。智能化、数字化发展将帮助企业在激烈的市场竞争中脱颖而出。

企业将搭建面向机械制造、农产品等行业"5G+工业互联网"公共服务平台，将在"5G+工业互联网"内网改造上建立应用示范，同时在5G+虚拟仿真、5G+虚拟调试、5G+能源管理、5G+智能巡航、5G+振动监测及预警等场景上进行探索，并形成可复制推广的典型成果。

四、行业将向绿色制造、实现"碳中和""碳达峰"方向发展

目前，二氧化碳排放及与之相关的气候变化问题已经成为迫切需要解决的重大国际问题，农产品加工装备行业将绿色制造、节能减排作为行业发展重点。如在酒精发酵过程中，就会产生大量的二氧化碳。未来将研发二氧化碳的捕集装备和节能减排技术，从源头上减少二氧化碳的排放。同时加强二氧化碳的资源化利用，变废为宝。

第五节　下一步重点突破科技任务

一、农产品智能化加工装备

针对传统农产品制造业转型升级新需求，我国智能制造装备产业高质量发展新要求，以及劳动力、土地等要素成本的快速上涨和中国制造业低成本竞争优势持续削弱等问题，研究农产品加工的过程优化和自适应控制技术，突破杀菌、提取分离、干燥冷冻、成型包装等关键装备智能化关键技术；系统研究农产品加工制造过程中的组分、风味、质构、色泽等品质参数的原位感知、适应快速成型熟化的农产品3D打印等关键技术与装备；重点研究关键工序智能化、关键岗位机器人替代、生产过程智能化控制等关键技术装备及产业化示范，提升智能制造共性关键技术的水平，构建农产品加工装备新型制造体系。实现农产品智能制造行业关键共性技术、重要技术装备和标准化等工作的重点突破，大力推进我国农产品智能装备产业的快速发展。

二、农产品智能包装物流装备

针对农产品新业态发展需求，农产品包装物流无人值守和全面智能化发展迫

切需要，以及我国农产品物流生物学基础理论研究相对薄弱、全程冷链物流技术尚未完全构建等问题，开展基于基因编辑技术、关键基因挖掘功能诠释及其调控机制等果蔬采后生物学基础及调控机制研究；开展冷链品质耦合、货架寿命延长、杀菌剂减量增效与新型物理杀菌、生物防治、诱导抗病、覆膜冰温保鲜、水产品无水保活以及电商物流等技术与配套装备研发；开展绿色可持续新型农产品包装材料、生物基全降解包装材料等物流新型绿色降解包装材料研发的研制；开展基于大数据的物流终端精准推送、基于北斗系统的天车货信息一体化冷链物流保障等生鲜农产品物流智能化感控及大数据智能化技术的研究与应用；开展新型专用蓄冷剂、单元模块式智能预冷装备、可移动智能化气调贮藏装备、分布式无缝隙冷链零售微超智能管控技术等相关产品和装备开发与应用。明显提升我国农产品包装与物流科技的自主创新能力和支撑产业能力。

三、农产品加工机器人

重点开展机器人视觉、力觉、触觉、接近觉、距离觉、姿态觉、位置觉等传感器研究，实现农产品机器人在农产品分拣、分切、包装等环节的高灵敏、高精度、高效率操作；针对不同质地、形状、尺寸等复杂农产品体系应用场景开发高端传感系统和操作系统，研发普适性强的农产品机器人；实现关键工序智能化、关键岗位机器人替代、生产过程智能化控制，重点研发农产品生产高速后道分拣、装箱、码垛、卸垛包装智能机器人；通过自主感测以及可伸缩的纳米导电材料，创制柔软、可伸缩、可随意变形、可感知外在环境因子、肌肉运动等优势的柔性化机器人，更适应农产品加工不同工序的需要。

专题一 2020 年稻米加工业发展情况

第一节　产业现状与重大需求

一、稻米加工产业年度发展情况

1. 稻米种植与生产情况

中国是世界稻米产量和消费量最大的国家，约占全球水稻生产和消费产销总量的 29%。"十三五"期间，我国水稻播种面积和产量在粮食作物中的比重分别占 25.8% 和 31.9%，全国 60% 以上的居民以稻米作为主要口粮。水稻产业持续稳定发展对保障国家粮食安全意义重大。

中国国家统计局公布的数据显示，"十三五"期间我国稻谷播种面积总体保持在 3 000万 hm² 以上，稻谷产量在 2 亿 t 左右小幅波动，其中 2020 年我国稻谷播种面积 3 007.6万 hm²，总产量 21 186万 t。稻谷产量相对充足（专题图 1-1）。

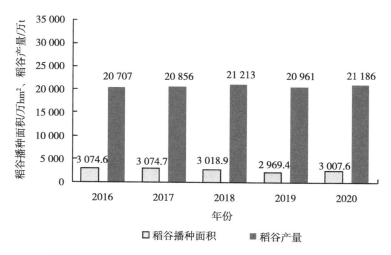

专题图 1-1　2016—2020 年中国稻谷播种面积及产量情况

2. 稻米加工产业发展情况

（1）稻米加工企业产能和行业集中度均有所提升　稻米加工业是我国粮食加工体系的重要组成部分，也是保证国家粮食安全的基础环节。水稻在我国分布广而不均，南方多而集中，北方少而分散，随着市场竞争加剧，稻米加工企业向机械化、集约化、大型化发展，大米加工产业布局聚集度提高，主要在东北地区和长江中下游地区。在产能方面，综合监测显示，2019 年末全社会稻米加工企业 14 407 家，其中规模以上企业 2 957 家；全社会稻米加工企业总产能年处理稻谷 4.50 亿 t，规模企业总产能年处理稻谷 3.51 亿 t，小微企业产能 9 856 万 t。"十三五"期间，中小微企业数量有所减少，行业集中度进一步提升。中粮集团、北大荒集团、益海嘉里集团、华润集团四大稻米加工企业市场份额共占 80%，近两年，大企业呈现进一步发展壮大的趋势。

（2）大米新国标实施推动行业绿色升级　长期以来，消费者对大米"亮、白、精"等外观品质的过度追求导致企业在加工大米过程中抛光从一抛变成二抛、三抛，加工精细化倾向越来越严重，过度加工现象严重。过度抛光使大米的营养价值降低，粮食损耗增加，且能耗成本增大。目前我国稻谷出米率仅为 65% 左右，而日本稻谷出米率为 68%~70%，平均出米率比我国高 3%~5%。

2019 年 5 月 1 日起，《大米》（GB/T 1354—2018）国家标准（以下简称"新国标"）正式开始实施。"新国标"调减了"四级"大米，调整了定等标准和判定规则，符合产业发展方向。随着大米"新国标"的广泛宣传和实施，将使居民改变以促进破除苛求"亮、白、精"为好大米的错误导向，走出大米的消费误区；加工精度过高或过低都将被"新国标"判定为非等级产品，将促使企业更加注重提升大米加工质量，避免过度加工；通过调整加工精度，适当放宽碎米率，强调适度加工，可以提高稻谷出米率。大米"新国标"不但保留了"品尝评分值"作为衡量优质大米蒸煮食用品质的定等指标，还要求标注大米最佳食用期，"新国标"的实施将最大限度地提升优质大米的品质，促进水稻种植结构的优化调整，也意味着同等等量稻谷加工量条件下，企业开机率将降低，将使本就产能过剩的大米行业竞争更为激烈，加剧产能过剩，倒逼行业加快转型升级，推动行业健康发展。

（3）稻米加工产品种类更加丰富，大米市场角逐进入品牌竞争逐渐形成时代　近几年随着国内居民食品消费水平逐渐提高，消费结构发生变化，人们健康意识逐渐增强，大米产品种类更加丰富。就初级加工产品而言，"十三五"期间中高端大米市场出现快速扩张，互联网的发展，电商的崛起，为品牌大米的发展提供了有利条件，大米市场的角逐进入品牌竞争时代（专题图1-2）。据2019年中国品牌价值评价榜单，五常大米品牌价值达677.93亿元，比2018年净增7.23亿元，位列区域品牌（地理标志产品）综合排名第6位，蝉联全国大米类第一位。截至2020年8月，电商入驻大米品牌为2 207个，较2019年同期增加804个。一些部分粮食主产区也开始致力于打造区域性的粮油品牌。五常大米、内蒙古大米、盘锦大米在全国具有很高的知名度。这些区域粮食品牌往往与区域内的企业品牌相结合。此外，满足营养、快捷、方便需求的大米制品快速发展。营养方便米饭、米粉、米线、米糕等新产品层出不穷。产品的营养均衡性进一步提升，产品种类更加丰富，功能用途细分更加明确而丰富。

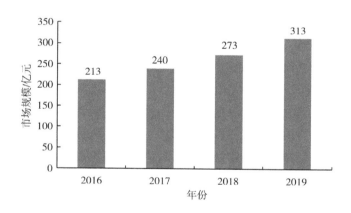

专题图1-2　2016—2019年中国高端大米市场规模

（4）稻米加工产业园建设初见成效，稻米加工产业集中度和核心竞争力提升　2017年以来，农业部（现农业农村部）和财政部批准创建了151个全产业链发展、现代要素集聚的国家现代农业产业园，其中已认定87个，并带动各地创建了3 189个省、市、县产业园，其中稻米加工产业园建设初见成效。如黑龙江省五常市大米产业园总面积40万亩，共涉及10个乡镇38个行政村，人口30.6万，其中，农业人口12.6万。集水稻智能浸种催芽、智能大棚育秧、科技农业展示、农机化服务于一体，培育了"生产+加工+销售"一条龙、"科研+示范+推广"三结合、"公司+基地+农户"三位一体的产业化经营模式。初步形成了"市场+龙头+基地"或"市场+龙头企业+合作社+农户"产加销于一体的产业化发展格局。近两年，广东全面推进全省丝苗米现代产业园建设，组建广东丝苗米产业联盟，水稻产业提质增效明显。据统计，广东在云浮新兴等地共设立了18个丝苗米的省级现代农业产业园，培育壮大广东优质丝苗米品牌，加快推进提高水稻生产全程机械化，提升粮食产地初加工和精深加工水平，加强副产物综合利用，延长产业链，提高附加值，提速全产业发展。另外，许多企业正在大力发展稻米精深加工，紫米、香米等一系列米产品不断涌现，产业园成为推动广东丝苗米产业发展的重要力量。

二、稻米加工产业"十三五"期间发展成效

1. 稻米加工产业链初步形成

目前，我国稻米加工行业已初步构建起"水稻–大米–米粉、方便米饭、米蛋白、米糖、米酒，米糠–米糠油，稻壳–发电、碳棒、化肥，稻草–稻草均质板"水稻加工产业链，但推广应用有限，仅在个别大型企业集中应用。我国以大米为原料的后续加工比例仅为5.7%，水稻资源有效利用率不足70%。以黑龙江为例，黑龙江土质肥沃，水稻品质好、产量高，为我国粮食稳定提供了保障。但与发达国家相比，黑龙江水稻深加工水平仍较为落后，深加工产品种类不多、结构单一。因此，亟待推进企业的稻米精深加工发展，依靠深加工技术的突破与创新，实现产品多元化供给，采用先进的产品包装、保鲜、贮藏等设备，借助"互联网+粮食产业"的电商平台，推动粮食加工跟上产业高质量发展的脚步迫在眉睫。

2. 企业生产规模不断扩大

近年来，大型企业通过"公司+合作社+基地+农户"等方式联合各方结成利益共同体，通过直接种植或订单生产，建立水稻生产基地，不断扩大种植规模，降低生产成本。同时，对稻谷进行分级加工，提高副产物综合利用水平，以相对较高的价格出售产品和服务，从而形成一个将稻谷"吃干榨净"的循环经济产业链，提升产品附加值，不断提高经济效益和竞争力。小型加工企业主要以简单初加工为主，质量低、效益低下，处境艰难。据统计，目前我国年处理稻谷原料10万t以上的稻谷加工企业大米产量占总产量的比重约35%，全国排名前十的企业加工量合计占总产量约20%，较前几年明显提升。知名大米品牌效益相对突出，具有较强的集聚效应，对行业起到引领示范作用。但总体上看，我国大米产业集中度仍远低于发达国家水平。

3. 产品需求趋向优质化和精细化

经济发展促进大米消费升级。2013 年我国高端大米的市场规模约为 123 亿元，到 2017 年增长到 246 亿元，年复合增长率达到 18%；预计 2023 年高端大米产业规模将达到 600 亿元。营养、方便、安全、健康、个性化、多样化的大米制品成为消费主流。开展以营养健康为导向的谷物食品加工、传统美食工业化、未来新型食品加工技术研究，进一步提高加工深度，增加精深加工产品种类和产品附加值，推动加工产品由粗变精，成为未来大米精深加工方向。

三、稻米加工产业发展需求

1. 减损加工保障粮食安全

2019 年 5 月 1 日起，《大米》（GB/T 1354—2018）国家标准正式实施。这表明，要引导企业更加注重提升大米加工质量，强调适度加工，避免过度加工。另外，2020 年 11 月，中国粮油学会粮油营养分会发布的《稻米营养减损加工与美味白皮书》明确指出，当前国内稻米行业存在较为严重的过度加工问题，不仅造成宝贵的粮食资源和能源浪费，威胁国家粮食安全，也导致大米口感降低和营养价值失衡等诸多问题。此外，过度加工还造成了能耗、水耗和污染物排放的增加。推进稻米减损加工，减少稻米产后损失，是保障国家粮食安全的重要举措。

2. 精深加工为企业提质增效

目前我国稻米加工产品种类逐渐丰富，产品、结构得到不断优化调整，但在个性化、多样化、多功能产品供给和企业效益上仍与发达国家差距较大，相对于发达国家，我国稻米加工企业在满足个性化、多样化、多功能消费上还存在一定差距，企业效益不高。而日本已经开发出 300 多个大米品种，产品包括方便食品、调味品、营养品、化妆品等，稻米资源有效利用率达到 90% 以上，而我国以大米为原料的后续加工比例仅为 5.7%，水稻资源有效利用率不足 70%，与之差距巨大。促进优质米、专用米、营养强化米等营养健康专用大米产品以及大米蒸煮食品、方便食品和膨化休闲食品等专用大米及各种工业化米制品的生产发展，提升稻米精深加工水平，则是稻米加工产业的重大需求。

3. 副产物综合利用延长产业链

我国每年稻米加工所产生的 4 000 万 t 稻壳、2 000 多万 t 米糠以及大量的碎米没有得到有效利用，对稻米加工副产物的利用率进行统计表明，稻壳的综合利用率最低，仅为不足 10%，碎米为 26%，米糠不足 50%，而发达国家稻米副产物的综合利用率普遍达到90%以上，其中日本的米糠综合利用率达到100%，即使发展中国家印度也达到了30%以上。因此，稻米加工副产物其综合利用，尤其是高值化利用不足制约了行业整体提质增效和健康发展，不断拓宽米糠、碎米和谷壳等加工副产物的高值化利用途径，重点开展米糠稳定化、食品化和副产物功能因子提取等工作可有效延长产业链条，提升企业综合效益。

4. 加工装备智能化升级提升行业水平

目前我国稻米加工装备整体水平不高，高端设备依赖进口。砻谷机、碾米机、抛光机和色选机等通用型设备智能化程度较低，碾米经验依赖性较强，标准化加工程度低。缺乏基于稻谷特性的专用碾磨设备，导致碎米率较高，加工损失增加。此外，米饭、米线等大米制品以手工作坊式生产为主，工业化成套生产装备缺乏。速煮米、方便米饭、冷冻米饭等米制方便食品和休闲食品主要加工设备主要依靠进口。留胚米、营养强化米、发芽糙米等新产品的加工装备仍处于初级阶段。

第二节　重大科技进展

一、以谷物为基质的特膳食品加工关键技术及新产品设计创制

针对肠道损伤病人适用的全营养特殊医学用途配方食品特医食品稀缺，现有少量产品均为国外品牌，但国外品牌产品主要通过单体营养素复配而成，病人服用依从性不高，不完全适合国人肠胃耐受性，且价格高昂。针对这些问题，广东省农业科学院蚕业与农产品加工研究所粮油与功能食品团队率先提出以谷物豆类等农产品为基质的特医食品营养设计策略。建立了全谷物酶解耦合挤压膨化加工技术，解决了农产品谷物为碳水化合物基质导致产品黏度大、冲调分散性和管道流动性差的瓶颈问题，显著改善了产品冲调分散性和管道流动性，提高了消化吸收率。基于对龙眼多糖的肠黏膜屏障保护和免疫调节作用以及淮山低聚糖促进肠道益生菌增殖作用的研究发现，复配上述功能性配料，并通过优化营养素供能比实现配方的精准营养设计，创制出适合肠道损伤患者的全营养配方特医食品新产品，填补了国产该类型临床营养品的国内空白。相关专利技术"一种利于肠道修复的营养膳及其制备方法（ZL 201410245064.8;）"2018年获中国专利银奖，并经广州力衡临床

营养品有限公司生产推广，在北京 301 医院、四川大学华西医院、广东省人民医院等全国 2 000 余家医院应用，临床改善效果显著，有效推进了临床营养品的国产化进程。

二、高食味值全谷物便利食品加工关键技术与新产品开发

全谷物食味、蒸煮、贮藏品质差是制约产业发展的三大瓶颈，黑龙江省农业科学院食品加工研究所联合江南大学和两家全谷物加工企业，在国家科技支撑、公益性行业专项等项目支持下，首次采用瞬时高温流化技术加工干型全谷物食品（含水量≤14%），研制高温流化等配套装备，配套自动化加工生产线；创新低温质构重组技术与设备螺杆结构，提升开发（米糠+碎米等）营养复合米商品性和大米加工副产物附加值；集成创新湿型全谷物（含水量 35%~38%）预熟、灭菌高效加工技术与设备，一体化解决三大问题；研发口感好、易蒸煮、保质期长的系列全谷物稻米主食产品。以上创新点获得授权发明专利 14 项，实用新型专利 1 项，制定行业标准 2 项，制定备案企业标准 4 项，与创新点有关的论文共发表 75 篇，其中 SCI 收录 21 篇，EI 收录 15 篇。该成果"高食味值全谷物便利食品加工关键技术与新产品开发"获 2019 年黑龙江省科技进步奖一等奖。

第三节　存在问题

一、口粮消费持续降低、阶段性过剩明显

随着经济发展和消费观念变化，我国人均大米口粮需求持续下降，食用消费逐年减少。2019/2020 年度稻谷食用需求为 15 830 万 t，较上年度减少 20 万 t，较 2012/2013 年度减少 1 470 万 t。2018 年人均大米口粮消费为 81.7 kg，较 2012 年下降 10.3 kg。参考同样以大米为主食的日本和韩国，目前日本人均大米消费为 54 kg，韩国为 57.7 kg。随着我国经济社会进一步发展，预计人均大米口粮需求下降空间仍较大。

我国稻谷连续多年产大于需，通过最低收购价格政策收购市场多余稻谷、库存大幅增加，去库存成为当前市场调控的主基调。部分不宜食用稻谷进入饲料和工业消费，消费总量平稳略增。2019 年度稻谷总消费约为 1.92 亿 t，较上年度增

加 166 万 t，年度结余 1 430 万 t，已连续多年结余，阶段性过剩明显（专题图 1-3）。

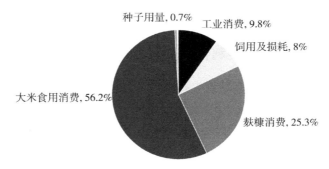

（a）2019年中国稻谷消费结构情况

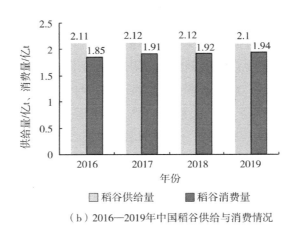

（b）2016—2019年中国稻谷供给与消费情况

专题图 1-3　中国稻谷消费与供给情况

二、过度加工普遍、浪费严重

为迎合消费者对大米口感和外观的苛刻要求，我国稻米加工业长期存在过度加工现象，"亮、白、精"的大米成为消费主流。过度加工造成稻谷资源浪费、营养成分流失和能耗增加等。

目前我国稻谷出米率约为 65%，比日本低 3%～5%。出米率偏低导致碎米增多，稻谷资源大量浪费。据估算，我国稻谷加工损失率高达 20%，年损失量近 350 万 t，过度加工是主要原因。糙米碾磨成精白米过程中，损失了 85% 的脂肪、15% 的蛋白质、90% 的钙和 70% 的 B 族维生素。《中国居民膳食指南（2016）》

指出，过度加工导致谷物膳食纤维、B 族维生素的大量损失，推荐增加全谷物等低精度谷物的摄入。过度加工增加了抛光等工艺次数。每吨大米加工耗电 50 kW·h，其中抛光需 10~25 kW·h，增加一次抛光，则每年多耗电约 5 亿 kW·h。

三、品牌混杂、产品同质化严重

稻米加工业面临品牌混杂、产品同质化严重的现状，区域性品牌居多，小、杂、乱现象突出，品牌成长缓慢，与小康社会背景下居民对安全、营养和健康稻米消费需求不相适应。等级大米和米粉、米线等传统米制品市场份额占到 99% 以上，轻碾米、易煮全谷物糙米、营养强化米及米糠油等市场份额过少。

四、副产物高值化利用不足

我国每年稻米加工所产生的 4 000 万 t 稻壳、1 400 多万 t 米糠以及大量的碎米未得到有效利用，高值化利用尤其缺乏，造成资源浪费和环境污染，制约行业整体效益提升。稻壳的综合利用率最低，不足 10%，碎米为 26%，米糠不足 50%，而发达国家稻米副产物的综合利用率普遍达到 90% 以上。米糠营养丰富，可作为米糠油和食品基料来源，但由于稳定化技术缺乏、易氧化酸败，目前食品化利用比例较小，而日本的米糠综合利用率达到 100%。稻米加工副产物高值化利用水平亟待提升。

第四节　重大发展趋势

一、调整完善产业结构

要把持续促进稻米加工企业节能减排，实行清洁生产作为稻米加工企业发展的永恒主题，继续推进稻米加工企业结构调整、淘汰落后产能，积极调整产品结构，加快对"系列化、多元化、营养健康"稻米产品食品的开发；提高名、优、特、新产品的比重；大力发展大米及米制品工业化生产；扩大专用米、专用米粉及营养健康米的比重，进一步发展小包装品牌米制品。

二、做强稻米加工精深转化

目前我国粮食加工产品种类逐渐丰富，产品结构得到一定程度优化调整，但相对于发达国家，我国稻米加工企业在满足个性化、多样化、多功能消费上仍与发达国家存在一定差距，稻米加工企业效益不高。日本已经开发的大米品种达300多种，产品包括方便食品、调味品、营养品、化妆品等，我国稻米加工产业还需继续推动精深加工，促进居民膳食多元化，为企业增收。

三、进一步开展稻米加工副产物的梯次全利用

提升稻米资源的综合利用程度，加大稻谷加工副产物稻壳、米糠、碎米等的高值化综合利用，如利用稻米加工副产品生产米蛋白、米糠蛋白、脱脂米糠等食品原料以及米糠纤维素和米糠营养素等功能性产品，把稻壳用作生物质能源，开发生产规模更大的稻壳煤气发电装备，重点解决稻壳煤气脱除焦油的难题，利用稻壳生产人造板材和水泥等建材产品，更加充分地利用稻米加工副产物。

四、提升稻米加工装备水平

研发砻谷机、碾米机、抛光机和色选机等新型大规格装备及智能化控制成套设备，进一步提高我国稻米加工机械的研发和制造水平，强化稻米加工科技支撑，提升企业产能，促进稻米产业聚集；另外，市场也需要方便米饭、米线、营养强化米、发芽糙米等大米主食品及新型米制品的现代化成套生产装备。

第五节　下一步重点突破科技任务

一、稻谷适度加工关键技术

针对我国稻谷资源普遍存在过度加工、粮食浪费严重等问题，明确全谷物糙米及米糠的营养健康效应；阐明加工精度对稻谷营养品质和蒸煮食味品质的影响，建立节能减损兼顾口感要求的稻谷轻碾加工技术；针对糙米、轻碾米易酸败变质、贮藏期短的产业技术瓶颈，揭示其贮藏过程中品质劣变及调控机制，建立稳态化保质贮藏技术，开发高品质、多样化口粮。

二、稻米高值化加工关键技术

针对糖尿病、肾病等不同人群缺乏适合食用的主食问题，根据疾病人群生理病理和营养需求特点，采用物理和生物技术手段，精准调控大米营养成分，设计研发低 GI、低蛋白等适合糖尿病和肾病等特殊人群的专用营养健康大米加工技术及专用设备。全面评价大米品质特性，根据不同用途、场景需求，建立特殊用途大米标准化配制技术，设计开发炒饭、粥、寿司、方便米饭等不同类型主食新产品，实现大米高值化加工利用。

三、大米加工副产物米糠综合利用关键技术

针对大米加工副产物米糠营养丰富、数量巨大，但加工利用不足，产业效益低的瓶颈问题，研究米糠稳定化贮藏技术，实现原料周年化收储生产。建立米糠梯次利用技术，开发米糠油适度精炼与特征营养素减损富集技术、米糠蛋白/纤维提取技术。针对米糠口感粗糙难消化的问题，建立米糠整体食品化利用加工技术，设计开发以米糠为基料的营养健康食品。

专题二 2020 年小麦加工业发展情况

第一节 产业现状与重大需求

一、小麦加工业年度发展概况

小麦是中国三大主粮之一。2020 年中国小麦产量为 13 390 万 t，比上年增长 0.5%；播种面积降至 3.51 亿亩（约 2 338 万 hm²），比上年下降 1.8%；进口量 838 万 t，比上年增长 140.2%。

据《中国农业展望报告（2020—2029）》中数据测算，2020 年国内小麦消费总量为 12 919 万 t，比上年增长 0.7%。其中，磨制成面粉用于口粮消费的占比 71.7%，为 9 269 万 t，比上年增长 0.4%。用于谷朊粉、淀粉、麦芽糖、酿酒和调味品制造等工业消费的占比 11.1%，为 1 434 万 t，较上年增长 6.2%。饲用消费占比 8.8%，为 1 138 万 t，比上年下降 1.0%。种用消费占比 4.6%，为 594 万 t，比上年下降 0.7%。损耗占比 3.8%，为 491 万 t，比上年降低 1.8%。

据 2019 年中国小麦（面粉）产业报告①分析如下。①国内人均口粮消费量下降以及人口增速放缓，使面粉总产量呈现平稳下滑态势，市场竞争激烈使产品品质及品牌尤显重要。2018 年国内城镇居民人均粮食消费量 110 kg，比 1956 年下降 36.6%；农村居民人均粮食消费量 148.5 kg，比 1954 年下降 33%。优质高筋面粉需求增加；用于速冻类、油炸类、蒸煮类和高档糕点专用面粉因顺应快节奏的现代生活，需求呈现增长态势。②国内面粉加工行业整合加速进行，大型面粉企业持续扩张产能，国内现已形成具有相当规模的生产体系。国内面粉加工行业三大巨头五得利面粉集团、益海嘉里集团以及中粮集团面粉产量约占全国的 30%。③国内居民网购比例不断提高，传统面粉销售渠道面临冲击。中国国家统计局数据显示，2019 年 1—8 月，全国实物商品网上零售额同比增长 20.8%。加工企业及经销商需注重网络销售体系建设。

---

① http://www.ahlshy.org.cn/display.asp? id=64037.

中国国家统计局数据显示，2019年全国规模以上方便面企业129家，方便面总产量573.26万t，较2018年下降6.65%；主营业务收入790.91亿元，同比增长2.1%；利润总额70.20亿元，同比增长7.82%。中国食品科学技术学会数据显示，国内24家主要挂面企业的统计显示，2019年国内挂面总产量397.2万t，较2018年增长16.5%；销售额178.7亿元，较2018年增长14.82%。

二、小麦加工业"十三五"期间发展成效

按《国民经济行业分类》（GB/T 4754—2017），小麦加工主要包括农副食品加工业中的谷物磨制和食品制造业中的面制品制造。

小麦制粉方面，智能粉师系统得到应用。项目系统研究了剥刮率变化、系统粉特性、研磨强度、产品粒度、加工精度、产品品质之间的相互关系，建立了数据库与生产控制模型；开发了基于对小麦和小麦粉的激光衍射，图像识别和近红外光谱技术原理的水分、蛋白、灰分、粒度等指标在线取样、检测关键技术及核心装备；构建的"小麦制粉智能粉师系统"实现了小麦加工过程中入磨小麦质量、研磨强度（剥刮率、取粉率）、制粉品质（蛋白质、灰分、水分、破损淀粉等）等关键指标的在线检测与智能控制。研究成果在海南恒丰河套面业有限公司、益海嘉里集团兖州公司等企业成功应用，运行稳定，明显提升了小麦加工行业智能化水平。

此外，赤霉病小麦加工利用价值与品质改良技术取得阶段性成果。项目系统研究了赤霉病小麦籽粒的光电分选去除技术、比重分选去除技术，以及赤霉病小麦中DON毒素的碾削去除技术、^{60}Co-γ射线辐照降解去除技术、电子束辐照降解去除技术和臭氧氧化降解去除技术，并对DON毒素的^{60}Co-γ射线辐照降解和臭氧氧化降解产物结构进行解析，对其降解产物的安全性进行评价。集成了近红外光谱识别分选、比重分选、小麦制粉工艺、^{60}Co-γ射线/电子束辐照、臭氧熏蒸等多种无损无害、绿色环保技术手段为一体的赤霉病小麦安全高效加工新技术，能够尽最大限度消减去除赤霉病小麦中的DON毒素（削减去除率可达60%～70%），确保小麦产后保质增效。

三、小麦加工产业发展需求

小麦制粉方面，随着企业单线处理规模的不断扩大和市场对小麦粉产品需求

的不断变化，消费者对产品的质量要求不断提升。①小麦制粉技术朝着自动化、智能化的方向发展，如在线检测、自动计量、智能控制等关键技术装备以及物联网技术等；②从产品营养均衡和膳食营养的角度，小麦粉适度加工技术的研究较为迫切。可根据产品需求，开展适度加工，如柔性剥皮、快速调质、全麦粉加工等关键技术装备等研发；③从面粉的专用化角度，小麦粉加工适应性的研究也是一大热点；④从产品质量安全角度，病害小麦分选去除、污染危害因子防控等关键技术装备的研发也是一个高度关注的领域。

据中国食品科学技术学会面制品分会分析，2019 年国内方便面行业仍处于加速整合中，但市场竞争模式呈现分化态势。大型方便面生产企业从中、高两个价位向产品的健康与营养发力，实现差异化产品创新；以中型方便面生产企业为主的产品创新趋于活跃，对地域传统风味产品的工业化逐渐推开。2019 年挂面行业的集中度在继续提升，品牌企业对市场的占有加速，挂面行业的竞争在高端发力。在新零售渠道，挂面行业迎来中高端产品市场规模的暴增。挂面产品朝着高颜值、个性化、功能化、小规格方向发展，其生产技术正在从自动化向智能化方向发展。

第二节 重大科技进展

挂面先进制造关键技术与装备取得突破。以挂面制造链为主线，重点突破了原料质量控制、保质节能干燥和自动化设备等挂面先进制造技术与装备。

建立适于挂面制造原料的评价标准和产地溯源模型及分类方法，提高原料质量稳定性，破解了挂面质量波动问题。证明原料质量不稳定是导致面条质量波动的主要因素，其影响程度超过 55%；明确挂面用小麦品种优质高分子量麦谷蛋白亚基组合为 "4+12" 和 "7+8"，为挂面用小麦品种选择提供了理论依据。采集 18 个地市共 4 986 份农户小麦籽粒样品，构建包含 12.38 万条数据的 "小麦籽粒质量数据库"，绘制小麦籽粒质量地图，明确了挂面用小麦的种植区域；率先建立了小麦产地溯源近红外模型，辅助确证小麦产地，正确判别率大于 85%。构建挂面用小麦、面粉质量评价模型，制定了挂面用小麦、面粉标准。建立了基于产地和质量的小麦籽粒分类方法；建成了集小麦原粮质量检测、分类、结算一体化自动入仓系统；挂面柔韧性能的稳定性提高 50% 以上，挂面生产损耗降低 50% 以上。

研究挂面干燥动力学模型，研建挂面变温匀质干燥、温湿度精准控制和排潮热量回收利用等保质节能技术，解决了挂面干燥次品多和能耗高的难题。发明耦合含水率、水分状态、能耗等在线分析平台，创建低场核磁"油浸法"测定挂面水分状态的方法，揭示挂面干燥过程温度场分布、水分扩散和水分状态变化规律，构建了挂面干燥动力学模型。揭示了水分迁移过程受环境湿度、温度和物料组分控制的干燥机理，建立了变温保质挂面干燥工艺。监测拟合烘房内传热介质的流向和速度，确定关键控制点，利用自动控制技术精准控制挂面干燥温度和湿度，实现了挂面变温匀质干燥。测算挂面烘房排潮热量占比（占总供热量的 65%），创建空气源热泵回收利用排潮热量技术，使回收利用率达 36% 以上。建成了高效节能自控挂面干燥工艺，挂面水分均匀度提高 22% 以上，干燥节能 23% 以上。

发明和面、压延、上架、包装等核心设备，创制自动化生产线，突破了挂面生产效率低的设备瓶颈。发明连续式涡漩和面机，通过提高搅拌速度，局部负压，增加面粉和水分接触面积，面絮调质时间从 15min 缩短至 3s 以内，实现了从面粉到面絮的"瞬变"；水分均匀性提高 1 倍以上。采用齿轮传动、涡轮螺杆定位、激光测距等构建压延辊距自动定位调控技术，实现了压面辊距联动自动调节；发明面杆柔性弧形摆臂上架技术，提高面杆上架工艺的柔性和稳定性，掉杆率下降 50% 以上。创制挂面自动分料、纸塑包等自动化包装设备，包装速度提高了 3 倍。在开发 1000 型挂面自动化生产线的基础上，创制了 1500 型挂面自动化生产线；单线日产达到 100 t，产能提高 2 倍，每班工人数量从 12 人降至 4 人以下。该成果获中国食品科学技术学会科技创新一等奖 2 项，中国农业科学院杰出创新奖 1 项。研制核心装备 5 套；创制了挂面自动化制造系统，实现了从小麦入仓到挂面出厂全过程无人直接接触。中国农学会评价认为整体技术居国际领先水平。近两年在挂面制造前十强企业新建生产线 152 条，培育了全球最大的挂面制造企业、农业产业化国家龙头企业——河北金沙河面业集团。

第三节　存在问题

新形势下，农业主要矛盾已由总量不足转变为产品结构性矛盾。小麦产业表现为国内总产量持续增加，形成了小麦产量、库存和进口三量齐增的现象；品种结构与食品工业的发展需求矛盾加剧。从供应链和质量角度分析，造成该现象的主要原因源自小麦产业链上下游对小麦质量需求的不一致性或利益的不关联。产业链上游环节偏重于数量，中游偏重于特定质量性状，而下游则偏重于质量安全和稳定性。如果不从产业链整体需求考虑，而只着眼于某一个环节的需求，就会出现上游生产的小麦下游不需要，下游需要的小麦上游不生产的局面。因此，需要小麦产业链各环节的深度融合，建立合理的利益关联机制，才有可能缓解这一矛盾。

第四节　重大发展趋势

国内产业融合发展趋势明显，加工企业跨界配置现代产业要素，带动农业纵向延伸、横向拓展，构建加工龙头企业引领、农民合作社和家庭农场跟进、广大农户积极参与的融合发展格局。河北金沙河面业集团有限公司实施小麦三产融合发展，延长产业链条，提高生产效益，实现产业闭环和自我循环。一产环节，河北金沙河面业集团有限公司成立种植专业合作社，建立利益联结机制。所产小麦等作物，直接用于加工转化，走通产业链条。农民以土地经营权入股或投工参与经营，享受收益。土地集中连片经营，提高土地利用率，降低农机、农资、水肥等生产成本。二产环节，建立了小麦全产业链质量管理体系，保障优质面粉和挂面制造，创建了日产100t的挂面自动化生产线，提高加工效率，降低人工成本。三产环节，建成主题生态餐厅、田园综合体，开展工业旅游，延长了产业链条，通过消费体验和科普教育，明确消费需求，提高品牌价值，实现小麦全产业链的增值。小麦三产融合产生的增量利润重新在一产、二产和三产中分配，相互补贴，保证企业主、农民、工人等参与主体的合理收益，形成良性循环，实现可持续发展。

第五节　下一步重点突破科技任务

开展小麦品质评价与应用研究。解析小麦原料核心特性指标与面制品食用、营养、加工、安全品质间的关联关系，并依此建立科学、实用的品质评价指标体系。建立原料关键指标与产品品质之间的关系、分级、分类标准等数学模型，运用光谱、传感等先进分析手段，快速、准确地对原料进行判别。

研究小麦加工和面条制造链质量安全和营养品质演变规律。结合小麦采后加工链，开展籽粒存储、磨制、和面、面条制造等环节的蛋白质、淀粉、挥发性物质、危害物等变化规律，为美味、营养面条绿色制造技术研发奠定基础。

小麦加工及面制品制造数字化创新。按照小麦籽粒、面粉、面团、面条（等面制品），分别建立及完善质量、营养和安全品质评价技术与方法研究平台；采集小麦原粮，加工过程小麦面粉、面团和面制品质量特性等基础数据；创新应用数字化共性关键技术，包括传感器配置、数据采集、通信技术、数据库建设、数据分析、数据挖掘、深度学习、模型算法、工具系统、云计算系统等，突破提升关键质量指标及其检测设备的数字化程度。

第一节 产业现状与重大需求

一、玉米加工产业年度发展情况

1. 种植结构改革，玉米产量稳定

玉米产量约占我国粮食总产量的 35%，2015—2020 年我国调减玉米种植面积 370.8 万 hm^2，单产从 2015 年的 5 892 kg/hm^2 提高至 2020 年的 6 317 kg/hm^2，"十三五"期间我国玉米产量基本保持在 2.6 亿 t/a 上下波动（专题图 3-1）。

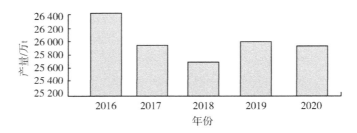

专题图 3-1 "十三五"期间我国玉米产量

2. 消费量持续上涨，供求格局转变

我国玉米消费量持续上涨，从 2015/2016 年度的 1.94 亿 t 增长至 2019/2020 年度的 2.78 亿 t，其中，饲用消费量从 1.21 亿 t 增长至 1.74 亿 t，增长率 43.8%；玉米深加工消费量从 5 417 万 t 迅速增长至 8 250 万 t，增长率约 60%。期间，我国玉米供大于求的形势从 2018 年起转变为产不足需，目前缺口约 2 000 万 t。

二、玉米加工业"十三五"期间发展成效

1. 深加工行业迅速扩张

2015年玉米临储库存和收购价格创历史新高,玉米加工行业低迷。随着国家玉米价格形成机制和收储制度改革以及农业供给侧结构性改革等政策的深入推进,玉米收购价从2015年高位至2017年最低点回落30.2%。国家继续对饲料、玉米深加工企业的补贴政策出台,2017年国家还取消了玉米深加工、燃料乙醇生产等领域的外资准入限制,出台政策扩大生物燃料乙醇生产消费,促使我国玉米深加工行业快速扩张。2015/2016年度至2019/2020年度,我国玉米饲用消费占比新增0.2%,工业消费占比增速较快,5年间提升1.8%。2015—2019年,全国玉米深加工企业数量从110~120家增长至159家;企业规模不断扩大,截至2019年,玉米深加工产能达1.18亿t,较2016年增长37%。黑龙江省玉米深加工业发展尤为突出,全省着力围绕玉米精深加工产业链打造产业集群,玉米加工产能和主要产品产量在"十三五"期间均实现倍增。

2. 深加工产品结构变化不大

"十三五"期间,我国玉米深加工主要产品结构变化不大,依然呈"622"分布,即在玉米深加工产业中约2/3的需求来自玉米淀粉和淀粉糖生产,其余各20%需求分别来自酒精和其他产品。"十二五"末,玉米深加工需求中淀粉和淀粉糖占比52%、酒精27%、味精10%、赖氨酸5%、柠檬酸4%,其他2%。截至2019年,玉米消耗占比为淀粉58%、酒精21%、味精8%、赖氨酸6%、柠檬酸4%,其他3%。

3. 深加工产业链持续延伸

"十三五"期间,随着企业投资的日趋理性,大部分企业在新投项目中,不再仅限于简单的玉米加工,更多是拓展延伸产业链,向氨基酸、淀粉糖等更具发展空间的领域延伸,燃料乙醇项目增速也较快。近年,多省市玉米产业形成黄金链。如黑龙江省吸引中粮集团有限公司、京粮集团、浙江新和成股份有限公司、厦门象屿集团有限公司、国家开发投资集团有限公司、鸿展集团、阜丰集团有限公司、宁夏伊品生物科技股份有限公司等国内知名龙头企业入驻产业园区,新增项目已经扩大到玉米芯、秸秆综合利用,产品由淀粉、酒精、饲料等初加工延伸到医药、精细化工、能源等深加工领域,淀粉链通过生物发酵向下延伸到氨基

酸、有机酸、多元醇、维生素、生物多糖、营养保健品、生物基材料7大系列，形成30多个主力品种。山东、内蒙古、河南等省份也纷纷通过建立玉米全产业链协同产业技术创新战略联盟、引进龙头企业带动当地玉米产业向下游延伸发展。

三、玉米加工产业发展需求

1. 以用途为导向发展加工专用玉米品种

针对不同的加工需求，玉米育种应以用途为导向。加工市场需要不仅具有高产、稳产、多抗特性，而且兼顾高营养价值、高出粉率等加工特性的优质专用玉米种子，降低产后损失，提高加工效率。

2. 加强营养靶向设计与健康食品精准制造技术研究

健康中国带动的粗杂粮主食消费热潮让市场需求不断增长，玉米产品创新方面要考虑精准营养，研发多元化的健康食品来满足人们日益增长的美好生活需要。

3. 延伸玉米深加工产业链，提高附加值

玉米淀粉等一代深加工品利润紧缩，产能上涨空间接近饱和，进一步延伸产业链，开拓以淀粉、蛋白、纤维素等为原料的二代甚至三代、更高层次的玉米深加工产品将成为新增长点。

4. 加速玉米加工产业整合的集约化

全行业团结起来拓展下游需求，通过产业园、行业整合等方式，形成产业聚集，"抱团取暖"有利于降低企业成本，淘汰过剩产能，解决粮源问题，从而化危为机。

第二节　重大科技进展

一、吉林农业大学玉米精深加工关键技术获得突破

玉米精深加工在我国粮食产业经济发展中占有重要地位，但深加工高值化和功能化关键技术缺乏，产业链延伸不充分，制约了玉米产业经济的高质量发展。吉林农业大学玉米精深加工创新团队牵头完成的"玉米精深加工关键技术创新与

应用"项目突破了鲜食玉米供应链、玉米主食化加工与品质控制、玉米淀粉绿色生产及其深加工、玉米蛋白生物转化等关键技术，研制核心装备和质量控制平台，实现了生产自动化、智能化，玉米主食工业化和资源高效利用，项目总体水平达到国际领先。玉米蛋白粉经益生菌协同固态生料发酵之后用于畜禽养殖业，突破了绿色浸泡、一步酶解和运动结晶等关键技术的玉米淀粉绿色生产及其深加工技术体系等成果在 14 家大中型企业应用，近 3 年新增销售收入 59.8 亿元，有力推动了玉米产业的技术进步和产业升级，大大挖掘了玉米的经济价值和产业价值，直接带动了农业发展、农民增收。该项目获得 2019 年国家科学技术进步奖二等奖。

二、博顿公司玉米秸秆生物质能源技术达到国际领先水平

2019 年 2 月，由河南博顿生物科技有限公司研发的"低温热解玉米秸秆制备生物质炭燃料技术和应用"科技成果获中国工程院认可。低温热解玉米秸秆制备生物质炭燃料技术工艺操作简便、运行稳定、节能环保，经对制备的生物质炭燃料理化特性和燃烧性能进行全面系统的分析，生物质炭燃料具有高热值高能量密度，同时具有较好的疏水性、可磨性和抗真菌性能，易于存储和运输，产品各种性能均优于国家及行业标准。产品经多家单位应用，大大提升了经济、社会和环境效益，市场前景广阔。目前该项目申请 17 件国家发明专利，工艺技术处于国际领先水平。该技术遵循"绿色、循环、可持续"的发展理念，其产业化推广与应用将引领世界前沿科技，推动我国生物质能源的发展和利用。

三、西王集团"保健玉米油"成为全国唯一"健字号"玉米油

2017 年，西王集团的"保健玉米油"成为国内玉米油行业唯一获得保健食品证书的纯天然保健食品。为满足公众对健康营养的需求，根据玉米油本身富含天然维生素 E 和植物甾醇的特性，企业通过原料、筛选、压榨、精炼、密闭、充氮等保鲜技术，最大限度保留和富集维生素 E 及 β-谷甾醇，辅助食用者降血脂和增强免疫力，并采用物理精炼技术，将玉米油本身的维生素 E 和植物甾醇进一步富集，保健玉米油的生产成本降至普通食用油的价格区间，成为让民众用得起的保健品。该产品在品质和营养保健上远高于其他食用油，作为全国唯一"健字号"玉米油，提高了玉米油附加值，引领了玉米油行业的发展方向。

第三节　存在问题

一、玉米加工专用原料缺乏

我国农业生产长期以产量为导向，造成农产品加工专用原料缺乏、优质不优价，难以满足农产品加工业对专用化、标准化、高质化、营养健康化原料的要求。存在一头缺加工适宜原料、一头不适宜加工的原料生产严重过剩的现象。我国每年 100 万亩以上玉米栽培品种超过 300 多个，采用混种混收，品质与产量，效率与效益均不能保障，而发达国家加工玉米专用品种仅个位数。

二、玉米营养健康食品供给不平衡不充分

随着人民物质生活的提高，玉米作为工业用粮的比例快速上升，主食比例逐渐降低，当前我国玉米食用加工消费量仅占总工业消费量的 10%，产品类型以传统玉米食品煎饼、爆米花、膨化玉米食品以及玉米早餐食品、休闲食品和速冻鲜玉米食品为主，缺乏营养功能化、方便适口的传统主食产品，玉米主食化加工产业发展潜力巨大。

三、精深加工程度低，资源利用率低

发达国家玉米淀粉、蛋白质、纤维和玉米油等玉米加工的综合利用率达到99%以上，美国 ADM、法国罗盖特玉米深加工产品可达两三千种。现阶段，我国淀粉类产品和醇类产品仍是玉米深加工产品主流，玉米深加工比例不到 10%，远低于美国的 45%。受限于技术壁垒，我国的玉米深加工企业成品收率普遍较低，如味精总收率只有 90% 左右，柠檬酸 80% 左右，玉米发酵行业尚有 10%~20% 的有机物质在生产过程流失而成为污染源；玉米淀粉加工过程中产生的 9% 玉米皮、7% 玉米胚芽和 7% 玉米蛋白粉未充分利用，产品附加值难以体现，既造成资源浪费又污染环境。

四、玉米深加工、产业化集中度低

美国的玉米深加工行业集中度非常高，嘉吉公司、ADM 公司、国民淀粉公

司、泰莱公司等 9 家公司的玉米消耗量达玉米加工总量（不包括工业乙醇）的 80%。而我国目前玉米加工排名前 10 的企业，仅仅控制了玉米加工总量的 40%，其中淀粉加工排名前 10 位的企业加工量仅占全国淀粉加工总量的 10%，酒精生产前 10 名的加工厂加工量占全国的 71%。我国的玉米加工产业集中度有待提高。

五、玉米产业融合度低

我国玉米产地初加工技术装备落后，商品化处理、干燥、贮运、物流融合度低。玉米生产加工的多主体经营，导致收储运加工设备良莠不齐，农户储粮平均损失率达 7% 以上；混种混收带来加工原料不专一，收贮运问题带来玉米黄曲霉毒素、赤霉烯酮、DON 含量一直居高不下，从玉米食用油到加工副产物、从食用玉米到饲料牛奶到都可以检测到毒素。

第四节　重大发展趋势

一、玉米加工向全产业链、优势产业集群整合

我国玉米深加工企业数量众多，大型企业数量较少，中小型企业数量较多。随着竞争日益激烈，大型的全产业链玉米深加工企业表现出较强的市场抵抗力，实力较弱的小型企业将逐步被淘汰。我国正在向打造产业集群、延伸产业链和提升效率控制成本方向转变。玉米深加工行业集中度将不断提高，资源向山东、黑龙江等省份深加工优势产业集群聚集，形成完整的区域性玉米加工及其配套体系的综合产业集群模式是未来行业发展的趋势。集群内企业相互依存、共同发展，引导龙头企业与中小企业实现信息、共性技术、闲置厂房和设备等资源共享，玉米产业链上下游企业以及配套产业关联企业之间开展紧密合作，相互提供产业配套支撑，发挥玉米加工产业积聚效应，降低生产成本、提高产品附加值，全面提高我国玉米精深加工水平和国际市场竞争力。

二、玉米深加工向高质量发展推进

美国玉米深加工比例目前在 45% 左右，而我国约有 70% 玉米为饲用消费，直接用于深加工的玉米占比不到 30%，我国玉米深加工前景依然广阔。目前玉米加

工与深加工已经从"玉米加工概念"转变为生物炼质为核心理念的"玉米生物化工"。从玉米加工业态势看，未来的玉米深加工技术将是生物转化技术和化学裂解技术的组合，包括改进的木质纤维素分级和预处理方法、可再生原料转化的反应器优化设计和合成、生物催化剂及催化工业的改进。下一步，我国除了继续拓展玉米加工产品，主要产品科研方向是瞄准特医食品、饲用和医药添加剂、工业酶制剂、现有大品种有机酸和赖氨酸的高附加值衍生物、新型生物基大宗化学品及其衍生物以及装备工程智能化等。特别是淀粉及其深加工产品在传统领域的应用，更注重开发和开拓以下3个领域的产品和市场。建筑产品中的增稠剂、黏合剂、喷涂剂；铸造和陶瓷中的脱膜剂、防裂剂；日用化工中的填充剂、黏合剂等，并向高档产品，如高档医药生化产品、功能性食品及添加剂、精细化工产品及用化学方法或很难生产的产品（微生物多糖、工业酶制剂、表面活性剂、高分子材料等）方向发展。

三、玉米资源开发进入可持续发展车道

世界经济正在由"烃经济"向"糖经济"转变，化工品原料正在由"碳氢化合物"向"碳水化合物转变"。玉米加工产品向有机化学产品和高分子材料领域推进，一个全球性的产业革命正在朝着以碳水化合物为基础迅速发展，这是可持续发展的一个重要趋势。正在开发的多聚乳酸、多聚氨基酸、多羟基烷酸以及各种功能寡糖等可视为这个碳水化合物经济时代来临的前奏。近20多年来，美国有机化学品消耗增长的90%与液体运输燃料增长的50%来自玉米等生物基产品。我国特别需要针对发展农业生物质能源中的最关键的问题，加强科技自主创新，转变玉米资源的开发利用方式，由不可持续发展转变为可持续发展。

四、玉米食用加工行业为发展长足之计

玉米作为我国三大主粮之一，自给率超过95%，但玉米是有限的，2020年底国家出台政策坚持发展燃料乙醇要"不与粮食争地，不与人争粮"，严格限制燃料乙醇产能扩张。随着国民生活水平提高，营养过剩和营养不良现象同时存在，开发以营养健康为消费导向的玉米食用产品潜力巨大，口粮用途的玉米深加工产业具有长足发展的基础。我国亟须发展精准营养玉米食品的个性化定制与生产，加大食药同源食品、功能食品、特膳食品、营养休闲食品等的有效供给，满

足广大消费者吃得安全、吃得健康、吃得营养、吃得方便的要求，实现家庭厨房的社会化、个性化。

第五节　下一步重点突破科技任务

一、玉米加工适宜性评价体系构建

玉米加工产业的高质量发展首先需提高原料的质量。我国长期以来以高产为目标开展玉米生产。应加快培育推广绿色生态、优质安全、多抗广适、高产高效兼顾加工适宜性的玉米专用新品种。

二、玉米主食加工技术工程化和标准化研究

主食工业化作为承接我国农业生产和人们消费的纽带，是我国经济社会发展的必然阶段，在国民经济与社会发展中占有重要的战略地位。传统主食工业化研究对于实现主食加工过程定量化、精细化、标准化、机械化、自动化和连续化非常有必要。

三、谷物加工营养品质的稳态化及其活性成分的功效研究

农产品加工的重要宗旨之一是以满足人民群众不断增长的食品消费和营养健康需求为目标；重要原则之一是倡导适度加工，改变片面追求"精、深"加工的生产模式，保护食品的有效营养成分，引导健康消费。为认真贯彻2020年中央农村工作会议精神：依靠科技支撑，由"生产导向"向"消费导向"转移；由吃饱吃好向营养健康转变，亟须开展农产品加工营养品质最大化保持研究和营养活性物质的功效研究。

四、玉米加工高效低碳化和资源化利用研究

粮油加工在保障国家粮食安全、推进全面建设小康社会及构建和谐社会中具有重要战略地位；开展粮油加工研究对于巩固学科基础研究、增强自主创新能力、减少粮油资源浪费、延长产业链条、提高产品附加值、促进产业结构调整、转变粗放发展形式等都非常必要。

专题四 2020年马铃薯加工业发展情况

第一节 产业现状与重大需求

一、马铃薯加工产业年度发展情况

"十三五"期间，我国马铃薯的种植面积及产量逐渐增加，马铃薯种植面积由2016年的480.5万hm²增加到2019年的491.5万hm²，马铃薯的产量由2016年的8 498.7万t增加到2019年的9 188.1万t（FAO，2019）（专题图4-1）。2019年，我国马铃薯种植面积和总产量占全世界的28.3%和24.9%，居世界首位。随着国民经济的快速发展，马铃薯加工产品在我国居民的消费结构也在不断变化。2016年农业部发布《关于推进马铃薯产业开发的指导意见》，引导我国马铃薯产业发展，实施马铃薯主食化战略，扶持了一批马铃薯主食加工重点企业。"十三五"期间马铃薯加工产品主要包括马铃薯淀粉、鲜切马铃薯、速冻薯条、油炸薯条（片）、薯泥以及马铃薯主食等。

二、马铃薯加工产业"十三五"期间发展成效

我国的马铃薯产量大，但在我国马铃薯仍以鲜食菜用为主，加工转化率仅为10%左右，远低于世界平均水平（50%）。近年来，马铃薯加工产品的种类逐渐增多，除传统的淀粉、粉条（丝）外，还有鲜切马铃薯、速冻薯条、油炸薯条（片）、薯泥以及馒头、面条等主食产品。

1. 马铃薯淀粉加工产业

目前，我国大中型马铃薯淀粉加工企业100多家，总体生产能力达260多万t，在马铃薯加工产业中生产马铃薯淀粉消耗的原料最多（超过70%）。2019年我国马铃薯淀粉产量为45.5万t，较2018年减少13.7万t；2019年进口马铃薯淀粉为3.09万t，较2018年减少1.78万t，出口马铃薯淀粉仅为0.61万t。马

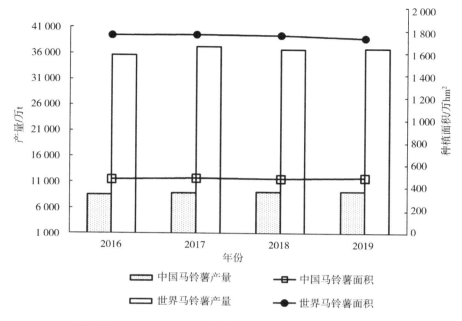

专题图 4-1　2016—2019 年中国和世界马铃薯产量及种植面积

铃薯淀粉的加工衍生产品主要为马铃薯粉条（丝）。随着国家对淀粉生产企业环境保护的要求提高，马铃薯淀粉生产正逐渐向着集约化、规模化的方向发展，家庭作坊和小型马铃薯淀粉生产企业越来越少。

2. 鲜切马铃薯加工产业

鲜切马铃薯主要包括丝、条、块、片等不同产品形态。与其他蔬菜相比，鲜切马铃薯的损耗率较低（约 27%），适合于鲜切加工。目前，我国鲜切蔬菜行业仍是一个新兴产业，鲜切蔬菜加工设备行业起步晚，产品质量与种类不完善，市场需求较为依赖进口。

3. 马铃薯全粉加工产业

马铃薯全粉是马铃薯经去皮、脱水干燥等工艺后制备的产品，马铃薯全粉主要包括颗粒粉和雪花粉。我国马铃薯全粉加工产业起步较晚，目前生产企业相对较少，2019 年我国马铃薯全粉产量约 20 万 t。马铃薯全粉较好地保持了马铃薯原有的风味和营养价值，可作为优质的原料用于制备各类快餐食品、冷冻制品、膨化食品等，市场对马铃薯全粉的需求量日益增大。

4. 冷冻薯条加工产业

近年来，我国冷冻薯条产量稳步增长，2019 年我国冷冻薯条产量为 29 万 t，比 2018 年 25 万 t 增长 15%。目前，国内冷冻薯条大型生产企业主要是加拿大麦肯、美国辛普劳、荷兰法姆福瑞等的分公司或合资企业，民族品牌企业很少。我国冷冻薯条加工业发展较为滞后，在马铃薯消费中冷冻薯条的加工用薯量不足总加工用薯量的 5%，且由于缺少适宜制备冷冻马铃薯条的薯种，导致我国的冷冻薯条基本依靠进口。

5. 薯条（片）加工产业

在休闲食品中，薯条（片）是最受大众喜爱的零食之一。目前，我国薯条（片）市场销售额超 200 亿元。随着食品安全和营养健康意识的增强，丙烯酰胺、反式脂肪酸以及含油量等引起了广大消费者的关注。规模化企业建有专用马铃薯原料生产基地，产品质量、市场占有率和产业一体化水平较高。近年来，低温真空油炸、高温压力油炸、真空深层油炸等新技术和新设备的出现为不同类型薯条（片）产品的研发和生产提供了选择。

6. 马铃薯主食化加工产业

"十三五"期间，马铃薯主食化关键技术与装备取得重大突破，形成了集技术–装备–产品–标准为一体的我国马铃薯主食化产业技术体系，创制了 300 余种马铃薯主食产品，创建了马铃薯主食加工系列专用生产线 30 余条，单线年加工能力超过 2 000 t，实现了规模化、自动化、工业化生产。培育了北京市海乐达食品有限公司等一大批马铃薯主食生产企业，马铃薯主食化产品种类极大丰富，消费者对马铃薯主食产品的认知不断提升。通过技术创新升级，马铃薯主食产品成本将不断降低，产品品质逐渐提升。

三、马铃薯加工产业发展需求

1. 加强优质马铃薯的选育与品质评价研究

我国马铃薯种质资源非常丰富，然而目前马铃薯品种的选育主要围绕适合西式快餐加工特性来开展，也有部分仅围绕高干率、高淀粉含量进行选育。因此，亟待加强优质马铃薯的选育与品质评价研究，明确适宜加工薯泥、薯粉、馒头、面条、薯条、烤薯等不同产品的专用薯种，推动马铃薯育种与加工的紧密结合。

2. 马铃薯加工副产物亟待实现高值化利用

以马铃薯加工副产物（薯浆、薯渣、薯皮）为研究对象，实现蛋白、膳食纤维、多酚等营养与功能成分的绿色高效制备技术与装备的协同创新，可将上述成分广泛应用于饮料、主食以及休闲食品等产品中，开发满足不同人群消费需求的功能型马铃薯产品，实现马铃薯加工副产物高值化利用，助推马铃薯加工产业营养化转型升级。

3. 提升马铃薯主食加工原料、主食产品及休闲食品加工关键技术水平

目前，马铃薯主食主要以马铃薯全粉（熟粉）为原料，存在能耗大、成本高、营养损失严重、加工适宜性差等问题。马铃薯主食产品基础研究薄弱，产品品质形成及稳定机制亟待深入研究。低油脂、绿色安全、营养强化型薯条及烤薯产品的加工关键技术亟待完善。马铃薯主食及休闲食品保鲜技术落后，产品货架期短。马铃薯主食原料、主食产品及休闲食品加工关键技术水平和装备集成程度需要进一步提升。

第二节 重大科技进展

一、高占比马铃薯主食加工关键技术研发及应用

创新提出通过物理改性处理马铃薯淀粉，或直接添加改性淀粉/其他高直链淀粉原料，以改善马铃薯全粉发酵性能的方法。在此基础上，选取马铃薯全粉、玉米粉、改性膳食纤维等作为原辅料，采用响应面设计试验成功将马铃薯馒头中马铃薯全粉的占比从 30% 提高至 80% 以上。采用该最佳配方制备无麸质马铃薯馒头比体积达 2.68 mL/g，与小麦馒头相当。无麸质马铃薯馒头灰分、膳食纤维、抗性淀粉、总酚含量及抗氧化活性显著高于纯小麦馒头；预估血糖指数显著低于纯小麦馒头。目前，马铃薯馒头、豆包、花卷、丝糕等系列主食产品已在京津冀地区 700 余家超市上市销售。

二、马铃薯主食产品加工贮藏品质提升关键技术创新及应用

创建了护色灭酶结合微波真空干燥生产马铃薯主食专用粉新技术，干燥时间缩短至马铃薯全粉的 17%，加工适宜性指标——黏度降至全粉的 76%。研发了微波真空干燥结合营养复配生产马铃薯高纤营养粉新技术，成本降至马铃薯全粉的 59% 以下，总膳食纤维含量高达 13.08 g/100g 干重。发明了适宜马铃薯主食生产的多菌种复合发酵剂，马铃薯馒头主要香味成分醇、醛、酸类占总风味物质的比例达 67.65%，显著高于普通酵母馒头。研发了适用于马铃薯馒头等主食产品抗

老化的复合酶制剂，马铃薯馒头产品在贮藏 48 h 后的硬度与不添加复合酶制剂的产品相比下降了 44%。发明了"芽孢萌发剂+表面抑菌"新型保鲜技术，马铃薯馒头的常温货架期由 2 d 延长至 10 d。

三、马铃薯淀粉加工副产物高值化利用关键技术研究与应用

以马铃薯淀粉加工产生的薯浆为原料，创建了等电点沉淀结合超滤离心制备马铃薯糖蛋白新技术，蛋白纯度达 96%，分子量为 41~42 kDa，且马铃薯糖蛋白具有良好的抗氧化能力和潜在的抗癌活性。以马铃薯淀粉加工废渣为原料，创建了单酶法结合超声波微波辅助酸法连续生产膳食纤维和果胶新技术，其中马铃薯膳食纤维的提取率达 85%、纯度达 92%。以单酶法生产的膳食纤维为原料，创建了马铃薯果胶提取技术，从而实现了马铃薯膳食纤维和果胶的连续化生产，马铃薯果胶的提取率达 90%、纯度达 88%。

第三节　存在问题

一、马铃薯保鲜技术较低，贮藏、运输、加工损失率较高

目前，国内马铃薯贮运损失达到 15%~20%，简易贮藏马铃薯损失高达 15%~30%，而国外发达国家马铃薯贮运损失不到 10%。发达国家的贮藏、运输、加工设备及产品线较为全面，能够满足马铃薯的市场需求，我国马铃薯贮藏、加工设备行业起步晚，设备产品质量与种类不完善，市场需求较为依赖进口。

二、马铃薯加工制品结构单一、加工技术水平较低、营养损失严重

目前，马铃薯淀粉、粉条（丝）等传统加工产品仍占据主导地位，产品结构单一、营养价值低、同质化现象较为严重，且粉条（丝）中掺杂掺假、铝超标形势严峻。此外，薯片、薯条等休闲食品在加工过程中需经高温油炸处理，耗油量大、易产生丙烯酰胺等致癌物，对人体健康不利。缺乏适合我国居民日常消费的营养健康型马铃薯加工制品。

三、马铃薯种质资源丰富，但薯种品质评价研究较少、加工专用薯种匮乏

我国马铃薯种质资源丰富，保存量超过 5 000 份，审定和登记了约 900 个马铃薯新品种，然而其中绝大多数为鲜食品种，品质评价指标单一，淀粉、全粉、薯条、薯片等加工专用型品种较少，无法满足马铃薯产业快速发展和市场多样化的需求。

四、马铃薯加工副产物综合利用率低、资源浪费严重

马铃薯加工产生的副产物主要包括薯浆、薯渣、薯皮，平均生产 1 t 马铃薯淀粉约产生 10 t 薯浆、2.5 t 薯渣，生产 1 t 马铃薯全粉可产生 0.3 t 薯皮，在这些副产物中富含蛋白、膳食纤维、多酚等营养与功能成分。然而，目前这些副产物大部分被直接丢弃，综合利用率和产品附加值极低，资源浪费严重，如不能妥善处理，将严重影响周边环境，限制马铃薯加工产业发展。

第四节 重大发展趋势

从全球发展态势、国家发展大局来看，马铃薯加工业的发展将趋向马铃薯保鲜减损与节本增效、马铃薯营养食品制造、马铃薯绿色加工等关键技术领域，具体如下。

一、马铃薯保鲜减损与节本增效技术领域

目前，我国马铃薯贮藏存在贮藏期短、农药残留高、腐烂损耗严重、贮藏后品质劣变等问题，潜在的健康隐患不容忽视。以绿色安全为前提，基于生物、化学和物理手段的保质减损控制措施、新型高效绿色安全保鲜剂、绿色保鲜纳米材料及其精准控释保鲜技术等，将是马铃薯保鲜减损与节本增效这一重大技术领域的重点研究方向。

二、马铃薯营养食品制造关键技术领域

我国传统马铃薯食品、马铃薯方便食品以及主食产品等的加工存在营养不全

面、产品结构单一等问题。以精准营养为靶向，开展马铃薯食品加工过程中主要营养素的含量及结构变化规律、配方优化与工艺升级、质构改善与风味形成、精准营养与个性化设计、营养与感官品质平衡等的研究，将是马铃薯营养食品制造关键技术这一重大技术领域的重点研究方向。

三、马铃薯绿色加工技术领域

坚持生态优先，以脱贫攻坚与乡村振兴为基点，开展节能、节水、零排放马铃薯加工技术、马铃薯浆益生饮品及马铃薯渣营养原料粉等高值化加工关键技术、马铃薯功能性成分精准分离提取关键技术等的研究，将是马铃薯绿色加工技术这一重大技术领域的重点研究方向。

第五节　下一步重点突破科技任务

一、马铃薯采后贮运保鲜减损与精准调控技术研究

研发贮藏环境智能化监控设备，创建采后愈伤、防绿、抑芽保鲜技术及节能通风贮藏库（窖）；研制高效安全保鲜剂、保鲜材料、微生物源抑菌剂及生物诱抗剂，研究贮藏过程中生理病害和侵染性病害的发生机理和诱因并开发病害快速检测技术；研发适合马铃薯大流通采收、运输一体化包装技术及装载技术，实现运输托盘化、集装箱化和有效监控；通过采后贮藏运输技术装备熟化与集成，形成马铃薯采后高效贮运及减损技术新模式并进行产业化示范。

二、优质马铃薯原料加工关键技术研究

开展不同品种马铃薯原料品质评价研究，重点比较分析淀粉、蛋白质与氨基酸、膳食纤维、多酚等主要成分差异，揭示其对马铃薯食品品质的影响规律，明确不同品种马铃薯的加工适宜性，筛选马铃薯食品加工专用薯种；研究加工工艺参数对马铃薯高纤营养粉粉质特性、营养与功能特性等的影响，创建马铃薯高纤营养粉加工关键技术；研究加工工艺条件对马铃薯泥色泽、营养与功能成分、黏度等品质指标的影响，建立优质马铃薯薯泥加工关键技术；通过技术装备集成，实现优质马铃薯原料的产业化示范。

三、营养健康马铃薯食品品质调控与智能制造技术研究

研究马铃薯馒头、面条、地方特色等主食产品及薯条、薯片等休闲食品加工过程中维生素、氨基酸等营养成分变化规律，建立马铃薯主食及休闲食品营养保全技术；优化马铃薯主食产品配方及生产工艺，提高马铃薯主食产品品质；优化薯条（片）加工工艺，最终研发出香脆可口、油脂含量低、营养价值及安全性高的优质薯条（片）产品；研发复合天然保鲜剂，延长产品货架期，建立马铃薯主食及休闲食品的品质调控技术体系。通过技术装备集成，实现营养健康马铃薯食品的产业化示范。

四、马铃薯加工副产物中营养与功能成分绿色高效制备技术研究

开展马铃薯浆、渣益生菌发酵饮料配方及加工工艺研究，研发口感好、风味佳且具有潜在保健功效的系列饮料产品；开展马铃薯加工副产物营养与功能成分（蛋白、膳食纤维、多酚等）绿色高效制备技术研究，集成营养与功能成分绿色高效制备关键装备；开展马铃薯营养与功能成分抗氧化、降血糖等生物活性研究，明确其生物活性及作用机制；开展马铃薯加工副产物营养与功能成分在复杂食品体系中应用技术研究，研发适合老人、孕妇、糖尿病患者等人群食用的主食及休闲食品；通过技术装备集成实现副产物营养与功能成分高效制备技术产业化示范。

专题五 2020年甘薯加工业发展情况

第一节 产业现状与重大需求

一、甘薯加工产业年度发展情况

"十三五"期间我国甘薯总产量稳中略升，由2016年的5 163万t增至2019年的5 199万t。甘薯淀粉、粉条粉丝以及甘薯干仍是甘薯加工的主要产品，甘薯主食、冰烤薯、紫薯酒等新型甘薯加工产品也被陆续研发出来并走向市场，甘薯加工产品种类不断丰富。据统计，2019年我国甘薯加工产品中，甘薯淀粉、粉条粉丝产品生产量分别为26.67万t和22.74万t，甘薯干32.97万t，甘薯全粉0.43万t，甘薯泥0.28万t、烤甘薯0.23万t、甘薯馒头0.01万t等（专题图5-1），其中甘薯淀粉和粉条粉丝产量占甘薯加工产品总量的59.3%。甘薯淀粉、粉条粉丝以及甘薯全粉等的自动化生产设备已实现量产，并在甘薯加工企业中得到广泛应用。甘薯具有耐贫瘠、易管理、产量大、效益好等优点，经过分级和加工后产值显著增加。通

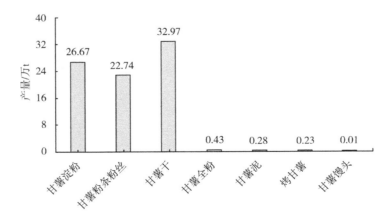

专题图5-1　2019年我国甘薯加工产品产量统计

过一二三产业的融合发展，甘薯产业已经作为一项重要的扶贫产业，在贵州、云南等地的贫困地区落地开花。

二、甘薯加工产业"十三五"期间发展成效

近年来，随着人们生活水平的提高，甘薯加工逐渐由最初的粗加工向深加工过渡。同时，为了满足人们对营养健康和新产品等的消费需求，产生了新的食品加工方法，甘薯加工产品种类也日益丰富起来，甘薯加工业得到一定发展。现将甘薯加工产业现状介绍如下。

1. 甘薯淀粉加工产业

我国甘薯主要用于甘薯淀粉及其制品的生产，据不完全统计，2019 年我国甘薯淀粉产量约占甘薯加工产品总量的 32%。我国甘薯淀粉加工企业主要由大型企业、中小型企业和小作坊构成。随着国家对淀粉生产企业环境保护的要求提高，甘薯淀粉生产正逐渐向着集约化、规模化的方向发展，生产甘薯淀粉的小型企业和小作坊越来越少。

2. 甘薯粉条粉丝加工产业

粉条粉丝是中国以及亚洲其他国家与地区人们餐桌上必不可少的一种传统淀粉凝胶类食品。据不完全统计，2019 年我国甘薯粉条粉丝产量约占甘薯加工产品总量的 27.3%。目前，市面上甘薯粉条粉丝主要以干粉条粉丝（水分含量≤15%）为主，其虽易贮藏，但加工过程中需要较长时间干燥，能耗较高，且食用前需较长时间复水，不能满足现代社会快节奏生活和野外工作人员等特殊人群的需求。而甘薯鲜湿粉条（水分含量≥50%）加工过程不需要干燥，加工能耗更低，口感更细腻、爽滑，食用更方便快捷，已成为甘薯粉条粉丝产业的未来发展方向。

3. 甘薯全粉加工产业

甘薯全粉主要包括甘薯颗粒全粉与甘薯雪花全粉。目前，市面上甘薯全粉主要以甘薯雪花全粉为主，而具有高细胞完整度且营养保持较好的甘薯颗粒全粉则较少。据不完全统计，2019 年我国甘薯全粉产量约占甘薯加工产品总量的 0.5%。

4. 甘薯主食加工产业

随着人民生活水平的提高，甘薯以其丰富的营养价值受到了人们的青睐，甘薯主食加工产业应运而生。目前，甘薯主食主要以甘薯馒头、面条、面包、馅包

等为主，且其中甘薯成分含量大多在 30% 以下。

5. 甘薯休闲食品加工产业

甘薯休闲食品涵盖甘薯干、烤甘薯、甘薯酒、甘薯醋等产品，其中以甘薯干的市场占有率最大。据不完全统计，2019 年甘薯干产量约占甘薯加工产品总量的 39.6%。

三、甘薯加工产业发展需求

我国甘薯加工产业发展需求主要表现在方便营养甘薯加工产品研发、甘薯绿色加工技术研究、甘薯加工产品标准体系建设、甘薯产业集群布局等方面，具体如下。

1. 大力推进方便、营养型甘薯加工产品研发及产业化

随着我国经济发展和人民生活水平的提高，消费者对于高品质、高营养、个性化的方便食品需求量日益增大。根据市场消费需求和产业发展趋势，基于甘薯自身的营养特点及其加工特性，通过开展方便营养甘薯粉条粉丝、甘薯主食、甘薯休闲食品等的研发、品质评价及产业化，最终满足广大消费者的个性需求。

2. 加强甘薯绿色加工技术研究，提高副产物综合利用水平

针对甘薯加工过程中的关键环节进行研究，实现高品质甘薯淀粉的清洁化生产，并对甘薯淀粉加工浆液、薯渣，甘薯干加工产生的薯皮以及甘薯茎叶等进行绿色加工，攻克甘薯加工副产物中有效成分的关键提取技术并进行产业化，进而提高副产物综合利用水平，促进甘薯产业健康发展。

3. 完善甘薯加工产品标准体系

为了更好地规范甘薯加工产品的生产、流通和管理，提供更多符合相关行业标准的甘薯加工产品，亟待制定各类甘薯加工产品生产技术规范和相关产品标准，进一步明确甘薯加工产品的生产技术操作要点和产品要求，从甘薯加工产品的生产源头确保产品质量，规范甘薯加工产品原料市场、生产环节以及消费市场。

4. 合理布局甘薯产业集群，以产业链带动甘薯产业发展

甘薯加工产业涉及脱毒种苗繁育、甘薯种植、生产加工、贮藏保鲜、物流配送、消费等多个环节。加快甘薯加工产业发展，一方面应紧密围绕市场需求，合理规划产业规模，科学合理地布局甘薯加工产业集群；另一方面应优化甘薯加工产业结构，促进加工企业转型升级，以产业链带动甘薯加工产业发展。

第二节　重大科技进展

"十三五"期间，甘薯加工重大科技发展主要涵盖高品质甘薯全粉生产关键技术及装备的研发与应用、甘薯淀粉加工浆液中蛋白及肽生产关键技术研究与应用、甘薯渣精深加工关键技术研究与应用等，具体如下。

一、高品质甘薯全粉生产关键技术及装备的研发与应用

本成果发明了一步热处理制备甘薯颗粒全粉工艺，简化了生产流程，显著降低了细胞破损率和游离淀粉含量，提高了全粉品质；揭示了热加工过程中甘薯细胞组织结构及形态的变化规律，明确了加热时间对细胞分离及全粉品质的影响，为进一步热处理生产高品质甘薯颗粒全粉工艺提供理论支撑；创建了高细胞完整度甘薯全粉品质评价标准体系，明确了生产甘薯颗粒全粉薯种筛选的关键指标6项，甘薯颗粒全粉加工专用薯种筛选指标2项，筛选出全粉加工专用薯种4个，为甘薯颗粒全粉的加工、产品行业标准的建立及专用薯种的筛选提供了科学依据；创建了高效节能甘薯颗粒全粉产业化加工生产线，实现了甘薯全粉生产线的自动化，使蒸制生产周期缩短约60%，蒸制设备投资降低约50%，吨产品蒸制能耗降低50%以上。本成果的产业化推广，可为甘薯主食以及各类食品的开发提供优质原料，对延长我国甘薯加工产业链，促进薯农增收具有重要意义。

二、甘薯淀粉加工浆液中蛋白及肽生产关键技术研究与应用

本成果以甘薯淀粉加工浆液为对象，研发了酸沉结合超滤生产天然甘薯蛋白及热絮凝法生产变性甘薯蛋白的新技术，天然及变性甘薯蛋白提取率分别达83%和86%以上，纯度分别达85%和59%以上；明确了天然甘薯蛋白的营养与功能特性，并确证了其抗肥胖作用和抗肿瘤效果；研发了以变性甘薯蛋白为原料制备甘薯降压肽及抗氧化肽新技术，甘薯降压肽及抗氧化肽的肽得率均达80%以上，纯度均达90%以上，制备的甘薯肽产品附加值较变性甘薯蛋白提高30倍以上。本研究成果有效提升了我国甘薯淀粉加工浆液的综合利用水平，大大增加了甘薯淀粉加工产业附加值，拓宽了甘薯加工利用途径，丰富了甘薯加工产品市场，有

效推动了甘薯加工产业的快速发展。

三、甘薯渣精深加工关键技术研究与应用

本成果以甘薯淀粉加工薯渣为对象，明确了薯渣中淀粉与膳食纤维分子间相互作用机制，创建了物理筛分与磷酸氢二钠法相结合生产甘薯膳食纤维和果胶新技术，实现了甘薯膳食纤维及果胶的连续化生产，有效利用了薯渣资源。揭示了薯渣中淀粉和膳食纤维的粒径差异、微观形貌及分布状态，发明了甘薯膳食纤维物理筛分技术及甘薯果胶磷酸氢二钠提取技术，使甘薯膳食纤维提取率和纯度分别达83.18%和81.25%，果胶提取率和纯度分别达95.87%和91.28%。明确了超微粉碎处理技术可显著提高甘薯可溶性膳食纤维含量及其物化功能特性；确证了热、pH及酶解改性处理可使果胶分子结构发生变化，酯化度、分子量降低，并具有选择性抑制肿瘤细胞增殖及重金属吸附作用。本研究成果的广泛应用有力缓解了因薯渣肆意排放造成的资源浪费现象，大大提高了甘薯淀粉加工副产物的综合利用水平。

第三节　存在问题

一、采后贮藏保鲜技术水平相对落后、贮藏期短、品质差

目前，我国甘薯采后贮藏保鲜主要以窖藏为主，包括地窖、井窖、大屋窖、棚窖等。在上述贮藏方式中，由于温度、湿度等无法调控，存在贮藏期短、贮后品质差等问题。同时，由于新鲜甘薯含水量高、组织脆嫩、呼吸旺盛，对贮藏温度和湿度十分敏感，这使得甘薯在贮藏期间会随着温、湿度的变化发生病窖、烂窖等，从而导致贮藏品质下降，极大影响甘薯经济价值，严重制约甘薯产业化、集约化发展。

二、甘薯加工规模化、品牌化趋势明显，但产业布局尚不完善

目前，甘薯加工正在向着规模化、品牌化的方向发展，然而甘薯加工产业的整体布局还很不完善，亟待以甘薯加工涉及的各产业链进行整合和布局，进而通过甘薯产业集群构建，以产业链带动甘薯产业快速发展。

三、甘薯加工副产物综合利用水平相对较低

目前，甘薯薯渣、薯浆、薯皮和茎叶等加工副产物的研究主要停留在小试和中试水平，尚未进行大规模产业化应用，甘薯加工副产物的综合利用水平仍然相对较低。

四、方便营养的新型甘薯加工产品相对较少、商品化程度低

甘薯除了用于生产甘薯淀粉、粉条粉丝和甘薯干外，还被加工成甘薯全粉、甘薯泥、甘薯馒头、烤甘薯、紫薯酒、甘薯茎叶青汁粉等产品，甘薯加工产品呈现多元化发展趋势。然而，大部分方便营养的甘薯产品仍停留在中试或小规模生产阶段，商品化程度较低。

五、甘薯加工产品的标准体系仍不完善

目前，国内已有部分甘薯产品的国家或行业标准，如《食用甘薯淀粉》（GB/T 34321—2017）、《甘薯全粉》（NY/T 3611—2020）等，但甘薯加工产品种类较多，很多产品仍无对应的产品标准及加工规范，如甘薯粉条粉丝、紫甘薯色素、烤甘薯等。随着更多新型甘薯加工产品的上市，甘薯加工产品的标准体系需要根据市场需求而不断得以完善。

第四节 重大发展趋势

从全球发展态势、国家发展大局来看，甘薯加工业的发展将趋向甘薯保鲜减损与节本增效、甘薯加工特征品质分析与标准化、甘薯营养食品制造、甘薯绿色加工等关键技术领域，具体如下。

一、甘薯保鲜减损与节本增效技术领域

以绿色安全为前提，基于生物、化学和物理手段的保质减损控制措施、新型高效绿色安全保鲜剂、绿色保鲜纳米材料及其精准控释保鲜技术、基于不同物流业态需求的标准化保鲜技术体系等，将是甘薯保鲜减损与节本增效这一重大技术领域的重点研究方向。

二、甘薯加工特征品质分析与标准化领域

以精准加工为目标，开展甘薯时空品质和多维品质评价、甘薯中特质性成分的种类和含量分析、甘薯加工过程中营养功能组分及典型产品品质特性形成规律、甘薯特征品质评价标准体系、甘薯品质指纹图谱平台等的研究与构建，将是甘薯加工特征品质分析与标准化这一重大技术领域的重点研究方向。

三、甘薯营养食品制造关键技术领域

以精准营养为靶向，开展甘薯食品加工过程中主要营养素的含量及结构变化规律、配方优化与工艺升级、质构改善与风味形成、精准营养与个性化设计、营养与感官品质平衡等的研究，将是甘薯营养食品制造关键技术这一重大技术领域的重点研究方向。

四、甘薯绿色加工技术领域

甘薯绿色加工是守好甘薯加工业发展和保护生态环境的两条底线。坚持生态优先，以脱贫攻坚与乡村振兴为基点，开展节能、节水、零排放甘薯加工技术、甘薯浆益生饮品及甘薯渣营养原料粉等高值化加工关键技术、甘薯功能性成分精准分离提取关键技术等的研究，将是甘薯绿色加工技术这一重大技术领域的重点研究方向。

第五节　下一步重点突破科技任务

一、甘薯采后贮运保鲜减损与精准调控技术研究

开展贮藏环境智能化监控设备研发，建立集控温、控湿、调节 CO_2 浓度等功能于一体的甘薯节能型、智能化贮藏设施；研发采后愈伤、抑芽保鲜技术及节能通风贮藏库（窖）；研制高效安全保鲜剂、保鲜材料、微生物源抑菌剂及生物诱抗剂，制订病害防治技术规程；研究贮藏过程中生理病害和侵染性病害的发生机理和诱因，开发病害快速检测技术；研发适合甘薯大流通采收、运输一体化包装

技术及装载技术，实现运输托盘化、集装箱化和有效监控；通过采后贮藏运输技术装备熟化与集成，形成甘薯采后高效贮运及减损技术新模式，实现产业化示范。

二、优质甘薯原料加工关键技术研究

开展不同品种甘薯原料品质评价研究，重点比较分析淀粉、蛋白质与氨基酸、膳食纤维、矿物元素、多酚及多酚氧化酶等主要成分差异，揭示其对甘薯主食及休闲食品品质的影响规律，明确不同品种甘薯加工适宜性，筛选甘薯主食及休闲食品加工专用薯种；研究不同护色灭酶、干燥方式、粉碎粒度等工艺参数对甘薯高纤营养粉色泽、粉质特性、营养与功能特性等的影响，创建甘薯高纤营养粉加工关键技术；研究护色、蒸煮、调配、速冻梯度降温程序、冷冻保藏等工艺条件对甘薯泥色泽、营养与功能成分等的影响，建立优质甘薯薯泥加工关键技术，为开发营养健康、低成本甘薯主食及休闲食品奠定基础。

三、营养健康甘薯食品品质调控与智能制造技术研究

研究甘薯馒头、面条、无明矾营养鲜湿粉条（丝）等主食产品，冰烤薯、地瓜干等休闲食品，及益生菌发酵饮料、甘薯茎叶青汁粉等饮品加工过程中维生素、矿物质、氨基酸、抗性淀粉等营养成分变化规律，建立甘薯主食、休闲食品及饮料产品营养保全技术；优化甘薯主食产品配方及生产工艺，改善面团流变学特性，提高甘薯主食产品品质；优化冰烤薯、地瓜干加工工艺，最终研发出香甜可口、营养价值及安全性高、四季皆可食用的优质冰烤薯和地瓜干系列产品；优化益生菌发酵饮料、甘薯茎叶青汁粉配方及加工工艺，研发出口感好、风味佳且具有潜在保健功效的系列饮料产品。通过技术装备集成，形成营养健康甘薯食品标准化、数字化生产体系，实现产业化示范。

四、甘薯加工副产物中营养与功能成分绿色高效制备技术研究

开展甘薯加工副产物（薯渣、浆液）营养与功能成分（蛋白、膳食纤维、果胶、多酚等）绿色高效制备技术研究，创建甘薯加工副产物中营养与功能成分绿色高效制备关键技术；开展上述营养与功能成分抗氧化、降血糖、降血压等生物活性研究，明确其生物活性及作用机制；研究不同食品组分对副产物中功能成

分的稳态调控作用及分子机制，创建功能因子稳态调控技术；开展副产物营养与功能成分在复杂食品体系中的应用研究，研发适合老人、儿童、孕妇、糖尿病患者等不同人群食用的主食及休闲食品；实现副产物营养与功能成分高效制备-稳态调控-新型食品创制技术集成与示范。

专题六 2020 年大豆加工业发展情况

第一节　产业现状与重大需求

一、大豆产业年度发展情况

大豆是我国重要的粮食作物和油料作物。近年来，我国大豆消费量持续攀升，供需缺口居高不下。人们对肉蛋奶的消费需求日益增加，导致畜牧业对饲料需求大幅增长。作为主要的饲料蛋白原料，大豆粕消费从 2011 年的 4 750 万 t 增加到 2020 年的 7 740 万 t。随着城乡居民生活的改善及消费结构的转型，我国食用大豆消费量从 2016 年的 1 120 万 t 增加到 2019 年的 1 340 万 t，2020 年需要食用大豆达到 1 750 万 t。大豆进口不断增加，主要用于压榨，进口量从 2011 年的 5 264 万 t 增加到 2020 年的 10 033 万 t。

"十三五"期间，随着中国鼓励大豆种植一系列政策的落实，大豆生产缓慢恢复，大豆的种植面积和产量均超过"十二五"期间最高水平，单产水平也逐渐稳步提升。2008—2013 年，国家在东北三省和内蒙古自治区实行大豆临时收储政策，大豆收储价格逐年升高，其中，2008 年大豆临储价格为 3 700 元/t，此后持续上涨。2014 年国家在东北三省和内蒙古自治区取消大豆临储政策，试点大豆目标价格补贴政策改革，2014—2016 年大豆目标价格均为 4 800 元/t，试点期为 3 年。2017 年中央一号文件明确了农业供给侧结构性改革的目标，提出"扩大豆，减玉米"。从 2017 年开始，我国在东北三省和内蒙古自治区实行大豆"市场化收购+生产者补贴"政策，和玉米补贴政策机制相统一。与此同时，我国积极开展大豆优良品种培育，通过创新大豆遗传转化技术，在国内首次培育出高耐草甘膦除草剂大豆，中黄 6106 和 SHZD3201 获得生产应用安全证书，DBN-09004-6 获得阿根廷种植许可。利用耐草甘膦转基因大豆与不同大豆生态区的主栽品种杂交和回交，筛选出可耐受 4 倍草甘膦且综合性状超过非转基因大豆的优良品系。这些新品系为国产耐除草剂转基因大豆产业奠定了坚实的物质基础。

当前，以美国为代表的大豆加工强国，现代大豆加工产业已经形成规模化、集团化，依靠雄厚的资金和技术优势，在基础研究、产品开发、技术转化、生产应用、装备制造等方面均领先世界，建成了一批以产品多样化、科技价值高、应用范围广、产销数量大、经济效益高等为特征的大豆深加工企业，并在以功能性大豆蛋白生产为代表的大豆深加工和产品开发方面形成了垄断性技术。我国在现代大豆产品深加工领域的科学研究、技术能力、产品开发和整体装备等方面与世界先进水平仍有差距。大豆深加工能力相对较弱，深加工产品科技附加值较低，品种较少，大豆制品产业链不长，缺乏多样化多层次的大豆加工产品。

二、大豆加工产业"十三五"期间发展成效

大豆在国家粮食安全中占有重要地位。"十三五"期间大豆产业发展迈上新台阶，大豆种植面积、产量逐年上升，大豆品种选育取得阶段性成效，大豆产业优势逐步集中。

1. 大豆种植面积、产量逐年上升

在国家政策的支持和大豆产业技术体系的支撑下，大豆种植面积从 2015 年的 682.74 万 hm^2 逐年增加到 2018 年的 841.28 万 hm^2，产量从 2015 年的 1 236.74 万 t 逐年增加到 2018 年的 1 596.71 万 t。

2. 大豆品种选育取得阶段性成效

2019—2020 年，黄淮海地区审定大豆新品种 106 个，其中国审品种 27 个，省级审定品种 79 个。另外，有 39 个品种（系）获得植物新品种权，116 个品种（系）正在申请新品种权保护。

3. 大豆产业优势逐步集中

黑河市 2020 年大豆播种面积达 144.8 万 hm^2，总产量 284 万 t，占黑龙江省近 1/3、全国 1/7 以上，已成为全国最大的大豆生产基地。黑龙江省大豆种植面积达 427.9 万 hm^2，产量占全国总产量的一半以上。

三、大豆加工产业发展需求

1. 因地制宜，培育大豆品种，进行全方位品质评价

大豆加工产业面临的一个重要问题就是原材料不佳，品种不纯。因此，要依托全基因组育种、转基因技术、基因编辑等培育适宜当地种植以及不同加工

用途的优良大豆品种。同时，全面解析大豆原料核心特性指标与食用、营养、加工、安全品质间的关联关系，开展大豆原料的时空品质评价，并依此建立实用的品质评价指标体系。

2. 大力引导大豆功能性食品的消费

当前，大豆加工中精深加工相对欠缺，很重要的原因是没有充分激发市场潜在的需求性。因此，要引导大豆加工中蛋白质和大豆功能性食品的消费，从而拉动内需，促使大豆产品的数量和质量提升。同时，拓宽大豆制品的应用领域，推进大豆蛋白质和功能性食品在粮食、肉食、豆奶、乳制品等各种食品中的运用。

3. 建立健全国产大豆产业信息发布机制

目前，我国大豆加工的产业信息很大一部分来源于国外，国内加工企业不能及时获取信息，存在严重的信息不对称现象。此外，外来信息的实用性和准确性都有待考究。因此，我国应建立和健全大豆产业信息发布机制，包括大豆种植、加工、生产和销售多方面的信息，让参与大豆的各行业建立透明的信息获取机制，从而使整个生产环节规范化、透明化和系统化。

4. 充分发挥大豆产业协会的作用，加大对产业的支持力度

发挥我国大豆产业协会的作用，使大豆进口商、加工企业和农民形成一个利益整体，同时设立大豆加工产业专项基金，用于支持大豆产区农民补贴、大豆加工产业科技创新和进行大豆保护价收购等，从而提高国际竞争力。

第二节　重大科技进展

一、大豆优异种质挖掘、创新与利用

2018年度国家科学技术进步奖二等奖。该成果由中国农业科学院作物科学研究所、东北农业大学、黑龙江省农业科学院佳木斯分院、黑龙江省农业科学院绥化分院、呼伦贝尔市农业科学研究所完成。

二、功能营养型豆乳粉新型制造关键技术开发与应用

2020年度中国粮油学会科学技术奖三等奖。该成果由黑龙江省北大荒绿色

健康食品有限责任公司、黑龙江冰泉多多保健食品有限责任公司、黑龙江多多进出口贸易有限公司完成。

三、大豆蛋白增值化生产及绿色减废关键技术创新与应用

2020年度中国粮油学会科学技术奖三等奖。该成果由山东禹王生态食业有限公司、东北农业大学、临邑禹王植物蛋白有限公司完成。

四、大豆蛋白柔性化加工关键技术

2019年度中国粮油学会科学技术奖二等奖。该成果由东北农业大学、黑龙江省北大荒绿色健康食品有限责任公司、山东禹王实业有限公司、山东万得福实业集团有限公司完成。

五、大豆 7s、11s 蛋白质提取及低聚肽的研究和新型智能化装备开发与应用

2018年度中国粮油学会科学技术奖一等奖。该成果由北京工商大学、重量健康研究员有限公司、诺利如一生物科技有限公司、山东御鑫生物科技有限公司、荣海生物科技有限公司完成。

六、大豆肽高效制备关键技术研究与产业化应用

2016年度中国粮油学会科学技术奖三等奖。该成果由中粮营养健康研究院有限公司、北京工商大学、中宏生物科技有限责任公司完成。

第三节　存在问题

一、大豆国内产量不足，进口依赖度不断提高

国内大豆供给主要由国内产量、进口量组成。在国内生产上，2001—2015年，国内大豆种植面积、大豆产量呈现整体双下降态势；由于国家政策提倡粮豆轮作、引导减少玉米种植面积，使得大豆种植面积、产量在2016—2018年连续

明显增加。在 2001—2017 年，大豆进口量快速持续增长，在 2018 年和 2019 年短暂下降后，在 2020 年再次增长。大豆进口量占国内消费量的比重由 2001 年的 47.92% 上升到 2018 年的 84.73%，大豆进口依存度不断提高（专题图 6-1）。

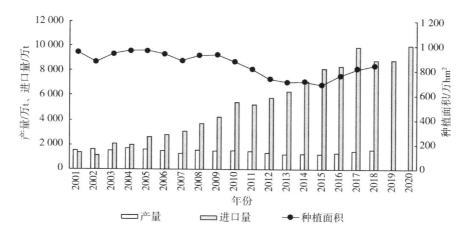

专题图 6-1　2001—2020 年中国大豆产量、进口量及种植面积变化趋势

二、大豆全产业链精深加工有待发展

供大豆加工的高油量、高蛋白质的优质专用品种较少。传统豆制品加工（豆浆、腐乳、豆腐、豆干）规模化、标准化尚且不足，新兴豆制品（饮用蛋白制品、添加剂蛋白制品）加工和市场占有不足，副产物加工制品（膳食纤维制品、大豆多糖制品、磷脂制品、大豆异黄酮）开发及其功能活性阐明仍待完善。目前，大豆产品未能深入探究功能性，无法借助大健康产业打开消费市场。

三、国际资本控制使大豆产业安全面临较大风险

中国进口大豆主要集中于美国、巴西、阿根廷，2001—2011 年从上述三国的大豆进口量占比分别为 42%、33%、23%。在来源国气候变化、大豆产业政策和贸易政策等因素的影响下，将面临较大的大豆进口贸易波动风险。另外，跨国粮商通过独资或者参股的形式掌控大豆压榨企业，获得进口大豆的采购权和话语权，控制着中国 80% 以上的大豆进口量，垄断中国大豆进口贸易。

第四节　重大发展趋势

一、扶持大豆龙头企业，培育品牌，提高精深加工和综合利用水平

目前，国内大豆加工企业众多，但良莠不齐，真正有竞争实力的企业很少，因此整合企业资源，扶持培育大豆龙头企业已成当务之急。鼓励通过兼并、重组形成大型食用油深加工基地，逐步形成产业集群。加快专用大豆加工品种的种植基地建设。采取大豆加工企业与广大农户直接签订收购合同的方式提升原料质量，产供销一体化方式振兴大豆产业。加强新产品开发，打造食品知名商标。对拥有区域性和全国性知名商标的企业给予必要支持和保护，帮助企业牢固树立商标意识，做好商标宣传，提高产品竞争力。鼓励和推动企业通过并购、重组、联合等方式，拓展经营规模，做大做强，提高食品工业的生产集中度。扩大开放，鼓励优势企业"走出去"，开拓国际市场，争创世界食品知名品牌。同时，全面树立循环经济的理念，提高大豆综合利用水平和出品率，尽可能做到"吃干榨净"，大力发展大豆深度加工，延长产业链，促进转化增值。

二、加快传统豆制品规模化、标准化建设进程，全面提升民族特色大豆工业的整体技术水平

顺应传统大豆制品发展趋势，深入开发新型多样高质量营养食品，提高传统加工工艺技术水平，应用现代化的先进技术对传统的落后技术进行全方位改造，充实和更新清理、发酵、磨浆、蒸煮、浓缩、均质、挤压、干燥、成型、包装等主体设备和辅助设备，设计和采用适应各种生产条件和生产环境的大、中、小型配有微机控制和工业化生产线，使其达到系统化、规模化、标准化和自动化水平，全面提升民族特色大豆工业的整体技术水平。

三、加大科研开发投入力度，提高大豆工业整体科研与创新水平

建立以政府投入为引导、以大专院校和科研机构为依托、以企业为主体、以财税金融部门为支撑的大豆产业化新型科研资金投入体系，集聚大豆产业化所需的政策、技术、资金、人才。加强行业集成，组织跨学科、跨部门的联合攻关，

搞大项目，建大实体，出大效益。加强高含油、高蛋白等高富集成分大豆品种的育种研究；大豆的生理活性成分的功能性及分析调控技术研究；大豆的蛋白质组成与加工特性的研究；大豆成分的改性及系列产品的研究；功能性油脂及脂肪代用品的研究；食品工业专用油脂和蛋白的研究；可降解蛋白膜的研究；以及相关加工设备的研制等方面的研究。开发大豆蛋白包装可食膜、可降解蛋白质膜材料、大豆蛋白聚酯复合材料、食品润滑油、生物柴油、环保油墨、磷脂燃料油功能助剂、航天航空磷脂润滑油等应用研究。

四、加快新成果的转化与应用，提高大豆工业整体效益

积极采用高新技术和先进适用技术，加快科技成果推广应用和产业化步伐，提高产品的科技含量。大力推广闪蒸气流技术、低温脱溶技术、分提技术、膜分离技术、分子蒸馏技术、节能技术、大豆脂质重构技术、水酶法提油技术、酯交换技术、计算机技术等的应用，推动酶工程、蛋白质工程、膜技术、高效低耗低成本生产大豆分离蛋白、蛋白质修饰改质技术、副产物的回收和综合利用等高新技术在豆制品工业中的应用。

五、尽快建立健全"标准体系-质量认证-标志管理"体系

提高我国大豆工业国际贸易交流合作能力，建立国家食品标准和统一规范的食品认证认可体系，完善食品安全检测和可追溯系统体系，切实提高豆制品安全性。加强与国外政府、国际组织和专业机构在质量标准、技术规范、认证管理、贸易准则等方面的交流与合作。

第五节　下一步重点突破科技任务

一、重点突破大豆优势品种选育，开展大豆全方位时空品质评价

利用生物基因等技术，培育优势大豆品种，建立大豆原料及其加工制品的指标体系和评价标准，研发大豆及其制品快速检测评价关键技术，解决大豆品质评价指标体系建设科学依据缺乏、多因子间耦合效应难以量化分析的问题，实现大豆原料专用化、生产标准化、特征标识化、产品身份化、经销品牌化。

二、突破大豆加工关键技术，提高原料的利用率

通过采用生物技术、高效萃取技术、膜技术等现代高新技术，突破大豆蛋白生物改性，醇法连续浸提大豆浓缩蛋白，可控酶解制备大豆功能肽，超滤膜处理大豆乳清废水，大豆油脂酶法精炼，大豆功能因子产品开发等大豆精深加工共性关键技术，实现提质增效和技术创新。

三、富集大豆功能因子，研发系列高附加值大豆功能产品

通过靶向递送、纳米包埋、生物合成，高效富集制备大豆中的异黄酮、功能性膳食纤维、低聚糖、大豆皂苷等成分，深入研究其作用机理以及调控靶点，研发针对不同人群的高附加值系列营养健康产品，提高产品的附加值，满足不同人群的营养健康需求。

第一节　产业现状与重大需求

一、花生加工产业年度发展概况

据 USDA 统计数据，2020 年中国花生产量 1 750 万 t，居世界首位。榨油和食用是中国花生加工的主要用途，2020 年，食用花生总量达 745 万 t，榨油用花生总量达 925 万 t。约 53% 用于制油，40% 食用。2010 年后，花生榨油比重稳定在 50% 左右，花生食品加工比重逐年增加，较 10 年前增加约 7%。依据花生及制品产量和产值计算，我国加工业总产值超过 1 750 亿元，居世界首位。

2020 年中国花生进口量 100.0 万 t，出口量 60.0 万 t（专题表 7-1）。2020 年中国花生油产量 296.0 万 t，进口量 22.5 万 t，出口量 1.0 万 t（专题表 7-2）；花生粕产量 370.0 万 t，进口量 10.0 万 t（专题表 7-3）。

专题表 7-1　我国花生生产与贸易情况　　　　　　　　单位：万 t

	2016/2017	2017/2018	2018/2019	2019/2020	2020/2021
产量	1 636.1	1 709.2	1 733.3	1 752.0	1 750.0
进口量	29.5	23.4	46.7	135.0	100.0
出口量	64.4	65.1	64.6	55.3	60.0

数据来源：USDA。

专题表 7-2　我国花生油生产与贸易情况　　　　　　　　单位：万 t

	2016/2017	2017/2018	2018/2019	2019/2020	2020/2021
产量	270.4	286.4	292.8	316.8	296.0
进口量	11.1	11.2	17.2	22.6	22.5
出口量	0.8	1.0	0.9	1.2	1.0

数据来源：USDA。

专题表 7-3　我国花生粕生产与贸易情况　　　　　　　　单位：万 t

	2016/2017	2017/2018	2018/2019	2019/2020	2020/2021
产量	338.0	358.0	366.0	396.0	370.0
进口量	12.3	3.9	8.9	12.3	10.0
出口量	0	0	0	0	0

数据来源：USDA。

针对"十三五"期间花生加工业存在的营养品质与加工特性不明，品种加工专用化水平低；传统制油工艺技术生产的饼粕蛋白变性重、利用率和附加值低；花生休闲食品种类少、标准化水平低；饼粕、红衣、茎叶等副产物深度加工不够、综合利用程度低的问题，国家花生产业技术体系加工研究室"十三五"期间研发出便携式花生加工品质速测仪，为育种专家稀有品种单粒检测和企业花生收购快速检测提供了重要支撑；建立了花生加工适宜性评价技术、指标体系和等级标准，筛选出适宜鲜食、制油、制酱、制蛋白的专用品种，建立了专用品种专用加工工艺，明显提升了产品品质和国际竞争力；以花生饼粕为原料，建立了植物蛋白肉制备颠覆性技术、花生豆腐加工新技术，延长了加工产业链，填补了国内外空白；以花生茎叶、红衣为原料，建立了促睡眠活性成分、原花青素绿色高效制备技术，研发出花安颗粒（片）、原花青素（白藜芦醇）等产品，提升了产品附加值。

二、花生产业"十三五"期间发展成效

花生是我国重要的油料作物和经济作物。"十三五"期间花生产业发展再次跨上新台阶，花生总产量、单位面积产量、总产值均跃居国内油料作物首位。我国花生产业的发展对调优我国农业种植结构、保障有效供给、促进农民增收、助力乡村振兴、提升油料行业国际竞争力具有重要意义。

花生总产创历史新高。全国花生总产量从 2015 年的 1 596 万 t 增加到 2020 年的 1 750.0 万 t，增长了 9.6%。目前年总产超过 50 万 t 的省份有 10 个，其中河南和山东总产之和占全国的一半左右，主产区优势进一步突显。

花生种植面积稳中有升。播种面积从 2015 年的 6 578 万亩增长到 2020 年的 7 000 万亩左右，增长了 6.42%。近年来，河南省和东北地区花生面积增长较快，目前全国有 14 个省份花生种植面积超过 100 万亩。

花生单位面积产量稳步提高。单产水平从 2015 年的 242.6 kg/亩增加到 2018

年的 250.1 kg/亩，增长了 3.09%，2020 年略有降低（243.1 kg/亩），"十三五"期间平均单产比"十二五"平均单产增长了 2.80%。

三、花生加工产业发展需求

1. 花生加工特性与品质评价备受关注

开展花生加工特性与品质评价研究，明晰原料关键特性指标与产品品质间的关联机制，构建加工适宜性评价模型、指标体系与技术方法，按加工用途对我国花生品种进行科学分类，筛选加工专用品种，构建基础数据库，能够破解原料混收混用、产品品质差、产业效益低与国际竞争力弱的产业瓶颈问题，全面实现我国由花生加工大国向加工强国的转变。

2. 高油酸花生及其加工制品成为主流

目前我国通过审定的高油酸花生品种 109 个，油酸含量高的达 85% 以上。因高油酸花生油中油酸含量与橄榄油非常接近，同时因为其稳定性强、货架期长，未来高油酸花生油将成为市场新宠。同样高油酸花生加工制品也将受到企业关注和消费者的欢迎，具有市场开发潜力。

3. 花生产品种类不断丰富、领域不断拓展

近年来全国花生产量逐年增加，如何将花生大量转化，确保农民利益不受损失，开发出有中国特色的花生食品引起业内人士的高度重视。鲜食花生、花生酱、花生蛋白系列产品将丰富我国花生食品种类，成为花生产业的发展方向和趋势。

4. 花生副产物综合利用越来越受到重视

花生浑身都是宝，花生茎叶具有改善睡眠功效；花生壳中的木犀草素、黄色素具有消炎、降尿酸、抗肿瘤等多种药理活性；红衣多酚具有补血止血、抗氧化、抗肝癌等功效；花生根白藜芦醇可缓解心血管疾病，降低血脂，延缓衰老；高温压榨花生粕可用于加工绿色无甲醛胶黏剂。实现花生副产物绿色高值化利用，能够有效提高产品附加值，减少资源浪费，助推乡村振兴。

第二节　重大科技进展

一、花生加工适宜性评价与提质增效关键技术产业化应用

我国是世界第一花生生产与加工大国，但不是加工强国。长期存在原料混收混用、产品品质差、产业效益低的瓶颈问题，其根本原因是尚未建立花生加工适宜性评价技术与科学分类方法，加工专用品种缺乏；缺少专用品种的专用加工工艺，产品品质难以提升，严重阻碍产业提质增效与转型升级。

针对上述问题，本成果揭示了原料关键指标与产品品质的关联机制，创建了花生加工适宜性评价理论体系与技术方法，实现了传统评价技术的革新。自主创制了高通量快速检测新技术新设备，按加工用途进行科学分类并筛选出花生加工专用品种，破解了混收混用的瓶颈问题。创建了专用品种的专用加工工艺，研发出原生初榨花生油等系列新产品，显著提升了品质与效益。成果获发明专利 35件（美国 2件、欧洲 1件、日本 1件）、软件著作权 8件，制定农业行业标准 2项，出版中英文专著 5部，发表论文 71篇（SCI 收录 24篇）。中国农学会组织的评价专家组认为：成果整体处于国际先进水平，在花生加工适宜性评价技术方法、加工特性指标的便携高通量快速检测技术设备及专用品种专用制油工艺方面达国际领先水平。在 13家企业及国家花生产业体系应用，被选为国家"十二五"科技创新成就展参展成果，获中国商业联合会科学技术奖特等奖、神农中华农业科技奖一等奖。

二、新型植物蛋白肉加工精准调控技术与颠覆性产品创制

植物蛋白肉产业发展对于有效缓解因人口增加带来的动物肉短缺、改善居民营养健康等具有重要意义。近年来高水分挤压技术是国内外备受关注的制备新型植物蛋白肉的前沿热点技术。但高水分挤压过程中蛋白质多尺度结构变化与纤维结构形成的分子调控机制尚不明确，产品的质构与风味仍无法实现有效精准调控，国内外尚无高水分挤压植物蛋白肉产品上市。

针对上述问题，构建了新型植物蛋白肉高水分挤压综合物理能量场及核心加工工艺装备链，揭示了纤维结构形成的分子机制，创建了国内外首个新型植物蛋

白肉"制备过程-蛋白结构变化-品质精准调控"可视化平台。立足平台建立了在线调色调味、一体化成型等系列关键核心技术，创制了植物蛋白素牛肚、素肠、素鸡块、素风干牛肉等颠覆性新产品 10 余个，攻克了高水分挤压法制备新型植物蛋白肉质地和风味难以精准调控的难题。与低水分挤压工艺相比，生产效率提高 50% 以上，能耗降低 2/3 以上，营养损失减少 20% 左右。该成果已在全球最大的休闲零食企业良品铺子股份有限公司转化应用，技术转让费 1 000 万元，并得到了国际知名企业 Impossible Food 公司、嘉吉投资（中国）有限公司的高度认可。以世界卫生组织 Gerald G. MOY 教授为组长的国际同行评议专家组一致认为：该成果是植物蛋白肉加工颠覆性技术，引领了植物蛋白肉产业科技创新与发展，整体处于国际领先水平。相关研究成果在 *Crit Rev Food Sci*（IF：7. 862）、*Food Hydrocolloids*（IF：7. 053）等期刊发表高水平论文 15 篇，授权美国发明专利 1 项，中国发明专利 4 项、实用新型专利 3 项，完成科普宣传手册 1 部，获中国农业科学院优秀博士学位论文奖 1 项，被科技部评为"农业高新技术成果展"参展成果。

三、基于高内相 Pickering 乳液的花生蛋白奶油系列产品创制

反式脂肪已经被证实具有引发心血管疾病、糖尿病和癌症的风险，2018 年 5 月 14 日，世界卫生组织（WHO）宣布：2023 年前将在全球范围内停用人工反式脂肪。目前膳食中反式脂肪主要来源为部分氢化植物油（PHOs），以 PHOs 为原料的人造奶油制造业将面临前所未有的挑战。因此，寻求零反式脂肪酸的人造奶油替代品就成为现代食品产业亟待解决的技术瓶颈问题。

针对上述问题，本成果以亲水性植物蛋白微凝胶颗粒为乳化剂研发的新型食品高内相 Pickering 乳液，借助冷冻扫描电镜（Cryo-SEM）和激光共聚焦显微镜（CLSM），明晰了其稳定机制为吸附在液滴周围的颗粒形成"弹性界面膜"，与外相中颗粒构建 3-D 网络结构共同阻止了液滴的聚结失稳，内相质量分数可达 87%，在所有已报道的食品级 Pickering 乳液中是最高的，其外部形态、流变特性等功能性质与人造奶油相近，在此基础上，进一步研发出基于高内相 Pickering 乳液的植脂奶油，产品搅打起泡性能良好，塑性较强，发泡体积可膨胀 2.9 倍，与市售搅打稀奶油接近，且具有相似的微观形态，该产品不含氢化植物油且色泽更加天然柔白，具有进一步开发奶油系列产品的应用潜力。

该成果已授权国家发明专利 1 项，申请国际发明专利 2 项、国家发明专利

2 项，并成功发表在化学领域国际顶尖权威期刊《德国应用化学》（*Angew Chem. Int. Edit.*）（IF 12. 959）上，截至目前已被引 66 次，得到了 Pickering 乳液领域高被引专家 Prof. McClements D. Julian、Prof. Chuanhe Tang、Prof. To Ngai 的正面引用。成果在《科技日报》2018 年 6 月 6 日头版头条进行了专题报道，中国网、人民网、新华网、凤凰网、搜狐网、科学网及《中国日报》、*China Daily* 等各大主流媒体、报纸进行转载报道。该成果还通过了以世界卫生组织（WHO）Gerald G. MOY 教授为组长的国际评价专家组会议评价，专家组一致认为：与现有研究相比，该成果整体处于国际领先水平，将为食品工业的精准调控与高效制造奠定坚实的理论基础，并有助于中国食品工业的高质量发展。

第三节　存在问题

一、花生品种加工特性不明，加工专用原料基地建设滞后

我国现有 8 000 余份花生品种资源、近 300 个主栽品种，为花生加工产业的发展奠定了坚实基础，但由于长期以来没有从加工适宜性角度进行原料特性与品质评价技术研究，导致花生原料混收混用、产品品质差、产业效益低与国际竞争力弱，制约了花生加工业健康发展。

二、花生食品种类少，缺乏具有中国特色的花生食品

目前我国花生食品主要是传统的油炸花生和烘烤花生，与欧美相比产品种类偏少。一方面，花生在烘焙食品、糖果、甜点等食品中的应用亟待加强；另一方面，缺乏具有中国特色的、适合不同消费需求的花生食品，如花生豆腐、发芽花生，以及添加花生蛋白的馒头和面条制品。

三、花生副产物深度加工不够，综合利用程度低

目前我国花生榨油后，饼粕主要做饲料。饼粕蛋白变性重、功能性差，不能像大豆蛋白一样，广泛应用于食品工业多个领域。高水分挤压组织化花生蛋白、酸性可溶花生蛋白、高温压榨花生粕无甲醛胶黏剂等新产品亟待开发。同时，花

生红衣多酚、花生茎叶提取物中的柚皮素-4,7'-二甲醚等成分具有改善睡眠等功效，但目前也尚未得到开发利用。

第四节 重大发展趋势

一、明确花生加工适宜性，推进高油酸和加工专用品种基地建设

开展花生加工特性与品质评价研究，明晰原料关键特性指标与产品品质间的关联机制，构建加工适宜性评价模型、指标体系与技术方法，按加工用途对我国花生品种进行科学分类，筛选加工专用品种，破解原料混收混用、产品品质差、产业效益低与国际竞争力弱的产业瓶颈问题。高油酸花生油、花生加工制品货架期长、营养品质好，备受企业和消费者关注。推进高油酸和加工专用花生品种基地建设，从源头出发提升产品品质，对于产业发展具有重要意义。

二、丰富花生产品种类并拓展应用领域，推动产业高质量发展

近年来全国花生产量逐年增加，如何将花生大量转化，确保农民利益不受损失，开发出有中国特色的花生食品引起业内人士的高度重视。花生蛋白基肉制品、花生豆腐、花生蛋白奶油、无蛋蛋黄酱等系列产品将丰富我国花生食品种类，开创花生大量有效转化新途径，推动花生产业高质量发展。

三、重视花生副产物综合利用，延长产业链，提升价值链

花生浑身都是宝，花生茎叶具有改善睡眠功效；花生壳中的木犀草素、黄色素具有消炎、降尿酸、抗肿瘤等多种药理活性；红衣多酚具有补血止血、抗氧化、抗肝癌等功效；花生根白藜芦醇可缓解心血管疾病，降低血脂，延缓衰老；高温压榨花生粕可用于加工绿色无甲醛胶黏剂。实现花生副产物绿色高值化利用，能够有效提高产品附加值，减少资源浪费，助推乡村振兴。

第五节　下一步重点突破科技任务

一是筛选适宜花生油、酱蛋、蛋白、休闲食品加工的专用品种，对我国花生品种进行科学分类。优化区域布局，建立加工专用原料种植示范基地，为花生加工业健康发展提供原料保障。

二是结合传统高温压榨和新型低温压榨制油工艺，大力加强饼粕蛋白资源综合利用，开发高附加值花生蛋白系列产品。加强风味蛋白粉、植物基肉制品、零反式脂肪酸花生蛋白奶油等新产品研发，丰富我国花生食品种类，实现副产物高值化利用。

三是积极推动河南正阳、山东莒南、辽宁义县花生产业发展，积极推进科技援疆，形成新疆花生种植、加工、物流、贸易新格局。积极推进国际大科学计划，实现全球花生信息资源共享，推动全球花生产业科技发展。

专题八 2020 年桃加工业发展情况

第一节 产业现状与重大需求

一、桃加工产业年度发展情况

2020 年我国桃产量受恶劣天气影响，有一定程度的减产。从桃种植产业分布来看，我国有 29 个省份从事桃商业化生产，其中山东、河北、河南、湖北、辽宁、陕西、江苏、四川、浙江和北京是我国桃产量居前十位的省份。生产上 80% 的桃品种都是我国自育品种。普通桃、油桃、蟠桃、油蟠桃等纷纷进入普通百姓的餐桌。果肉颜色也更丰富多彩，高品质黄肉鲜食桃和红肉类型的桃成为发展的新宠，品种结构调整加速。从桃加工产业看，加工制品以桃罐头为主，其次为速冻桃、桃（复合）汁（浆）、桃脯、桃酱和桃干等。2020 年我国桃罐头出口 15.78 万 t，占水果罐头出口总量的 31%，与去年同期相比，数量增长 18%，金额提高 15%，均价下降 3%。主要出口的 93 个国家和地区中，出口量超千吨的国家有美国、日本、智利、俄罗斯、加拿大、泰国、墨西哥、澳大利亚、也门、越南和新西兰。

二、桃加工产业"十三五"期间发展成效

"十三五"期间我国桃种植面积和总产量呈稳中有升的趋势，桃种植面积由 2016 年 83.97 万 hm^2 增加至 2019 年 84.10 万 hm^2；桃总产量由 2016 年 1 431.73 万 t 增加至 2019 年 1 584.19 万 t（专题图 8-1）均居世界首位。从桃加工贮运产业来看，我国桃 80% 以上在国内鲜销，仅有 18% 左右用于加工，难以满足市场需求。我国鲜食桃的出口比例很小，主要出口到哈萨克斯坦、俄罗斯等国家。为了弥补季节供应和品种差异，我国多从智利、澳大利亚、西班牙等国家进口少量鲜桃。桃加工方面，我国主要从南非、希腊和西班牙进口，美国和日本是我国桃加

工制品出口最主要的市场。"十三五"期间，我国鲜食桃出口量基本保持平稳上升，桃加工品出口量也逐年增加。我国桃加工产业和科技稳步发展并呈现多元化、创新型发展趋势。

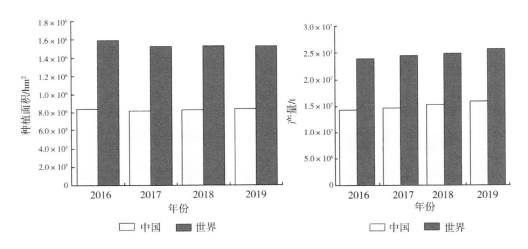

专题图 8-1　2016—2019 年我国桃种植面积与产量

1. 传统桃罐头加工产业技术升级

（1）环保型酶法去皮技术　目前工厂化生产主要采用高温高浓度碱液去皮法（碱液浸泡、碱液喷淋）。该技术会产生大量的工业废水、残碱及重金属残留，给生产企业造成巨大的环保排污压力。"十三五"期间，新型环保去皮技术多集中在单一酶法或复合酶法去皮技术的研究。酶法去皮技术利用生物酶分解外果皮和果肉之间连接物质使之降解分离脱落，从而达到去除外果皮的目的。酶法去皮需使用果胶酶复配纤维素酶进行研究，当纤维素酶和果胶酶同时作用且只有在果胶酶量多于纤维素酶量时才具有显著的去皮效果。此外酶法去皮联合物理震荡以促进酶液向外果皮深层渗透，可以提高去皮效率，减轻环保排污压力。

（2）罐头产品质构控制技术　质构品质是罐头产品的关键品质之一，加工环节中的热杀菌等工艺会促使果肉细胞间黏着性下降，引发结构破坏，导致罐头产品果肉软化、硬度降低等问题，一方面，对桃品种提出较高的质构要求，另一方面，亟待开发果肉质构品质保持新技术。高静压技术，可以在室温或温和的热条件下利用 100~1 000MPa 压力进行杀菌、钝酶，且低 pH 值和压力对微生物失活具有协同作用，对罐头（pH 值<4.6）中的主要污染细菌具有良好的杀菌效果。但是，当罐头中糖浓度达到 40% 以上时，运用高静压代替传统热杀菌对桃罐

头进行杀菌处理发现，糖液对菌体具有一定的保护作用，因此需要提升高静压压力以达到商业无菌状态。一些不适合热加工的桃品种可以通过高静压加工得到较好的质构品质，但该技术的推广应用主要限制因素在于产能与成本。

2. 桃浆（汁）加工产业新技术发展旺盛

（1）**色泽品质保持技术**　桃浆（汁）加工技术相对成熟，但榨汁前的灭酶处理和加工过程中的热杀菌操作均会引发桃浆（汁）颜色变暗，因此保持色泽稳定性是桃浆（汁）加工方面的难题。一方面，可以通过抑制5-羟甲基糠醛的生成来控制桃汁色泽的稳定性，另一方面，可以采用吸附树脂去除桃汁加工贮藏过程中生成的有色化合物。臭氧处理能够有效降低由酶促反应引发的果汁褐变问题，在生产应用中需要注意臭氧的剂量及残留量，并联合其他处理解决由非酶反应引发的果汁褐变问题。

（2）**桃浆（汁）稳定性保持技术**　桃浆（汁）加工过程中的果肉破碎等加工环节会促使果肉中的糖、酸、果胶等物质溶出，易形成胶态小颗粒，导致桃浆（汁）发生分层现象。热处理（巴氏杀菌等）是桃汁生产的传统加工技术，不可避免地会降低桃汁营养和风味等品质。高压二氧化碳技术是新兴起的非热加工技术，可以有效钝化液体体系中的微生物，提高桃浆（汁）产品稳定性，在产业进行推广应用需要充分考虑其运营成本。超声波技术产生的空泡效应能够将果汁体系中的大颗粒物质破碎为小粒径分子，起到修饰食品中蛋白质特性、钝化食品中酶活性的作用，进而改善果汁体系的稳定性。Nisin作为一种天然生物活性抗菌肽，是目前世界上唯一被允许用作食品添加剂的细菌素。Nisin的添加使桃汁贮藏期间能够保持自身的稳定性、显著抑制微生物的生长，并基本上不会影响桃汁的商品品质。以上新兴的品质保持技术仍需要突破其应用瓶颈（如生产效率和成本）方能进一步推广至桃加工企业进行广泛应用。

3. 脱水桃制品新产业新需求

热风干燥能够有效移除果品原料中的水分，但鉴于热风干燥桃产品品质特性不佳，一般多用于配料或辅料使用，不直接作为终产品进行消费。真空冷冻干燥（freeze-drying，FD）技术能够赋予终产品饱满多孔的网络骨架，使物料组织保持较好的原有形态，并很好保持物料中的生物活性物质。"十三五"期间FD技术在果蔬干燥市场上崭露头角，但同时存在产品褪色、风味损失以及高能耗等问题。压差闪蒸干燥技术以能耗低、品质保持好等特点正在逐步发展和建立，为创新型桃脆片的发展提供了新的思路。

三、桃加工产业发展需求

1. 传统产业提质增效，促进产业绿色升级

罐头加工产业和果脯加工产业是传统的桃加工产业，其中罐头产业是目前桃加工的最大产业，也是支柱性产业。罐头加工工艺成熟，加工环节相对稳定。其中碱液去皮环节导致的污水排放、环保压力是罐头加工企业的普遍问题，也是卡脖子问题。因此绿色环保高效的去皮技术，是罐头产业亟须解决和升级的问题。此外，桃传统加工产业存在的高糖问题，是一大突出问题，也是消费群体极其关注的问题，因此精准控糖/低糖加工技术的研究与推广应用是助力桃传统产业提质升级的必然要求；创新传统桃加工产业，推动消费者对其固有消费观念的改变是促进桃传统产业提质升级的根本动力。

2. 大力推动多元化新技术新产品研发，促进产业高效发展

相比国际市场，我国的桃加工市场，品类相对单一且集中，加工企业类型也高度集中，同时存在小作坊的加工形式，这必然不利于高新技术在桃加工企业中的推广应用。创新桃加工多元化产品研发是市场发展的必然需求，也是推动桃加工企业发展的根本。实现产学研的有效结合，推广新技术在桃加工产业中的应用，对提高产品附加值、提升产业效率和解决卡脖子问题具有重要意义。

3. 加强副产物综合加工技术研究，实现副产物高值化梯次利用

我国桃加工产业起步晚，副产物综合利用水平仍需提高。罐头/果脯等加工企业产生的桃核、桃仁等利用率低、去皮环节用水量大。桃浆（汁）产生的大量皮渣一方面造成了资源浪费，另一方面产生了巨大的环保压力。如何实现副产物的综合利用，变废为宝，实现桃"吃干榨尽"也是桃加工产业发展的必然需求。

第二节　重大科技进展

一、非浓缩还原（NFC）桃复合汁加工技术

桃复合汁产品是以桃、苹果、胡萝卜、杧果等果蔬为原料经清洗、筛选、破碎、打浆、均质、调制、杀菌等工艺加工而成的产品。本产品采用冷破碎、渣浆

分离、超细化研磨、超高压处理或超高压均质灭菌技术，提升复合汁的色泽、风味品质及营养物质保留率，从而提升整体品质。复合汁加工技术基于不同果蔬原料含有功能因子，如酚类、类胡萝卜素和果胶等生理活性、交互作用及溶解特性，解决营养物质合理配比、果蔬原料中亲脂和亲水性物质均匀分散、复合汁贮藏期稳定性提升、营养功能保持及协同促进生物利用度等问题。

二、桃（复合）浊汁超高压均质加工技术

我国桃以鲜食为主，为缓解大量鲜桃上市的贮藏和销售压力，开展桃汁及其复合汁研究，有利于充分利用鲜桃原料，也是开展桃果实的生产保护性加工的重要途径。NFC（复合）桃浊汁加工需要解决两个重要问题，一是需要杀灭微生物进行减菌处理，在货架期内达到安全指标水平；二是提升 NFC 浊汁的物理稳定性。此外，NFC 桃复合果蔬汁是综合多种原料的营养物质与风味，是果蔬汁发展的新方向。系统开展了以桃为主要原料的浊汁超高压均质加工技术，以及复配以大宗果品蔬菜（如苹果和胡萝卜）作为原料的 NFC（复合）桃浊汁加工技术研究。通过 NFC（复合）桃浊汁加工技术研究表明：超高压均质能够显著降低果汁的菌落总数（减少量大于 2.3 个对数）；超高压均质技术可以降低果汁粒径大小，提高复合果汁的稳定性；超高压均质技术可以降低桃浊汁 pH，提高固形物含量；超高压均质技术联合维生素 C 处理可以钝化多酚氧化酶（PPO）、改善桃浊汁产品色泽；超高压均质技术可以提高桃浊汁中营养成分含量（2~3 倍）。

三、新型真空冷冻干燥桃脆片加工技术

桃脆片产品是原料经清洗、筛选、去皮、切分、护色、糖液渗透、预冻、真空冷冻干燥等工艺加工而成的产品。桃口感较酸，为改善口感，常需进行渗糖预处理，其中渗糖处理采用低聚异麦芽糖代替传统的蔗糖、麦芽糖醇等，可以降低桃脆片甜度，增加其功能性，从而增加其在特需人群中的消费。本产品采用的真空冷冻干燥技术是基于水的三相态理论，在水的三相点以下，即在低温低压条件下，使食品中冻结的水分升华而脱去，冻干后的产品可以维持原状，并且干燥过程是在真空低温条件下进行，产品具有良好的硬脆度、口感以及较高的营养物质保留率，丰富了市场上桃产品种类，提供了一种高营养的休闲食品。同时，桃冻

干产品的含水量可以降低至 3% 以下，远低于烘干、晒干产品的 10%，有效延长了保质期，未来国内对"老少皆宜"冻干桃片的需求会不断增加，市场潜力巨大。

第三节　存在问题

一、桃品种繁多，成熟期集中

我国桃品种繁多，其中鲜食白肉桃为总量的 80%～90%，以中晚熟品种为主，成熟期集中在每年 7—8 月，主要存在地域品种差异大、较分散、品种结构不合理等问题。同时，我国鲜食桃的出口比例很小，出口国以哈萨克斯坦、俄罗斯等国为主。进口方面，我国从智利、澳大利亚、西班牙等国进口少量鲜桃，用于弥补季节供应和品种差异。

二、传统产业对国际市场依赖性强，新型技术亟待推广

我国桃加工产品出口量逐年增加，美国和日本是我国桃加工制品最主要出口国，其中桃罐头是我国桃加工制品的重要支柱产业，我国桃罐头加工制品主要用来出口，受国际市场波动影响较大。罐头加工存在自动化程度低，生产中碱液去皮导致耗水量高、环保处理成本高等问题；此外加工过程中产生的桃核、桃仁等废弃物利用率低，在一定程度上影响了桃罐头产业的多元化、智能化发展。桃浆/汁加工以中晚熟白肉桃品种为主，缺乏低褐变度、低酸度和风味浓郁的加工专用品种；色泽、风味及其稳定性保持技术是桃浆/汁加工方面的难题也是关键问题，非热加工和杀菌技术可以最大限度地保持桃原有地色泽、风味、营养等品质，该技术在我国呈现升温趋势；此外，桃汁加工过程中产生的大量皮渣有待进一步开发利用。桃干（桃脯等蜜饯类、脱水桃脆片类）加工呈现加工企业高度集中、加工技术创新发展的良好态势，但依然存在加工能耗高、产品含糖量高、感官品质较差等问题。

可见，在桃加工技术与产业发展方面，还需要切实推动桃传统加工向更现代精深加工和综合全利用方面转变，拓展桃加工增值新途径、推动桃精深加工理论与技术研究、创新桃加工产品形式、充分推进桃产业全利用技术研发、实现副产

物规模化开发，进一步提高桃的附加值，促进桃产业的可持续发展。将综合经济效益和强有力的市场竞争力同时并举，实现桃精深加工与综合利用全产业链增值，减少损耗、形成多元化产业，全面推动桃产业高质量可持续发展。

第四节　重大发展趋势

一、桃加工产业转型升级，创新高效发展

高质量、绿色、健康是我国桃产业实现科技创新和高速发展的必然之路。未来桃产业高质量发展将实现以下转变：实现桃生产大国向加工强国的转变；促进桃鲜食向食用加工桃产品的转变；从桃传统加工向现代食品制造转变；从桃初加工向精深加工和全利用转变；从桃单一食品制造向复合食品制造转变；从桃营养食品向功能食品转变，实现桃生物活性成分和特色组分的精准利用；从桃食品满足普通人群向精准个性化人群转变。

二、桃加工品种专用化、加工技术多元化，全面实现桃产业可持续发展

桃是世界公认的营养价值、药用价值和保健价值兼备的水果。首先，从原料角度来说，需要明确不同品种原料的基本特性与差异，构建桃加工品类（如鲜食、罐藏、制汁、制干等）的加工品质评价技术，基于原料的特征物质指标的品质识别和加工品质预测技术，进而从原料分类的角度提升桃加工产业的精准化。其次，从加工技术角度而言，针对罐藏产业的去皮节水、节能降耗、品质保持与改善技术会是发展的重点和难点；针对制浆（汁）技术，非热加工技术、多元重组复配等新技术新产品的研发将会成为产业发展的热点；脱水干制类加工技术（如果脯、果干、脆片类）中的无硫护色技术、质构提升/改善技术、无糖低糖加工技术、色泽保持技术和节能降耗技术都将会是产业发展的必然趋势。最后，桃活性因子及特色成分的高效利用，实现桃果的全利用将是产业发展的必然趋势。

第五节　下一步重点突破科技任务

一、揭示桃原料及其加工制品核心品质（色泽、风味、质构和营养功能等）形成机理

通过突破基于预处理、组分结构改变、组分间互作、质构重组、工艺优化与装备创新等手段的品质调控技术，实现桃传统加工产业升级和高品质现代食品再造。

二、精准高效核心品质调控技术

将基于食品组分精准设计、美拉德中间产物阻断、风味形成反应干预、多孔结构形态控制等手段实现对桃加工制品关键品质的精准调控。

三、营养健康桃及其复合食品设计制造理论与技术

以设计 NFC 均衡营养桃果（蔬）汁、复合休闲食品再造和营养健康超微粉等产品为依托，开展复合食品设计制造过程中营养功能组分保持、稳态和富集技术研究，满足个性化特殊营养需求和消费场景。

专题九 2020 年猪肉加工业发展情况

第一节 产业现状与重大需求

一、生猪加工产业年度现状

1. 复产增养积极，稳产保供见成效

2020 年我国生猪出栏、猪肉产量及年末生猪存栏均呈上升态势，全行业复产增养积极，稳产保供初见成效。2020 年生猪屠宰及猪肉产量呈现"W"形变化，全年猪肉总产量 4 113 万 t，占全国肉类总产量的 53.84%。

2. 中央储备肉投放增加，保障猪肉供给充足

为保障猪肉供给的充足，依据《缓解生猪市场价格周期性波动调控预案》，商务部先后 38 次向市场投放中央储备肉，年度累计达到 67 万 t。中央投放储备肉，能有效缓解猪肉供给的紧张局面，还可以保障低收入群体对猪肉的消费，让所有人都能"吃得起"猪肉。

3. 猪肉进口量大幅度上升

我国进口的猪肉产品主要是"活猪"和"鲜、冷、冻猪肉"，2020 年鲜、冷、冻猪肉进口量为 430.41 万 t，同比上升 114.40%；同时还包括冷冻猪杂碎（包括冻猪肝和其他冻猪杂碎）进口量为 126.69 万 t，同比上升 26.18%。

二、猪肉加工产业"十三五"期间发展成效

1. 受疫情影响，猪肉产量波动较大，整体呈下降趋势

生猪是我国一项关乎国计民生的基础性、战略性支柱产业。我国既是养猪大国，也是猪肉消费大国，生猪饲养量和猪肉消费量均占世界总量的一半左右。受到非洲猪瘟疫情和新冠肺炎疫情"双疫情"影响，"十三五"期间我国猪肉产量波动较大，整体呈现下降趋势。如专题图 9-1 所示，2016 年猪肉产量 5 425.49

万t，占全国肉类总产量的62.88%；2017年总产量达5 451.80万t，占全国肉类总产量的62.69%；2018年总产量5 404万t，较2017年下降0.9%，占全国肉类总产量的63.45%；2019年受非洲猪瘟疫情影响，猪肉产量为4 255万t，较2018年下降21.3%，占全国肉类总产量的54.84%；2020年猪肉总产量4 113万t，同比略降，占全国肉类总产量的53.84%。

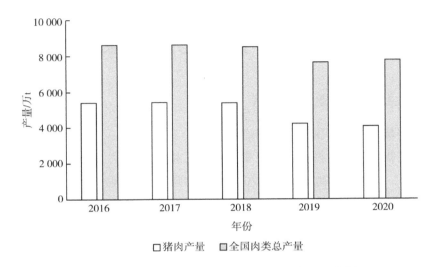

专题图9-1　2016—2020年猪肉及全国肉类总产量

2. 猪肉进口量逐年递增，猪肉进口是稳产保供的必然选择

我国是世界第一大猪肉生产国和消费国，进口仍是调节国内供需的重要手段。2016年我国猪肉进口量为162万t，比上一年增长108.2%；2017年由于我国国内猪肉供应总体增加，且国内外猪肉价差缩小，全年猪肉进口量121.7万t，同比2016年减少24.9%；2018年中国猪肉进口量为175万t，比2017年上升了43.8%，为世界最大猪肉进口国，占全球进口量的21.59%；2019年由于受到中美贸易摩擦等因素的影响，我国的猪肉进口受到一定冲击，但整体呈上涨趋势，进口量达210.77万t，比上一年增长76.70%；2020年我国猪肉进口量出现了暴增的趋势。中国海关总署统计数据显示，2020年全年猪肉进口量为439.22万t，同比增长108.39%（专题图9-2），其中西班牙是第一大进口来源国，进口量达96.15万t，占比21.89%；而后依次是美国（69.91万t，占比15.92%）、巴西（48.19万t，占比10.97%）、德国（46.97万t，占比10.69%）、加拿大（42.22万t，占比9.61%）、丹麦（36.69万t，占比8.35%）、荷兰（27万t，占比

6.15%），其余从智利、法国、英国、墨西哥、爱尔兰、奥地利、阿根廷、葡萄牙、芬兰、意大利、哥斯达黎加、瑞士等国进口。

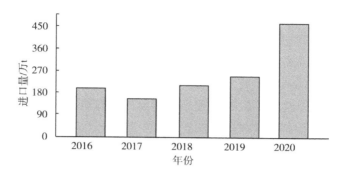

专题图 9-2　2016—2020 年我国猪肉进口量

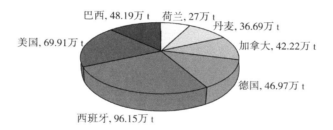

专题图 9-3　2020 年猪肉我国主要进口来源国

3. 生猪养殖与屠宰加工逐渐集中化、规范化

2018 年发生非洲猪瘟疫情以来，疫情形势持续严峻，生猪产能持续下滑。加快推动由"运猪"向"运肉"转变，既可以有效降低疫病传播风险，降低疫情发生概率，稳定猪肉市场供应，也有助于屠宰行业供给侧结构性改革，推进行业转型升级。2019 年国务院办公厅发布《关于稳定生猪生产促进转型升级的意见》中指出，需加快屠宰行业提档升级，引导生猪屠宰加工向养殖集中区域转移，鼓励生猪就地就近屠宰，实现养殖屠宰匹配、产销顺畅衔接。开展生猪屠宰标准化创建，加快小型生猪屠宰厂（场）点撤停并转。2020 年国务院办公厅发布的《关于支持民营企业发展生猪生产及相关产业的实施意见》中指出，引导大型养殖企业配套发展生猪屠宰加工业，在东北、华北、黄淮海、中南、西南等生猪养殖量大的地区就近配套建设屠宰加工产业，形成养殖与屠宰加工相匹配的产业格局。

三、生猪加工产业发展需求

1. 减损物流保鲜技术精准化

采用宰前应激控制、全程冷链不间断技术，保障猪肉从屠宰到餐桌全程处于精准化的适宜保鲜条件，冷链流通率95%以上，损耗率仅1%；利用多组学和分子生物学技术解析品质保持的分子调控网络，鉴别关键影响因子并阐明精准调控机理；实现了猪肉从生产到贮运全程品质指标的动态监测和精准控制。近几年，我国猪肉仓储物流保鲜产业取得了长足进步，规模化、自动化和信息化程度明显提升，但由于基础研究薄弱、技术设施落后，生猪屠宰实现了机械化，但智能化水平不高，冷链流通率不到35%，精准化更是与发达国家存在较大差距。总体上，我国正在从"静态保鲜"向"动态保鲜"转变，快速预冷保鲜、适温冷链配送等技术还不完善。

2. 传统猪肉制品及中式肉类菜肴工业化加工

我国每天对传统酱卤肉制品及中式菜肴工业化产品的消费量在5万~7万t。但是，这些传统肉制品及中式菜肴80%的生产企业为作坊式生产，工业化的装备水平普遍偏低，其产业化还存在诸多制约因素，这些问题亟待通过工业化的手段加以解决。亟须重点突破传统酱卤制品特色品质保持与定量卤制加工技术、原料肉综合减菌、过热蒸汽加热、智能炒制等关键技术与装备，开展中式肉类菜肴加工生产线的串联与集成组装，实现工艺与装备匹配、产能与性能匹配、单产与联产匹配、高效与节能匹配，创制柔性、联产、绿色、高效的中式肉类菜肴加工生产线并进行产业化示范。

3. 生猪屠宰副产物高值化加工利用

我国生猪屠宰副产物资源丰富，猪骨产量居世界首位。猪骨中富含蛋白、脂肪、多糖与矿物质等营养与生物活性成分，是多种营养素的重要来源，开发利用价值巨大。但仍存在着全组分加工技术匮乏资源利用率低，专用加工装备落后适用性差，产品创制滞后高值化产品少等问题，导致资源浪费与环境污染。亟须开展猪骨全组分高值化加工关键技术与装备研究，重点突破高效提取、梯度浓缩、美拉德反应生香、肽钙/糖钙螯合技术，开展3S（特需、特膳、特医）食品开发与加工技术研究，构建猪骨高值化加工技术体系，制定产品标准与加工技术规范，实现"技术-装备-产品-标准-推广"一体化突破。构建起我国生猪屠宰副产物工程化加工技术体系和产业模式，提升生猪屠宰副产物利用率和附加值，促进产业结构调整和技术升级，将我国屠宰行业清洁生产引向深入。

第二节 重大科技进展

一、生鲜猪肉保鲜贮藏与减损提质技术研究

针对我国生鲜猪肉保鲜期短、贮藏损失大、品质劣变严重，"存不住、放不长、运不出"等问题，研究了生猪宰后无氧应答的生理生化反应，揭示了调控生鲜猪肉品质的分子机制，为精准减损保鲜与靶向品质调控奠定理论基础；开展了生鲜猪肉保质、贮运技术研究，开发了亚冻结保鲜贮藏、低压静电场辅助冻藏保鲜技术与装备，减少了生鲜贮藏损耗，提升了猪肉品质。

二、传统酱卤猪肉制品品质形成与调控机制研究

利用多种光谱技术、色谱技术、核磁等分析不同品种、部位猪肉中蛋白质、脂质、B族维生素等特征组分的含量、微量元素组成，构建基础数据库，建立猪肉中特征组分多维、多模式指纹图谱；系统分析猪肉热加工的感官、质构、风味、营养等品质功能与其原料中特征组分含量、组成的相关关系；研究猪肉定量卤制过程中蛋白特性与微观结构变化，分析蛋白质与水分间的作用力类型及关键结构域，探究蛋白质与水分间的互作关系；解析定量卤制过程中溶出蛋白质的种类，并探究其溶出规律。

三、生猪屠宰副产物高值化加工方面

针对我国骨资源丰富、利用率低、高值化产品少等问题，重点围绕骨胶原蛋白肽构效关系，采用肽组学技术，研究热压酶解工艺条件下生产的胶原蛋白肽的分子结构组成，探究其与其活性的关联效应；继续开展骨多糖促软骨细胞增殖活性相关研究的同时开展其对骨关节炎的作用效应，通过动物实验探究骨多糖对骨关节炎大鼠运动功能的影响效应。

第三节　存在问题

我国是猪肉生产与消费大国，却不是猪肉加工业强国，与发达国家相比，还有一定差距。在深加工、精加工、综合利用、质量和技术含量等方面仍存在一些问题，需要依靠科技进步，提高企业管理水平、产品档次和质量，加快我国猪肉加工业的发展。

我国的中式传统猪肉制品具有很强的区域性，单个企业产量较小。近年来，传统肉制品消费有回升之势，但受加工过程不规范、品质安全难控制、产品包装落后、添加剂不符合规定、产品标准不统一等瓶颈的影响，导致出现产品氧化严重、出品率低、产品一致性差、安全难以保障等问题，产品质量不高，发展一直受限。我国调理猪肉制品发展比较快，但货架期短是其发展的主要瓶颈。同时，目前市场上主要的冷冻调理肉制品常因冷冻、解冻而易造成其汁液损失、颜色劣变、口感差等，影响产品贮运和销售。

深加工水平低、缺乏竞争力。发达国家猪肉产品转化为肉制品的比例一般为30%~40%，有的国家高达70%，而我国的加工率仅为5%左右。加工出品率低，产品质量差，品质达不到国际先进水平。精深加工程度低，使我国猪肉产品缺乏竞争力。竞争主要是价格而不是品牌或产品质量。猪肉消费以生鲜肉为主，即食熟肉制品消费低。还有，猪肉加工企业为了降低成本，在肉制品中加入非肉类配料成分，使肉蛋白质含量降低。据统计，我国猪肉制品进入国际市场的比例很低，出口量仅占生产量的2.6%，远远低于发达国家甚至全世界的平均水平。在对外贸易中，我国猪肉制品受"绿色、技术壁垒"的影响越来越严重。

第四节　重大发展趋势

绿色、营养、健康食品的可视化与体验将是我国猪肉加工科技创新发展的必经之路。根据我国当前猪肉加工产业实际、产业需求和发展趋势，高值化、绿色化、智能化、全链条化、方便休闲化、营养健康化将是我国猪肉产业加工科技创新的方向。

一、高值化

围绕生猪宰后初加工、精深加工、资源综合利用三个重要环节，研发全组分高质梯次加工技术，提高加工效能和利用率，开发一批绿色、安全、营养、美味新产品，实现肉品及共产物全组分利用高值化综合利用，是今后产业追求的重要方向。

二、绿色化

研发清洁卫生屠宰加工新技术、高效低碳制冷新技术、绿色减损保鲜新方法、环境友好包装新材料，创新多元危害物阻控、污染物减排、添加剂减量新技术，构建肉品绿色、高效、低碳加工技术体系，将成为发展方向。

三、智能化

针对消费者对个性化肉品的消费需求，将肉品的自动化加工，或生产与销售、配送过程通过物联网、信息通信技术和大数据分析连接在一起，形成的新一代智能制造生产、销售方式，成为未来肉品加工业的热点方向。

四、全链条化

信息化技术渗透到猪肉及其制品加工产业链的各个环节，推动肉品加工业全产业链融合，催生新的加工方式、营销模式，推动养殖、加工、餐饮、服务等一二三产业真正融合发展，未来将打造"区块链"式肉品加工、需求一站式智慧产销新模式。

五、方便休闲化

随着互联网经济、大健康及服务业发展，肉品加工业作为可提供人们休闲、方便预制食品及营养健康食品的产业，将不断创新肉类菜肴方便制品、休闲制品，满足快捷、休闲消费需求。

六、营养健康化

2020 年，我国已迈入人均 GDP 1 万美元大关，高品质、营养健康猪肉制品成为时代标志；"三高"人群的增加，老龄化时代的到来，特殊膳食需求人群的分化，个性化定制的营养健康食品成为未来发展的重要方向。

第五节　下一步重点突破科技任务

一、传统与民族特色猪肉制品品质形成机理及调控技术研究

针对我国传统与民族特色猪肉制品质构、风味、色泽等品质形成机理不清、调控技术缺乏等关键问题，研究传统酱卤猪肉制品加工过程中品质形成的分子基础；解析猪肉加工适宜性及其调控分子机制；研究传统酱卤加工过程中主要营养素的含量及结构变化规律，解析加工过程中猪肉物质构成与外源配料的互作影响，明确其对消化、吸收、代谢及转化过程的影响规律与机制。

二、高端生鲜猪肉智能化加工工艺创新及产业化示范

针对我国生鲜猪肉加工效率低、保质期短、产品同质化严重等问题，研究胴体及分割肉的食用品质特性和加工特性，基于猪肉品质大数据，研发智能分级分割技术；研究生鲜猪肉加工过程中微生物组的时空变化，研发冰温保鲜、真空包装、活性包装等生鲜肉品质智能保持新技术；研发低温高湿以及物理场辅助的原料肉解冻技术，开发智能化的预处理、腌制、保鲜等生鲜猪肉调理加工新技术；研究活性物质分离提取、调制加工等猪肉加工副产物的高值化利用技术；集成智能化的分级分割、保鲜、包装、副产品高值化利用、调理加工等新技术，开发高品质生鲜猪肉产品和调理猪肉制品，并进行产业化应用。

三、方便菜肴食品工业化生产关键技术研究及产业化示范

针对中式肉类菜肴工业化水平低、复热品质差、不适应现代便捷化消费、无法满足社会化需求的问题，系统研究适合炖煮、炒制、红烧、蒸制及汤羹类等菜肴品质主客观评价体系，对菜肴的营养、风味、安全性等品质特征进行数字化分

析，建立肉类菜肴基础品质数据库；开发肉类菜肴的风味保真与定量调控、原味美拉德生香、火候精准判断与控制、质构与保形等特征品质形成及保持技术；形成基于肉类菜肴的定量调理、营养保全及低盐、低糖与低脂健康烹饪、过热蒸汽调理杀菌一体化、调理–复热过程品质动态平衡等工程化技术与装备，研发即食、即热、即烹、即配的 4R 方便肉类菜肴，完成对传统关键工艺的工业化流程再造；实现肉类菜肴的工业化生产，满足家庭厨房社会化的迫切需求。

专题十　2020 年牛羊肉加工业发展情况

第一节　产业现状与重大需求

一、牛羊肉加工产业年度发展情况

1. 牛羊肉生产稳中略增，牛羊肉类占比继续提高

2020 年我国牛羊肉产量呈现不同程度增长，全年牛肉产量 672 万 t，增加 5 万 t，增长 0.8%；2020 年全国羊肉产量 492 万 t，增速有所下降，仅比 2019 年增长 1.0%。2020 年牛羊肉总产量占猪牛羊禽肉总产量的 15.24%，比 2019 年的 15.07% 多 0.17 个百分点，牛羊肉的占比继续提高。

2. 牛羊肉进口量大，羊肉进口量呈下降趋势

2020 年我国总计进口肉类 991 万 t，同比 2019 年增长 60.4%，其中牛肉进口 211.83 万 t，同比增长 27.65%，主要来自巴西、阿根廷、澳大利亚、乌拉圭和新西兰。羊肉进口 36.50 万 t，同比下降 6.97%，主要进口国为新西兰和澳大利亚。牛羊肉进口量占我国肉类进口总量的 25.06%，占到国内牛羊肉总产量 1 164 万 t 的 21.33%，总之，牛羊肉的进口需求较大。2020 年中国牛羊肉出口总量 0.148 7 万 t，相对 2019 年下降 31.57%，主要出口到中国香港和中国澳门，极少量出口到阿拉伯等国家和地区。

3. 产能进一步增大，高品质牛羊肉产品需求增加

牛羊肉制品加工行业的竞争格局在市场和政策的推动下正在迅速发生变化，虽然规模化企业同小型企业的竞争仍在持续，但行业产业集中度日趋提高，规模化企业之间的同类产品竞争已成为行业主流。黑龙江大庄园、吉林皓月、内蒙古科尔沁、大连雪龙、陕西秦宝、河南伊赛、重庆恒都、河南雨轩、内蒙古蒙都、美洋洋、澳菲力等企业蓬勃发展，产能继续增加，品牌知名度进一步提升。新冠肺炎疫情暴发初期，全国牛羊肉的家庭消费、户外餐饮消费以及礼品消费等均出现"断崖式"下跌。海底捞、西贝、呷哺呷哺等主要牛羊肉采购餐饮企业因疫情而经营遇阻；2020年5月之后肉羊企业基本复工复产，下半年生产步伐持续加快，全年牛羊肉加工产业发展整体趋好。随着消费者生活模式的改变和生活水平的提高，调理牛羊肉、预制熟制牛羊肉、酱卤牛羊肉、风干牛肉、牛羊肉汤等营养、便捷的高品质牛羊肉制品品类逐渐增加。

二、牛羊肉加工产业"十三五"期间发展成效

1. 牛肉产量逐渐恢复，羊肉产量逐年缓慢增长

2016—2020年牛羊肉总产量保持稳定，如专题图10-1所示，2016年牛羊肉总产量1 176.2万t，2020年1 164万t。牛肉产量2016年716.8万t，2017年726万t，2018年牛肉产量锐减到644.1万t，2020年牛肉产量逐渐恢复到"十三五"起步之年的93.8%。2016年羊肉产量459.4万t，"十三五"期间逐年稳定增长，2020年产量达492万t，年均增长率为1.93%。

"十三五"期间，牛羊肉总产量在猪牛羊禽肉总产量含量的比例增加。如专题图10-2所示，2016年牛羊肉总产量占猪牛羊禽肉总产量的14.06%，2020年占15.24%，增加1.18个百分点。其中，牛肉占比略有增加，从2016年的8.57%增长到2020年的8.80%；羊肉占比增加明显，从2016年的5.49%增长到2020年的6.44%，年均增长4.07%。

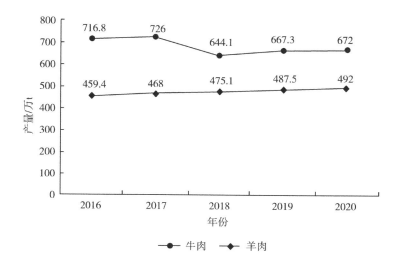

专题图10-1　2016—2020年牛羊肉产量

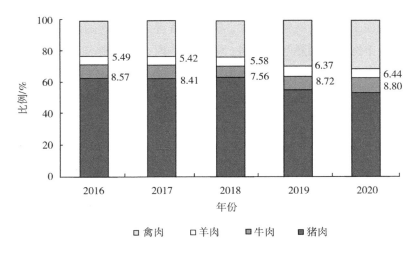

专题图 10-2   2016—2020 年牛羊肉产量占猪牛羊禽肉总产量的比例

2. 牛肉净进口量快速增长，羊肉净进口量趋于稳定

"十三五"期间，我国牛羊肉出口量显著减少，进口量稳步增长（专题表 10-1）。2016 年牛羊肉出口总量 0.82 万 t，进口总量 79.98 万 t，净进口 79.16 万 t。2020 年，牛羊肉出口总量 0.15 万 t，进口总量 248.33 万 t，净进口 248.18 万 t，比 2016 年增加 2.14 倍，国内牛羊肉消费需求旺盛。2016—2020 年，牛肉进口量从 57.98 万 t 快速增长到 211.83 万 t，年增长 38.25%；羊肉进口量从 22 万 t 增加到 36.5 万 t，年增长 13.49%；牛肉进口量为羊肉进口量的 2.6~5.8 倍，牛肉是进口的主体。

专题表 10-1   2016—2020 年我国牛羊肉进出口量　　　　　　　单位：万 t

年份	进口牛肉	进口羊肉	出口牛肉	出口羊肉
2016	57.98	22	0.4143	0.406
2017	69.51	22.29	0.0922	0.5158
2018	103.9	31.9	0.04	0.3294
2019	165.9	39.2	0.0219	0.1954
2020	211.83	36.5	0.0097	0.139

3. 牛羊肉加工企业逐渐壮大，区域布局逐渐形成

在国家和各省市政策的推动下，个体屠宰户和小型屠宰场逐渐减少，行业内

逐渐产生了几家大型现代化肉牛、肉羊屠宰和肉类加工企业。吉林省长春皓月清真肉业股份有限公司、内蒙古科尔沁牛业股份有限公司、大连雪龙产业集团有限公司、陕西秦宝牧业股份有限公司、河南伊赛牛肉股份有限公司等企业普遍采用现代化、标准化肉牛屠宰和牛肉加工设备，屠宰牛占到国内的1/3。由于牛源短缺，中国肉牛加工企业普遍存在开工不足现象。依靠进口牛羊肉资源优势，大庄园、恒都、雨轩、如康等品牌快速壮大，成为国内牛羊肉加工优势企业。我国牛羊肉加工业区域布局渐趋形成，肉牛屠宰加工集中在山东、内蒙古、河北、黑龙江、新疆、吉林、云南、四川、河南，产量占全国的65.6%；肉羊屠宰加工集中在内蒙古、新疆、山东、河北、河南、四川、甘肃、云南、安徽，产量占全国的69.3%。

三、牛羊肉加工产业发展需求

截至2020年12月，我国加工过程节能降耗、生鲜肉减损保鲜、制品梯次加工、传统肉类菜肴工业化、营养健康产品创制、质量安全主动保障是牛羊肉加工产业的6大需求。

1. 牛羊屠宰加工全过程节能降耗绿色加工

牛、羊屠宰耗水量分别为1.2 t/头（只）、0.05 t/头（只），水耗7.199 m^3/万元产值，能耗标煤0.099 t/万元产值，屠宰及肉类加工业废水年排放量4.63亿t、COD年排放量11.45万t，分别占农副食品加工业的33.3%、28.6%。牛羊屠宰及肉类加工业氨氮年排放量0.8万t，总氮排放量1.5万t，总磷排放量0.18万t，分别占农副食品加工业44.4%、46.2%和53.4%，亟待开发节能降耗绿色加工技术。

2. 生鲜牛羊肉冷链物流过程减损保鲜

我国牛羊宰后加工、销售过程和冷冻肉解冻过程损耗率普遍为10%以上，年损耗超过100万t。我国鼓励牛羊养殖、屠宰加工企业推行"规模养殖、集中屠宰、冷链运输、冷鲜加工"模式，提升就近屠宰加工能力，保证肉品质，建设牛羊肉产品冷链物流体系，减少长距离移动，降低动物疫病传播风险，维护养殖业生产安全和牛羊肉产品质量安全。我国生鲜牛羊肉贮运减损保鲜技术研究起步晚，虽然实现了从"静态保鲜"向"动态保鲜"的转变，但仍需根据我国肉品消费习惯和加工流通方式，研发超快速预冷、亚过冷保藏、冷链物流精准控制、绿色可降解包装材料和智能包装等减损保鲜技术。

3. 牛羊肉梯次加工与高值化综合利用

我国牛羊屠宰和牛羊肉加工企业生产过于分散、单位规模较小、生产方式较为落后。牛羊肉制品加工业多为作坊式小批量生产，大型加工企业数量不多，且多以屠宰加工为主，进行精深加工及副产品综合利用的企业很少。2020 年我国牛羊肉制品产量不足 230 万 t，加工率低于畜禽肉平均加工率。牛羊屠宰共产物 500 万 t，精深加工率不足 5%，亟待提升共产物高值化综合利用水平。

4. 传统牛羊肉制品工业化加工

酱牛肉、手抓羊肉等传统酱卤牛羊肉产品主要采用夹层锅长期卤煮的方式加工，耗水耗能耗时，亟须加工革新；蒙都等少数企业采用人工模拟气候风干模式自动化、连续化加工风干牛羊肉，需要向更多的企业推广；白煮羊头（蹄）、羊蝎子、羊肉煲、红焖牛羊肉、牛肉汤等产品需求大，但 90% 以上以中小型企业手工作坊式加工为主，牛羊肉制品质量不均一，标准化程度低，品质保真难，热加工多元危害物易形成，安全问题突出，传统牛羊肉制品全链条自动化生产线少，亟待突破工业化加工技术，实现传统牛羊肉制品规模化、标准化、自动化生产。

5. 营养健康牛羊肉制品创制

2020 年，我国人均 GDP 超过 1 万美元，营养健康肉制品成为时代消费需求。高血压、高血糖、高血脂"三高"慢性病患者超过 2.6 亿人，60 岁以上人口超过 2.5 亿，具有低盐、低脂肪、低热量、低糖以及高蛋白质特点的牛羊肉及其制品具有广阔发展前景。随着居民生活水平的提高和肉品消费人群的细化，针对儿童、孕妇、病人、老人、军人、上班族等人群的特殊牛羊肉制品需求日益增加，亟须建立与之配套的营养健康肉制品加工理论体系、技术体系和产业体系，开发不同消费需求的营养健康牛羊肉制品。

6. 牛羊肉品质量安全主动保障

截至 2020 年，我国逐步建立了牛羊肉品加工标准体系，规模以上企业均通过 ISO 9000、ISO 22000、危害分析和关键控制点认证，牛羊肉品加工质量安全水平大幅提高，但依然存在牛羊肉分级分类不规范，生物、物理、化学危害因子及追溯体系不健全，热加工危害因子阻控与污染物减排技术体系不完善的瓶颈问题，亟待建立健全质量安全标准体系、可追溯体系和风险评估预警体系、质量安全主动保障体系，实现牛羊肉加工、贮藏、流通环节质量安全的在线监控和智能追溯。

第二节 重大科技进展

2020年，在标准化屠宰与智能分级分割、精准物流保鲜、传统肉制品绿色加工、营养健康肉制品创制、质量安全保障等领域，取得系列科技成果。

一、研创了牛羊标准化屠宰与牛羊肉智能分级分割技术装备

研发了具有自主知识产权的连续化、成套化的牛羊肉开趾骨、开膛、去头蹄、剥皮扯皮等技术，开展了羊肉分割机器人分割工艺技术研究，初步建立了机器人分割工艺、智能分割技术装备。建立了适合中国膳食习惯的牛羊肉分割标准。研发了牛羊肉品质、结构、形态的物性学数字化表征、视觉及力觉识别与定位技术，创制了牛羊肉部分环节机器人精准智能分割技术与装备。开发了系列基于近红外、高光谱、超声、生物标志物、机器视觉、X射线等智能化分级技术与装备，打破国外垄断。

二、研创了生鲜牛羊肉精准物流保鲜技术

开展了宰后不同阶段羊肉品质特性研究，解析了肉羊宰后僵直前、僵直、成熟、腐败4个阶段的肉品质特性。开展了牛羊宰后早期能量代谢与蛋白质翻译后修饰关联调控肉品质的分子机制研究，揭示了蛋白质翻译后修饰通过调控能量代谢关键酶活性而关联调控僵直，进而负向调控肉品质的分子机制。利用宏转录组学技术解析不同贮藏时期牛肉中微生物基因组差异转录、代谢途径与微生物群落演替的关系，利用蛋白质组学研究贮藏过程牛肉中肌红蛋白含量及衍生态转化过程。研发了宰后早期超快速冷却抑僵直、冰温/超冰温贮藏、冷冻抑僵直、新型包装保鲜、干法成熟、微酸性电解水冰、等离子体活性水、低压静电场新技术，最大程度保持生鲜牛羊肉品质。发明了多层共挤制膜技术，开发了高阻隔、贴体、热收缩、活性等系列生鲜牛羊肉专用包装膜、可食性复合膜、抑菌包装膜和包装技术。研制了生鲜牛羊肉品质、新鲜度和微生物可视化数字监测技术。构建了牛羊肉"从养殖到餐桌"的一体化全程冷链物流技术体系，实现数字物流保鲜。

三、研创了传统牛羊肉制品绿色加工技术

系统解析了牛羊肉时空品质（不同部位、年龄、饲养方式）和四维品质（食用、营养、加工、安全）大数据，构建了传统牛羊肉品质数据库。揭示了传统牛羊肉制品品质形成机理，研发了过热蒸汽加热、定量卤制、等离子体杀菌等品质保持技术与装备。阐明了牛羊肉制品加工危害物形成、阻断、抑制、消减机理，研创了连续化烤制、人工模拟气候风干、热风射流、红外联合光波烤制等绿色加工装备。研发了传统风干牛羊肉制品工业化加工技术和过热蒸汽联合红外光波烤制技术，提出并开展了4R牛羊肉制品（即食、即热、即烹、即配）研究，研创了规模化、连续化、成套化、绿色化的传统牛羊肉制品加工装备。

四、研创了系列营养健康牛羊肉制品

研发了骨素热压提取、血液抗凝抗氧化、油脂功能因子富集等高效制备关键技术，创制了骨多糖、骨肽、血红素铁、血红蛋白、羊黄金、共轭亚油酸胶囊等营养健康产品。阐明了肉品营养成分、活性因子之间的协同作用及其健康效应，开始启动基于组学和现代分子营养学的功能成分稳态化、营养靶向设计、肠道菌群靶向调理、新型健康食品精准制造技术研究，研发了羊肉煲、羊肉汤、调和羊油、羊黄金、低脂健康的复合羊肉饼和牛杂肉饼、牛肉番茄酱、沙茶烤水牛肉、低钠盐酱牛肉等产品，满足特殊环境、特殊人群、特殊医学用途的个性化营养健康肉制品需求。

五、完善了牛羊肉质量安全检测和保障体系

开展了羊肉中抗生素残留检测技术研究，研发了基于免疫层析的多种抗生素残留的高灵敏度快速检测技术。筛选了25种羊肉品质的潜在生物标志物；完善了基于炖煮、炒、涮、烤、煎炸5大烹饪方式的羊肉品质评价模型；研建了羊肉色泽、嫩度、新鲜度等12个品质指标近红外同步精准预测模型，研发了生鲜羊肉多品质便携式近红外检测仪。利用高光谱成像技术预测牛肉pH值、牛肉水分含量及分布、牛肉丸掺假检测等。使用基于漫反射可见光谱无损检测生鲜牛肉肌红蛋白、气流脉冲和结构光成像检测牛肉嫩度、COI序列的DNA微条形码技术鉴别熟肉制品掺假。通过LC-MS/MS法同时快速检测牛肉中12种β-受体激动

剂、9 种类固醇激素、30 种食源性兴奋剂类药物残留。利用电子鼻与模糊数学建立熏牛肉品质评价法。采用实时荧光定量 PCR 方法鉴定肉制品中牛源性成分及其含量。研建了可用于检测大肠杆菌 O157∶H7 的双抗体夹心 ELISA 方法。

第三节　存在问题

一、适合我国膳食模式的牛羊肉品质大数据库缺乏

牛羊肉品时空品质、四维品质是全牛羊肉产业链各环节关注的焦点，但我国牛羊品种多、加工标准化程度低，导致牛羊肉"特色品质不清""优质不优价"，亟须研究我国主要牛羊肉时空品质、四维品质，建立我国牛羊肉品质大数据库。

另外，我国牛羊肉膳食模式与西方国家膳食模式不同，我国传统饮食文化讲究"新鲜"，热鲜肉是我国饮食文化的传承。我国人民对于热鲜肉的青睐"重经验"，但"热鲜肉膳食模式科学认识和加工技术缺乏"，亟须通过研究解决。

二、全链条冷链物流保鲜技术装备缺乏

发达国家普遍采用全程冷链不间断技术，保障牛羊肉"从屠宰到餐桌"全程处于适宜环境条件，牛羊肉冷链流通率95%以上、损耗率低于3%~5%。我国牛羊肉贮运保质保鲜技术研究起步晚，虽然实现了从"静态保鲜"向"动态保鲜"的转变，在宰后早期冷冻、快速预冷、活性包装、适温冷链配送等方面取得很大进步，但仍存在牛羊肉超快速预冷、亚过冷保藏、冷链物流精准控制技术和智能包装技术、冷链环境因子动态变化在线监控技术缺乏的问题。

三、牛羊肉加工过程智能设备缺乏

发达国家基本实现了机器替代人工，提高了生产标准化程度和产品质量安全水平，智能屠宰、分割、分级、智能清洗、加工、物流、传感器、机器人及智能互联等新技术广泛应用。我国牛羊肉加工手工操作、半机械化、机械化生产普遍存在，智能装备缺乏，牛羊肉加工业还是典型的劳动密集型产业。

四、精深加工梯次增值技术缺乏

欧美发达国家牛羊肉精深加工、综合利用、梯次增值技术日趋成熟，实现了多层次、多梯度、多维度加工利用和增值，我国在资源高值利用、高效转化方面相对落后，熏烧烤、酱卤、肉类菜肴等高值化制品类型不多，产品加工深度不够、加工层次少、工艺水平落后、标准化程度低。

五、牛羊肉质量安全形势依然严峻

虽然我国逐步建立了牛羊肉加工标准体系，规模企业均通过 ISO 9000、ISO 22000、危害分析和关键控制点认证，牛羊肉加工质量安全水平大幅提高，但我国牛羊肉缺乏统一的商品分类、分等、分级标准，不仅影响消费者正确地选择商品，而且严重影响牛羊肉消费安全。同时标准体系不健全、在线快检技术缺乏、检测监测成本高、全程控制与溯源体系不健全、产地和真实性鉴别方法缺失等问题突显，亟待建立健全的质量安全标准体系、可追溯体系和风险评估预警体系、质量安全主动保障体系。

第四节　重大发展趋势

未来 30 年，绿色、营养、健康食品的可视化与体验将是我国牛羊肉及其制品加工科技创新发展的必经之路。根据我国当前牛羊肉加工产业实际、产业需求和发展趋势，智能化、绿色化、信息化、高值化、方便休闲化、营养健康化将是我国牛羊肉加工科技创新的方向。

一、智能化

结合工程学、机械科学、光电科学、热力学、信息学等多学科，研发牛羊智能屠宰和自动分割装备、头蹄皮高效去毛装备、牛羊肉加工过程智能控制装备，将牛羊肉的自动化加工与销售、配送过程通过物联网、信息通信技术和大数据分析连接在一起，形成的新一代智能制造生产、销售方式，成为未来牛羊肉加工业的热点方向。

二、绿色化

研发高效污水处理技术、牛羊共产物清洁处理技术、高效低碳制冷新技术、绿色减损保鲜新方法、环境友好包装新材料，创新热加工过程多元危害物阻控、污染物减排、添加剂减量新技术，构建牛羊肉绿色、高效、低碳加工技术体系，将成为发展方向。

三、信息化

信息化技术渗透到牛羊肉加工、冷链物流、销售餐饮等全产业链的各个环节，促使全产业链各要素融合，催生新的加工方式、营销模式，实现养殖、加工、餐饮、服务各环节要素信息的自动采集和同步传输打造"区块链"式肉品加工、需求一站式智慧产销新模式，促进牛羊肉生产、供应过程全程透明化、可视化。

四、高值化

围绕宰后初加工、精深加工、资源综合利用三个重要环节，研发全组分高质梯次加工技术，提高牛羊骨血、油脂、内脏、头蹄皮毛等共产物的加工效能和利用率，研制高值化自动预处理和连续化加工装备，开发一批绿色、安全、营养、美味新产品，实现牛羊肉及共产物全组分利用综合利用，是产业追求的重要方向。

五、方便休闲化

随着互联网经济、大健康及服务业发展，即食、即餐、即热、即配的 4R 牛羊肉制品成为消费方向，创新牛羊肉类菜肴方便制品、休闲制品成为产业发展的必然趋势。配套牛羊肉加工相关技术装备，形成成套生产模式，为消费者提供多种类型的牛羊肉产品，满足快捷、休闲消费需求，是产业发展的重要方向。

六、营养健康化

2020 年，我国已迈入人均 GDP 1 万美元大关，高品质、营养健康肉品成为时代标志；"三高"人群的增加，老龄化时代的到来，特殊膳食需求人群的分化，个性化定制的营养健康牛羊肉品成为未来发展重要方向。为此开发基于牛羊肉及共产物功能特性的新产品，满足特殊人群、特殊医学用途、特定环境下对牛羊肉产品的需求，成为未来发展的必然趋势。

第五节　下一步重点突破科技任务

一、中国牛羊肉数字化地图与智能识别技术装备应用研究

系统解析我国主要绵（山）羊肉、肉牛（牦牛、奶牛、水牛）肉时空品质（不同部位、年龄、饲养方式）和四维品质（食用、营养、加工、安全），构建我国牛羊肉数字化地图和品质数据库；筛选并确证牛羊肉特征品质标志物，解析特征品质标志物对年龄、部位与饲养方式的响应规律，建立牛羊肉特征电子感官指纹图谱、色谱质谱指纹图谱与近红外光谱指纹图谱，明确牛羊肉特征品质如何表征。利用数据挖掘、模式识别、多维数据融合等算法研发滩羊肉品质识别算法，构造牛羊肉品质可视化数据元结构，构建我国牛羊肉特征品质数字化表征大数据平台，实现我国牛羊肉品质指纹数字化和可视化。

二、生鲜牛羊肉精准保鲜数字物流关键技术及产业化

针对生鲜牛羊肉类加工、贮藏、流通过程品质劣变快、损耗大、能耗高的突出产业问题，完善"能量代谢与蛋白质翻译后修饰关联调控肉品质、靶向抑制致腐微生物消长机制"的控僵直、防腐败的生鲜肉保鲜机制，系统阐明环境因子调控宰后牛羊肉品质的物质基础和分子路径。研创生鲜牛羊肉品质精准调控技术，构建超快速冷却、冰温/超冰温、新型高阻隔和活性包装相结合的柔性组合保鲜技术体系。研发牛羊肉多品质数字化识别、监控技术装备，开发面向商超的智能识别终端和面向消费者的智能识别 App，在牛羊肉加工和流通企业示范应用。

三、传统牛羊肉制品绿色加工与营养产品创制

针对传统牛羊肉制品特征品质难保持、工业化技术装备落后的现状，挖掘传统牛羊肉制品原辅料特性、工艺特点和特征品质，建立原料特性、特色工艺和特

征品质数据库；基于不同部位牛羊肉品质特性，研究不同热场与反应介质对即食、即热、即烹、即配（4R），减盐、减脂、减添加剂、减加工危害物（4R）牛羊肉制品和特殊环境、特殊人群、特殊医学用途（3S）牛羊肉制品品质的作用，阐明传热传质与分子互作下牛羊肉制品多维品质形成与保持机制；通过个性化设计，加工流程优化、重构、智能化再造，突破传统牛羊肉制品加工过程特征品质保持、加工多元危害物消减、营养组分增益三者协同的数字化控制关键技术，研发过热蒸汽减菌、定量配料、高效提取分离技术，保持加工特征品质，创制牛羊肉即食休闲食品、即热手抓、即烹菜肴、即配风味调料和野外/单兵自热牛羊肉制品、健骨氨基多糖、羊黄金、健骨肽等 4R 和 3S 特色营养牛羊肉制品并产业示范。

四、牛羊屠宰分割及牛羊肉制品加工智能化装备

开展牛羊屠宰分割和牛羊肉品加工装备机械材料特性与安全性、数字化设计等新技术、新方法、新原理和新材料研究，着力突破牛羊肉品加工过程自动检测、传感器与机器人、智能互联等核心装备，开发连续化、智能化、数字化成套装备，构建牛羊屠宰分割与牛羊肉加工装备智能设计、制造、集成、应用体系，实现牛羊屠宰分割与牛羊肉加工装备的自动化、智能化。

五、牛羊肉品质安全主动保障

开展牛羊肉营养功能发掘、质量评价、安全评估技术研究，构建牛羊肉品质与安全大数据库；开展危害因子特性研究，创制精准的现场快检产品装备和无损检测设备；开展牛羊肉真实性鉴别与产地溯源技术研究，构建名特优地理产品标准；研发危害物非靶向筛查、精准识别、风险评估、监测预警、现场速测和主动防控技术产品与智能化装备，实现"智能保障"。

专题十一　2020年蜂产品加工业发展情况

第一节　产业现状与重大需求

一、蜂产品加工产业年度发展概况

虽然我国是世界第一养蜂大国，蜂产品资源丰富，但我国蜂产品加工业与世界先进国家相比仍有着较大差距，现阶段存在着蜂产品质量差和深加工技术落后两大突出问题，严重困扰着我国养蜂业的可持续发展。

在蜂产品加工上，首先要密切关注国际形势，并随时调整。

如2019年1月，国际蜂联关于"浓缩蜂蜜作为蜂蜜欺诈"的声明；又如2020年2月，欧盟16国联合声明：要求蜂蜜标签标明原产地为强制性规定，这些都会对蜂蜜的生产、加工和出口产生影响。

其次要严格遵守食品安全国家标准《蜂蜜》（GB 14963—2011）。而我国很多地区生产的蜂蜜，由于浓度低，需要真空浓缩，这是与国际蜂蜜的声明相违背的。

国际蜂联的声明要求：花蜜转化为蜂蜜的过程必须完全由蜜蜂来完成。人类不仅不得干预蜂蜜成熟或脱水的过程，而且也不允许去除蜂蜜中的固有成分。蜂蜜的固有成分是蜂蜜中天然存在的所有物质，如糖、花粉、蛋白质、有机酸，以及其他微量物质，当然也包括水。

规定以下方式均可认为是蜂蜜欺诈。

①用不同种糖浆进行稀释，如玉米糖浆、甘蔗糖、甜菜糖、大米糖浆、小麦糖浆等。②收获未成熟蜂蜜，利用设备（包括但不限于真空干燥机）进一步主动地脱水。③用离子交换树脂去除蜂蜜中的残留物，使蜂蜜颜色变浅。④掩盖或（和）错误标识蜂蜜的地理或（和）蜜源信息。⑤在流蜜期人工饲喂蜜蜂。

按照这样的规定，市场上多数的浓缩蜜都属于蜂蜜欺诈，中国蜂蜜行业需要尽快转变生产方式和初加工方式。

　　虽然近几年我国在蜂产品加工领域取得的巨大进步有目共睹，但在蜂产品种类、生产设备和加工工艺等方面还有待提高。如蜂花粉的初加工设备和加工利用问题较为突出。总体来讲，存在以下问题。

　　一是蜂蜜质量问题：蜂农为扩大蜂蜜产量，采取"一天一甩"的生产方式，造成原蜜成熟度差，含水量高，须经加热、浓缩以脱掉水分等加工过程，使得蜂蜜所含的天然营养成分减少，质量下降，无法与国外同类产品相提并论，差价明显拉大。应该大力提倡生产成熟蜂蜜。

　　二是科技投入少，产品附加值低：由于我国长期以来对蜂产品深加工的研究不够重视，造成蜂产品加工领域技术创新能力低，科技储备，特别是基础性的技术储备严重缺乏；国内消费和出口的绝大多数蜂产品仍以原料性产品或经简单加工的产品为主，科技含量和产品的附加值低，贸易条件持续恶化；加工技术陈旧、落后，科技含量低，高新技术在蜂产品加工中的应用很少。以日本为例，日本从我国进口蜂王浆原料，开发出上百个蜂王浆精深加工产品。蜂王浆制品的消费近十多年来一直雄踞日本保健品的榜首，而且仍以较快的速度递增。

二、蜂产业"十三五"期间发展成效

　　我国是世界第一养蜂大国和蜂产品生产大国，近些年全球蜂群总数呈现出缓慢增长的趋势，全球蜂群总量约 9 314.5 万群。我国蜂业标准化饲养和区域化发展进程加快。各地不断创新蜜蜂饲养方式，更新养蜂机具，加快生产科技推广，加强疫病防控，蜂群饲养数目和蜂产品产量大幅增加。我国蜂群总量约为 925 万群，其中 2/3 为西方蜜蜂，1/3 为中华蜜蜂。

　　蜂蜜的年产量约 45 万 t，居世界之首。蜂王浆、蜂花粉、蜂胶更是以我国为主，如蜂王浆的产量占世界的 90% 以上，我国年产蜂王浆约 4 000 t，蜂花粉约 5 000 t，蜂胶约 350 t。

　　"十三五"期间，中蜂产业发展迅速，饲养中蜂作为精准扶贫重点发展的产业，中蜂的饲养量持续增长。由政府推动的中蜂养殖量急剧增长。按照目前的发展趋势，在今后的 3~5 年，中华蜜蜂的养殖量将与意蜂养殖量持平。

　　总体上，"十三五"期间，我国蜂产业处于稳步发展中，发展态势良好。行业整体效益提升，蜂产品加工企业在转型升级、规范市场、产品延伸方面有了长足进步。但是多年来我国养蜂生产规模小，效率低；养蜂人劳动强度大，产品质量差；蜂产品的价格与价值严重背离的局面依然存在；合作社发展仍不健全、不规范；企业社会责任感不强，产品创新力不足，品牌引领局面还没有形成，价值回归还很遥远；引领行业发展的企业+合作社的经营模式仍然脆弱；蜜蜂为作物授粉的更大社会价值还没能充分体现。我们与养蜂强国的差距依然较大。

三、蜂产品加工产业发展需求

现阶段我国蜂产品加工存在规模小、对源头产品质量的控制能力差、产品雷同、品牌建设不足等问题。

蜂产品加工产业发展需求主要有以下几方面。

①蜂产品原料的安全生产。②蜂产品质量安全的检测。③蜂产品成型与包装技术：合适的剂型有利于保健功能的发挥，合理的包装有利于产品的保存。④蜂产品真伪鉴别技术，特别是蜂蜜和蜂胶的鉴别。⑤蜂产品功效成分的确定与提取纯化技术：从蜂产品中提取对人体有营养和保健作用的单体，如 10-HDA、黄酮醇、王浆蛋白、花粉蛋白、花粉多糖等。⑥蜂产品活性物质保存技术：冻干技术是常用的方法，如何在保存过程中尽量减少活性物质的损失等。⑦蜂产品物性改变技术：采用蜂胶水解、蜂胶聚合反应、蜂王浆酶解等技术生产产品，有利于人体对蜂产品的吸收与利用。⑧蜂产品复方制剂技术：通过中西结合，医食并重，发挥中医中药学的作用，利用我国丰富的中药资源，开发新型、复合型蜂产品营养健康食品和药品。

第二节　重大科技进展

一、蜂蜜

成熟蜜具有更丰富的多酚类化合物和更好的生物学活性，基于热敏组分以及蜂蜜自然成熟过程中相关代谢物的变化形成了以 α-二羰基化合物和 5-羟甲基糠醛、甘油和脯氨酸等为指标的成熟蜂蜜鉴别指标，构建了以细胞模型为主的成熟蜂蜜抗菌和功能活性指数的评价体系；建立了中蜂蜂蜜与意蜂蜂蜜来源真实性鉴别的胶体金免疫层析分析方法，采用该方法开发出了能够简便、快速、完全检测区分中蜂蜂蜜与意蜂蜂蜜鉴别的胶体金试纸条。通过液质联用、气质联用和核磁共振等技术发现丁香酸甲酯、红花菜豆酸和橙树素可以分别作为油菜蜜、洋槐蜜和椴树蜜的标志性成分，并通过指纹图谱技术对蜂蜜的质量进行分级鉴定。

二、蜂王浆

在 BV-2 小胶质细胞模型中探究了 10-羟基癸酸（10-HDAA）的抗神经炎症作用，结果显示，10-HDAA 通过靶向小胶质细胞中的 P53 抑制脂多糖诱导的炎症。

王浆酸（10-HDA）是蜂王浆中特有的脂肪酸，其对免疫抑制小鼠的体重、胸腺重量、脾脏重量的作用均显示其在免疫器官保护中的潜在作用，该研究为将天然产物应用于免疫低下治疗提供了一个新的依据，10-HDA 通过调节 FOXO1 介导的自噬来减轻神经炎症。细胞色素 P450 单加氧酶 CYP6AS8 在工蜂上颚腺合成 10-HDA 过程中起着重要作用。蜂王浆通过下调卵巢去除大鼠肝脏中的 PER1 和 PER2 昼夜节律基因的表达，发现蜂王浆可能是治疗更年期过程中非酒精性脂肪肝的一种很有前途的药物。

三、蜂胶

研究发现蜂胶酚类化合物具有改善脂代谢紊乱功能。蜂胶中的酚酸脂类化合物能够明显改善肝细胞的脂质积聚及脂肪细胞的炎症因子分泌异常。揭示了其调节脂代谢紊乱的分子机制，为蜂胶辅助治疗脂代谢疾病提供了重要参考。首次揭示，咖啡酸肉桂酯通过抑制内质网信号通路蛋白的表达，明显降低肝细胞中的脂质积聚，改善脂代谢紊乱。

四、蜜蜂生态方面

我国科学家以行为生态学与化学生态学的方法和手段，研究了社会性昆虫嗅觉、视觉等不同信号感知模态下的信息交流机制，如验证了蜜蜂-胡蜂间的 ISY（I see you，ISY）信号的可遗传性，以及东方蜜蜂和西方蜜蜂面对胡蜂的行为差别，对东方蜜蜂、西方蜜蜂甚至是胡蜂的利用具有重要意义。

此外，研究了蜜蜂对外界不良环境（有毒花蜜、农药、捕食压力及气候变化等）的响应机制；蜜蜂与花、蜜蜂与天敌的协同进化机制等。视角独特，填报了诸多研究空白。高质量的研究产出，在相关研究领域处于学科前沿，并已经形成国际影响力。

第三节　存在问题

总体上，"十三五"期间，我国蜂产业处于稳步发展中，产业延伸方面也有了长足进步。但是多年来我国养蜂生产规模小，效率低；养蜂人劳动强度大，产品质量差；蜂产品的价格与价值严重背离的局面依然存在；蜜蜂的生态、农业、社会价值还没能充分体现。

一、蜜源植物分布不均，有待进一步调研

蜜源植物分布不均，主要表现在区域、季节分布不平衡，养蜂生产基本上还属于"靠天吃饭"。

要以国家的需求定位蜂产业的工作，国家"十四五"非常重视资源，物种资源，畜禽资源，野生动植物资源等，把饭碗端在自己手里。而现在应用资源研究和调查的工作还比较欠缺，植物资源（尤其是蜜粉源植物）才是蜂业立足之本。

二、要跳出蜂业看蜂业——蜂业的根本问题也是大农业的问题

改革开放40多年来，我国大宗的蜜源植物，国家的种植业结构都有重大改变，土地的利用调整和粮食安全问题都与我们的蜂产业密切相关，基本的农作物（蜜源植物也包括在内，油菜、柑橘、枸杞……）种植面积不能保证，这才是蜂业的根本性问题（油菜种植面积越来越少，过去大面积的紫云英几乎绝迹），由于蜜源植物的相对匮乏，蜂农不得不大转地养蜂，蜂群健康和蜂产品质量都受到影响。

三、产品质量参差不齐，龙头企业带动不力

市场上蜂蜜、蜂王浆、蜂胶和蜂花粉等产品质量良莠不齐，主要表现为采收未成熟蜜，卫生不达标等。蜂产品加工企业主要以原料初加工为主，品质单一，同质化比较严重。

四、蜂胶产业与蜂胶市场连年下滑

根据蜂胶专业委员会对不同规模和不同生产经营模式的十几家重点蜂胶企业进行初步调查，2020 年全国蜂胶产业与蜂胶市场在 2019 年下滑的基础上继续大幅度下滑。这个调查虽然是不完全统计，但是这些国内重点蜂胶企业的情况基本上反映了全国蜂胶产业中原料、蜂胶提取物、蜂胶产品以及蜂胶销售市场的总体情况。

1. 产量

2020 年全国 11 家企业的毛胶用量 94 t，约占全行业总用量的 50%。估算全行业总用量 160 t，比 2019 年的 185 t 减少了 13.5%。

2. 价格

11 家企业毛胶收购价下滑 600~1 200 元/kg，平均价格为 800 元/kg，比 2019 年下降 30%。

3. 销售额

全国 11 家骨干企业蜂胶产品市场终端销售额约为 5 亿元，估算比 2019 年下滑 60%~80%。

造成蜂胶产业与蜂胶市场连年下滑的原因主要是受新冠肺炎疫情影响（专题表 11-1）；2019 年"权健事件"导致的负面影响，2020 年继续发酵以及假冒伪劣蜂胶的不正当竞争等因素。

专题表 11-1　2014—2019 年全国蜂胶产业与市场的总体状况

同比上年	蜂胶原料用量/%	进口蜂胶原料/%	蜂胶产品销售额/%
2014 年比 2013 年	+8	−23	+30
2015 年比 2014 年	−30	+40	−25
2016 年比 2015 年	−17.5	−31.5	−12.8
2017 年比 2016 年	−6.7	−25	−30
2018 年比 2017 年	−25	/	−30
2019 年比 2019 年	−26.3	−22.8	−32
年平均/%	−16.25	−17.8	−16.63

第四节　重大发展趋势

积极开发与蜂产品相关的药品、高级食品、营养保健品、美容化妆品，提高

蜂产品的附加值和竞争力，满足人们美好生活的需要是未来蜂产品加工业发展的总趋势。新的加工技术和识别技术在蜂产品上的应用是一个大的趋势。具体应遵循"把控原料质量、创新产品、深入挖掘功能成分、加强品牌建设"等发展原则，最终实现我国蜂产品加工行业的跨越式发展。

主要包括以下几方面。

一、建立质量可追溯体系，加强卫生监管，提升我国出口蜂蜜质量与国际竞争力

为了提高出口蜂产品质量，进一步加强管理，我国应建立出口蜂蜜质量可追溯体系。实现蜂蜜从采蜜、加工到包装、配送等环节全方位的质量监控，通过信息技术，使消费者能够查询蜂蜜产地、加工等各环节信息。食品卫生监督机构对蜂蜜生产企业应加强经常性、不定期性卫生监督，根据需要无偿抽取样品进行检验，并向全社会及时公布检验结果。

二、推行"公司+基地+农户"的模式，全方位提升蜂蜜产品质量

受欧盟、日本、美国等蜂蜜进口国对蜂蜜药残检测标准日益严苛的影响，我国蜂蜜出口企业生存面临挑战。由此，蜂蜜出口企业必须全方位、全过程提升出口蜂蜜的质量。结合我国蜂蜜生产的实际情况，推行"公司+基地+农户"的生产模式，逐步规范蜂蜜生产的规范化，提升蜂蜜产品质量。

三、构建蜂产品产业科技创新体系

中国蜂业发展必须走创新之路。科技创新，在近年来的蜂蜜发展历程中，起到了至关重要的推动作用。然而当前的蜂产品生产还是以粗放型增长为主，还没有建立起真正的蜂产品产业科技创新体系。我国蜂产品科技未来发展的方向，是研发具有自主知识产权的多样化蜂产品新产品。增强创新意识、提升创新能力，研发蜂产品多样化制造技术。

第五节　下一步重点突破科技任务

通过蜂产品贮藏加工过程品质变化机制与控制、活性成分分离鉴定及功能验

证等方面的研究，加快蜂产品的转化与增值，突破蜂产品加工的关键技术，把我国蜂业资源优势转化为商品优势。

一、蜂产品贮藏加工的关键技术和设备的研发

应用高效节能型组合干燥、非热加工、CCD色选等技术，研究蜂花粉贮藏加工过程中品质劣变的控制技术；应用非热加工、真空浓缩、香气成分回收等技术，研究蜂蜜贮藏加工过程中品质劣变的控制技术；应用低温快速解冻、高效过滤、微胶囊等技术，研究蜂王浆贮藏加工过程中品质劣变的控制技术。在此基础上，优化和设计蜂花粉、蜂蜜、蜂王浆加工新工艺和装备。

二、蜂产品营养功能评价和高值化利用

针对主要蜂产品部分功能因子不明确，作用机理不清楚等问题，从细胞生物学、分子生物学和动物水平上，开展增强免疫力、抗氧化、辅助降血糖、辅助降血脂等功能评价技术研究，对蜂产品中多酚、蛋白质等活性成分进行高通量筛选，解析量效关系和构效关系，明确功能因子的作用靶点，阐明其代谢途径和作用机理，为蜂产品的研制提供理论依据。

三、特色蜂产品功能因子研究与利用

开展枸杞蜜、益母草蜜、红花蜜、枇杷蜜、九龙藤和鸭脚木蜜中活性成分鉴定，建立特色中草药蜂蜜数据库；制定单花蜜标准；开展蜂花粉酚胺类化合物分离鉴定研究；开展基于肠道微生态的酚胺类成分对前列腺炎的调节机制研究。

总之，崇尚自然，追求品质是蜂产品加工业发展的必然趋势，如果不从蜂产品生产环节解决质量问题，蜂产品加工的创新无异于"缘木求鱼"。加强蜂产品的基础研究，包括对蜂产品中特征活性成分进行解析，评价其相应的生物学功能。多学科交叉开发新型蜂产品，延展蜂产品加工工艺，为蜂产品加工的创新发展奠定基础。

第一节　产业现状与重大需求

一、糖加工产业年度发展情况

蔗糖是我国食糖消费的主体，占食糖消费的 90% 以上。广西、云南是我国最大的糖料蔗生产基地，种植面积和产量均占全国糖料蔗面积和产量的 80% 以上，糖业也是两省份重要的支柱产业和农民收入的重要渠道。近年来，受生产条件差、良种研发滞后、品种单一、机械化推进缓慢、人工成本增加较快以及国内外价格波动等多种因素影响，糖料蔗种植效益下滑，市场竞争力下降，糖业发展和蔗农增收受到影响。"十三五"期间，我国制糖加工呈现以下几个特点。

1. **行业重组兼并不断推进，行业生产集中度进一步提高**

推进制糖企业战略重组，2019/2020 年榨季，全国开工制糖集团 46 家，糖厂 216 家；较上一年减少 8 家，其中甘蔗糖生产集团 42 家，糖厂 187 家较上年减少 2 家。形成全国 10 家年制糖能力超百万 t 的企业集团，预计 2019/2020 年榨季 10 家企业集团的产业集中度将达到 80% 以上。糖企持续开展糖厂"对标定标追标"专项活动和"自动化智能化数字化"改造，不断降低白砂糖吨糖成本。

2. **《糖业转型升级行动计划（2018—2022）》稳步推进，产业转型升级取得初步成效**

该计划要求制糖企业和原糖加工企业技术改造，提高产品质量，优化产品结构，培育知名品牌；鼓励制糖企业提高副产品综合利用水平，提高行业竞争力；加快推进制糖全流程生产自动化、数字化、智能化建设，目前行动已取得初步成效。其中甘蔗单产提高 9.7%，吨糖耗水下降 14.4%，吨糖 COD 排放量降低了 11.9%；甜菜含糖分提高了 8.7%，甜菜糖回收率提高了 4.5%，优级品、一级品率提高了 8.6%，吨糖耗水降低了 24.8%。吨糖 COD 排放量降低了 24%。

3. **凝聚力量，科技创新能力进一步加强**

建立了以企业为主体、市场为导向、产学研深度融合的技术创新体系，鼓励科研人员跨部门、跨领域、跨地域组队协同创新，完善科研成果分享机制和产业化应用激励机制，充分调动科研人员的积极性。联合科研院所力量进行甘蔗优良品种、甘蔗收获等关键技术集中攻关，加强涉糖涉蔗科研院所、科研机构和人才队伍建设，全力提升糖业研究水平和成果转化。

二、糖加工产业"十三五"期间发展成效

全国 2019/2020 年榨季共计产糖 1 042 万 t，较上一榨季减少 34 万 t，下降 3.66%，食糖产量从连续第三年恢复性增长转为下降。其中，产甘蔗糖 902.5 万 t；产甜菜糖 139 万 t。全国开工制糖集团 46 家，糖厂 224 家；其中甘蔗糖生产集团 42 家，糖厂 189 家。2019/2020 年制糖期截至 2020 年 7 月底，重点制糖企业（集团）累计加工糖料 7 538.57 万 t，累计产糖量 960.41 万 t，累计销售食糖 715.23 万 t（上制糖期同期 752.52 万 t），累计销糖率 74.47%（上制糖期同期 78.11%）；成品白糖累计平均销售价格 5 572 元/t（上制糖期同期 5 165 元/t），其中，甜菜糖累计平均销售价格 5 499 元/t，甘蔗糖累计平均销售价格 5 581 元/t（专题表 12-1）。

专题表 12-1　中国食糖供需平衡表

压榨期（11月至翌年5月）	2017/2018	2018/2019	2019/2020（11月预测）
糖料种植面积/万 hm²	137.6	144.1	138.0
甘蔗	1 201	1 206	1 165
甜菜	175	235	215
糖料单产/(t/hm²)	60.75	62.03	59.40
甘蔗	66.75	69.60	62.70
甜菜	55.20	54.50	56.10
食糖产量/万 t	1 031	1 076	1 042
甘蔗	916	944	902
甜菜	115	132	139
进口量/万 t	243	325	374
出口量/万 t	18	19	18
消费量/万 t	1 500	1 520	1 500
结余	-254	-140	-100

截至 2020 年 7 月底，本制糖期全国累计销售食糖 795.72 万 t，累计销糖率 76.4%，其中，销售甘蔗糖 684.3 万 t，销糖率 75.85%，销售甜菜糖 111.42 万 t，

销糖率 80%。重点制糖企业（集团）2020 成品白糖平均销售价格 5 385 元/t，其中，甜菜糖平均销售价格 5 529 元/t，甘蔗糖平均销售价格 5 374 元/t。

三、糖加工产业发展需求

食糖是我国国民经济发展必需的战略性物资，也是关系国计民生的重要产品。近年来我国食糖产业快速发展，消费则呈刚性快速增长趋势，整个市场出现供不应求的局面，需要依靠进口来弥补供求缺口。预计未来将通过以下科技手段来保障食糖安全战略保障体系：①提升糖料蔗经营规模化、种植良种化、生产机械化、水利现代化和全程智慧化水平，降低糖料蔗生产成本，全面提升我国糖业生产的综合竞争力；②进一步优化和完善产业链，实现一二三产业融合，实现糖产业可持续绿色循环发展；③发掘新型食糖产品，培育耐盐碱耐旱甜菜品种，同时加大天然甜味剂的开发力度；④深入研究功能糖与机体免疫机理机制，开发一系列具有抗炎、抗病毒、抗肿瘤等作用的天然/人工合成的糖精深加工生物制剂或药品。

第二节　重大科技进展

一、"以虫治虫"绿色防控成效明显

小小甘蔗螟虫，是糖料蔗生产的第一大害虫。通过创新示范推广释放赤眼蜂防治甘蔗螟虫，达到"以虫治虫"生物防治目的。这一技术就是早春时把培育出来的赤眼蜂释放到甘蔗地里，通过赤眼蜂捕食或寄生持续有效地控制螟虫为害。实践数据表明，利用赤眼蜂"以虫治虫"效果优于常规农药防治，其中甘蔗螟虫节害率平均降低 45%，平均每亩增产 1.18 t，糖分平均提高 0.71 个百分点，蔗农每亩平均增收 531 元。

二、广东省生物工程所 3 项技术入选 2019 年广东省农业主导品种和主推技术

广东省生物工程所申报的"南方高秆作物农用化学品减量化关键技术""性诱剂为核心的甘蔗螟虫系统控制关键技术""生物降解地膜及覆盖栽培技术"均为环境友好型农业技术，其应用可大幅度减少肥料、农药等农用化学品投入量，

对促进广东省农业的提质增效将起到积极作用。

三、制糖副品综合利用

甘蔗渣是甘蔗加工业的一种主要且丰富的副产品，其丰富的资源含量使其成为生产各种增值产品的理想原料。如通过改变化学物质和反应条件，可以制备大量微晶纤维素。

第三节　存在问题

一、产能闲置问题突出

由于甘蔗属于季节性原料，每年的采收期只有当年 10—11 月到翌年 3—4月，当甘蔗大量上市时，工厂长期超负荷运转，一旦设备及人员出现问题将极大影响生产进度，其他时间工厂处于闲置状态，造成仪器设备的极大浪费。由于原料蔗不足，导致制糖企业产能部分闲置，粗略估算，榨季制糖产能利用率仅为50%~60%，产能闲置使企业的制糖成本普遍偏高。

二、加工技术与装备停滞不前，降本增效缺少动力

由于我国甘蔗种植集中在广西、云南等南方丘陵地带，机械化种植及采收存在一定困难，同时机械收割糖蔗料存在附带泥沙污物较多、机械播种存在种率低及播种不均匀等问题，导致机械化水平较低。当前，国内糖企仅以生产白砂糖为主，生产工艺几十年来未有新的突破，加强对生产工艺的技术创新、加工设备及技术的引进创新势在必行。同时应积极支持和扶持糖业多元化、循环发展和提升综合利用水平，由初级加工向精深加工转移，延伸生态产业链，发展高附加值产品。

三、进口糖价格优势明显，食糖走私难以杜绝

为保护蔗农利益，国家不得不一再提高甘蔗收购价格，致使国内甘蔗价格远高于世界主要产蔗大国。原料成本高，制糖成本更高，国内外食糖价差随之不断扩大。由于国内外糖价价差巨大，导致一些国外糖源以不同类型（如糖浆、原糖）、不同方式非法进入国内，搅乱了正规的市场秩序。

四、食糖质量总体良好，但仍存在食品安全风险

2019/2020 食糖产品合格率总体较上制糖期略有下降。我国精制白砂糖、碳法一级白砂糖、一级赤砂糖、优级绵白糖合格率保持在 100% 的高水准，证明我国食糖产品总体质量仍持续稳定在较高水平。根据全国抽检调查结果，近几年食糖安全关注的指标，如重金属污染、微生物超标已经连续多年未发现，但有些方面仍然存在问题，如连续三年检出食品安全类项目螨不合格产品、二氧化硫超标等问题，说明企业在生产和运输过程中对环境要求降低。在红糖产品中二氧化硫超标，代表企业可能生产了假冒的"红糖"产品。

第四节　重大发展趋势

围绕糖业生产全过程，优化区内高等院校涉蔗涉糖专业课程，加强糖业人才队伍培养。强化校企合作，建设糖业人才教育培训基地。以高层次人才和紧缺人才为重点，大力引进国内外专业技术拔尖人才。重点围绕生产机械化、蔗糖精深加工、副产品综合利用、工艺技术、装备制造等关键领域，组织实施一批自主创新科技项目。加强与国内外科研机构和高等院校合作，开展技术攻关和协同创新，推动科技成果产业化。积极建设糖料蔗优良品种、生产加工、产业链延伸等示范基地。

一、推进糖料生产机械化，降低种植成本

积极引进、消化吸收国外糖料生产机械化技术，加快国产机械研发、制造，结合农业部等四部委关于《推进广西甘蔗生产全程机械化行动方案（2017—2020 年）》"五大行动"的落实，促进农机农艺结合，因地制宜推进机械化采收，积极推进糖料生产的整地、种植、中耕植保、收割全程机械化水平，尤其是要加快推进糖料收割机械化水平。根据机械使用中的问题不断完善改进，同时进行制糖工艺和设备改造以适应机收糖料的需要。通过国家、农机制造商和制糖企业的共同努力，到 2022 年使甘蔗机播率由 40% 提高到 70%，甘蔗机收率由 4% 提高到 20%；甜菜机播率由 80% 提高到 98% 以上，甜菜机收率由 60% 提高到 90%。

二、推行绿色制造技术，降低能耗和污染排放

推行绿色制造技术，实施清洁生产，降低制糖生产过程的能耗、水耗和污染物排放。从原料预处理、压榨（渗出）提汁、澄清过滤、加热蒸发、煮炼助晶、分蜜包装以及锅炉发电生产全过程推广实施一批绿色制造新技术新装备，加大节能、节水和污染排放技术改造的步伐，在糖业转型升级过程中，改善产业生态环境，实现经济效益与环境效益的双赢。到 2022 年，通过推行绿色制造技术，全行业百吨糖料能耗下降 10%，吨糖料耗水下降 20%，吨糖 COD 排放下降 30%。

三、深入开展对标与升级改造，提高制糖生产绩效

深入开展"绩效同业对标"活动，以问题为导向，学习标杆，苦练内功，对症施策，补齐短板，不断提高企业生产绩效。在对标实践中，非标杆企业以标杆企业为榜样，标杆企业以国际先进企业为榜样，对照榜样找差距，通过加大科技资金投入，采用国内外先进技术、先进工艺、先进装备升级改造，加强企业管理，达到赶超标杆、提升生产绩效的目的。到 2022 年，通过对标与升级改造，使全行业吨糖成本降低 2%~5%。

第五节　下一步重点突破科技任务

一、多层次利用糖原料开发多元化糖加工产品，产业链延伸取得新成效

1. 推进甘蔗多样性产业发展

特色红糖、冰糖、液体糖浆、黄金砂糖、药用糖等近 20 个产品实现了产业化生产；综合利用向纵深发展，制糖副产品逐步向高值化利用转化，蔗渣浆由造纸转向生产绿色高档餐具，并出口欧美发达国家；蔗叶资源化利用取得初步成效，蔗叶养牛发展到年存栏 1 万头以上。

引导和鼓励企业加强产学研用合作，推进甘蔗多样性产品研发和生产，引导甘蔗转向生产其他高附加值产品，进一步拓宽产业带、延伸产业链。一是发展生物化工产业，包括醇及醇的衍生物、有机酸及其衍生物、酯类及衍生物、高分子

化合物及其他生物基化学品等；二是发展食品工业：包括功能性糖、功能性糖醇、酒类、饮料类、食品添加剂等；三是发展发酵工业：氨基酸产业，多糖产业等。

2. 加快糖业循环经济发展

拓展循环经济与综合利用新领域。如蔗渣利用，除继续推进蔗渣生物质发电外，重点探索生产糠醛、木糖、木糖醇、阿拉伯糖等高附加值产品；糖蜜利用，以酒精为基础，深入开发高附加值化工产品；滤泥利用，着重加强滤泥环保处理，实现肥料还田；提高蔗叶、蔗梢综合利用水平。重点推进以养牛、食用菌、乳品、肉品加工、饲料加工等多个产业共同发展的生态农业循环经济产业链发展，促进农民增收。

二、深入研究糖与人体健康、机体官能机理机制与系列糖生物制品开发

糖是人体重要的能量输入性能源，除了供应人体所需的能量外，还与人体免疫、细胞运转等作用息息相关。由于大量摄入糖容易转化为脂肪会引发肥胖，增加糖尿病及心血管疾病的发病率，所以有必要对食糖与人体健康进行科学研究，实现科学用糖、健康食糖。糖类物质具有多方面和复杂的生物活性，如细胞间的通信、识别相互作用、细胞的运动与黏附、抗微生物的黏附与感染及调节机体免疫功能等作用。多糖还具有刺激造血干细胞、粒细胞、巨噬细胞集落和脊髓造血细胞的产生，所以它具有抗辐射提高白细胞的作用；很多多糖具有抗病毒、抗类风湿关节炎的作用，但它们是通过哪种机制刺激机体反应、通过什么途径发挥抗炎症作用、通过什么通道发挥抗病毒、免疫调节等功效？这些都需要进行系统的科学研究并根据相关机理开发出功效更强的糖类衍生物。

三、初步建成糖业大数据云平台

糖业大数据云平台初步建成，糖业大数据基础支撑平台、涉糖农业大数据服务平台、制糖工业大数据服务平台、泛糖产品交易大数据服务平台、糖业金融大数据服务平台、糖业政务监管大数据服务平台初步建立。广西泛糖产品现货交易平台搭建完成并开始发挥作用，已经逐步整合交易、仓储物流、金融、防伪溯源和大数据五大服务。"糖业信息产业集群电子商务现代物流"的现代商业模式初步建立。

专题十三 2020 年食用菌加工业发展情况

第一节 产业现状与重大需求

一、食用菌加工产业年度发展概况

1. 复工复产持续推进，企业生产经营继续复苏

2020 年 1—11 月，食用菌加工行业共有规模以上企业 538 家，实现主营业务收入 417.27 亿元，同比减少 7.20 个百分点，降幅比 2020 年 1—2 月收窄 15.17 个百分点，企业生产经营持续向好（专题图 13-1）。

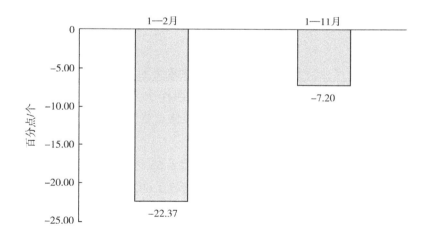

专题图 13-1 食用菌加工规模以上企业主营业务收入

2. 盈利能力接近上年水平，营业成本持续下降

2020 年 1—11 月，538 家食用菌加工企业实现利润总额 21.05 亿元，营业收入利润率为 5.05%，接近同期 5.11% 的水平；得益于国家的减税降费政策，2021 年，企业营业成本 366.34 亿元，同比减少 7.73 个百分点（专题图 13-2）。

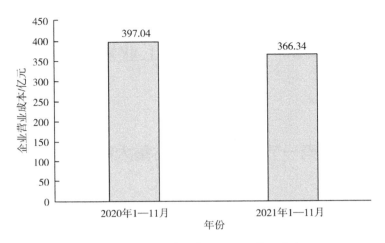

专题图 13-2　食用菌加工企业营业成本

3. 出口整体呈现下降态势，多地实现逆增长

受新冠肺炎疫情影响 2020 年 1—11 月，食用菌加工行业出口交货值 100.09 亿元，同比减少 17.20 个百分点。但浙江丽水 1—11 月出口食用菌 3.17 亿元，同比增长 2.16 个百分点；浙江庆元 1—6 月食用菌出口销售额达 1.81 亿元，同比增长 24 个百分点。

4. 小木耳，大产业，食用菌产业成为脱贫攻坚利器

2020 年 4 月 20 日，习近平总书记来到陕西柞水县金米村，当得知当地蓬勃发展的木耳产业带动村民致富的消息时，他深情点赞"小木耳，大产业"！食用菌产业继脱贫之后已成为乡村振兴产业。

2020 年前三季度，贵州省完成种植食用菌 8.65 亿棒，产量 22.75 万 t，产值 36.98 亿元，带动贫困人口 8.58 万人，人均增收 1 633 元，提供就业岗位 13.9 万个，成为促进农民就业增收的重要产业。

5. 现代农业食用菌全产业链蓬勃发展

2020 年全国各地都在着力打造现代农业食用菌全产业链，推动形成生产、加工、流通、销售的全产业链一体化发展的现代农业食用菌产业体系，促进农民增收致富。福建古田银耳、河南汝阳香菇、河北遵化香菇、吉林蛟河黑木耳入围第四批中国特色农产品优势区。福建省罗源县投资 3 亿元建设智能恒温菌菇食品加工项目，为当地食用菌产业链发展注入了强劲动能。贵州省安龙县投资 5 亿元建设食用菌深加工仓储物流园，集科技与服务、交易与冷链仓储物流、初加工、

精深加工、产业组团 5 个板块于一体。

二、食用菌加工产业"十三五"期间发展成效

"十三五"期间，我国食用菌加工产业总体保持平稳增长，且运行质量效益呈稳步提高态势，2020 年，由于新冠肺炎疫情，食用菌加工产业整体受到一定影响。

食用菌加工规模以上企业从 2017 年的 409 家增加到 2020 年的 538 家（2017年开始才有食用菌加工方面独立的统计数据），实现主营业务收入从 2017 年的351.19 亿元增长到 2020 年的 417.27 亿元，从业人员平均人数从 2017 年的 4.09万人增长到 2020 年的 4.77 万人。

三、食用菌加工产业发展需求

产业链条的"头"——菌种（菌包）专业化分工不精细，比较效益低，传统的"小而全"生产方式已不能适应新常态下食用菌产业发展的需要；产业链条的"尾"——食用菌精深加工和综合利用总体水平较低，加工能力较差，且产品大多数是初级产品，功能食品、保健食品及药品等精深加工产品较少；迫切需要推动食用菌产业与大健康、文化、旅游等产业融合，提升产业整体效益。

食用菌加工产业要高度重视产业布局优化，引导促进食用菌向优势区域集中，在产业聚集地区合理布局，推进产业园区化、规模化、集约化，推进生产、加工、科技研发一体化。推动食用菌产业与大健康、文化、旅游等产业融合，大力开发食用菌观光、体验、餐饮、旅游购物、休闲养生等业态，实现农业、加工业、旅游业三产全线融合，发展食用菌三产经济。

第二节　重大科技进展

一、建立我国首个食用菌加工数据库

食用菌高值化加工技术成果针对我国食用菌产量大、精深加工少、产品效益低的产业突出问题，建立了覆盖了我国 80% 的主要人工栽培食用菌和野生食用菌首个食用菌加工数据库，解决了我国食用菌"应加工什么、可加工什么、如何加

工"的难题，为全国食用菌加工产业提供了科学依据。围绕食用菌加工过程中风味营养损失、功能成分失活、色泽质构劣变等诸多重大问题，创制了食用菌真空低温脱水技术、挤压预糊化交联技术、物理场耦合酶解破壁提取技术等三大核心关键技术，使食用菌加工过程中的特征营养与风味成分损失率由50%～70%控制在30%以内，褐变度降低20%以上，功能成分工业化提取率由原来的40%提升至70%以上，大大推动我国食用菌从初加工向精深加工的转变升级，推动了我国食用菌从普通食材向方便食品的跨越，实现了食用菌从"鲜食烹饪"向"方便即食"消费模式的转型。

二、银耳保鲜加工及其副产物综合利用关键技术创新与应用

该成果针对当前生鲜银耳销售企业在采后保鲜处理、包装及贮运过程中缺乏统一的规范，影响银耳的保质增值且存在一定的食品质量安全隐患，申报立项了一项国家标准《生鲜银耳包装、贮存与冷链运输技术规范》。系统研究了不同银耳原料、干燥方式和加工特性，揭示了共晶点、共熔点及冻干曲线变化规律，形成了速食银耳羹加工关键技术，降低生产成本，开发出冲泡型高品质速食银耳羹和高膳食纤维低GI值速食银耳羹2个新产品。以银耳加工副产物蒂头为原料，集成湿法粉碎、生物酶解提取、瞬时蒸发浓缩和陶瓷膜微滤技术，研发出澄清型银耳饮料产品，并进行规模化生产。该项目研究成果具有创新性和实用性，对促进银耳加工产业创新发展具有重要意义，总体技术达国际先进水平。

第三节　存在问题

一、缺乏食用菌加工专用品种

我国食用菌种质资源丰富、种类繁多，但每种食用菌品种相对单一，绝大多数品种主要是以鲜食为主，缺乏优良的加工品种。而不同的食用菌加工产品对食用菌原材料的成分要求不同，应尽早开展加工专用品种选育。

二、食用菌加工专用设备不足

食用菌加工产业缺乏先进的专用加工设备，目前大部分先进的食用菌加工设

备均为蔬菜加工的设备，且大部分都是从国外引进的，加快自主食用菌专用加工设备研发迫在眉睫。

三、加工层次低，加工增值效益差

与我国食用菌产业快速发展、生产产量持续增长相比，我国食用菌产值的增长略显滞后，食用菌产业链的均衡发展不容乐观。换言之，我国食用菌产业的高资源投入生产，没有获得高附加值高效益的生产回报。食用菌产量之大，深加工技术匮乏，且粗加工比例远远高于深加工，使得一部分原产鲜菇销售到国外，或以高品质鲜菇（干菇）出口，部分成为境外的食用菌（功能营养食品）加工原料。加工层次低、加工链的匮乏是我国食用菌产业持续发展的短板。

第四节　重大发展趋势

目前，对有关食用菌中营养、功能因子及作用机制已开展较多研究，但因食用菌品种繁多，活性成分复杂，主要集中在食用菌多糖、黄酮抗氧化、降血糖及抗癌等方面，而对于食用菌在加工过程中的品质及风味形成的分子基础和变化规律、品质保持技术对食用菌产品品质与保质期的影响等方面的研究较少，高值功能性新型食用菌制品及其绿色加工研究也是未来研究趋势之一。

随着越来越多的野生食用菌新品种被发现和驯化，以及食用菌商业化栽培技术的提升，未来食用菌加工产业将向多元化、个性化、功能化方向发展，向大健康产业融合，食用菌精准扶贫成果得到充分肯定后，将成为乡村振兴的强大推力。

第五节　下一步重点突破科技任务

一、食用菌营养品质保持技术

在加工贮运过程中，食用菌中的蛋白质、糖类、黄酮类等营养成分被破坏，或者其营养成分的分子结构、空间构象、理化性质发生改变而形成独特的香气、滋味、功能。通过研究阐明食用菌加工过程中品质及风味形成的分子基础和变化规律，开发出适宜的营养品质保持技术，解决食用菌加工过程中品质表征评价及营养品质保持技术缺乏问题。

二、研制高值功能性新型食用菌制品

通过研究确定品质保持技术对食用菌产品品质与保质期的影响，突破功能型食用菌质量及安全控制新技术，研制高值功能性新型食用菌制品，开发针对不同区域、不同人群特殊营养需求的休闲化、高值化、功能化系列食用菌制品，解决食用菌科学研究对市场新需求支撑不足的问题。

专题十四 2020年中药材加工业发展情况

第一节 产业现状与重大需求

一、中药材产业年度发展概况

目前，我国中医药事业已基本形成以科技创新为动力、中药农业为基础、中药工业为主体、中药装备工业为支撑、中药商业为枢纽的新型产业体系，发展模式从粗放型向质量效益型转变，产业技术标准化和规范化水平明显提高，涌现出了一批具有市场竞争力的企业和产品，中药产值不断攀升，逐渐成为国民经济与社会发展中具有独特优势和广阔市场前景的战略性产业，成为深入实施健康中国战略和全面建成小康社会的"助推器"。

近年来，我国中医药市场不断发展，随着需求不断增长，中药材市场也不断扩大。数据显示，2018年，我国中药材市场成交额达到1 518.4亿元；2019年约为1 725.2亿元，预计2021年中国中药材市场成交额将近2 000亿元（专题图14-1）。

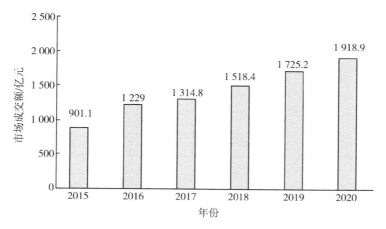

专题图 14-1　2015—2020 年中国中药材市场成交额及预测

从中游产品看，2012—2018 年中国中药饮片行业销售收入呈稳步增长趋势，销售收入增速分别在 2016 年和 2018 年触底回升（专题图 14-2）。2016 年回升的主要原因是中药饮片被纳入基药目录，2018 年回升的主要原因是中药饮片不受零加成影响（最高加成 15%），同时不计入药占比（药占比<30%），终端医院使用中药饮片的意愿加强。

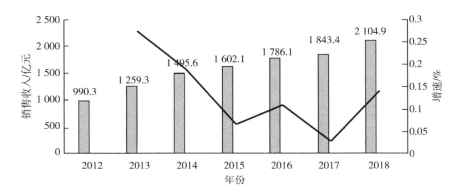

专题图 14-2 2012—2018 年中国中药饮片行业销售收入及增长情况

整体来看，2018 年，提取物与中药材及饮片处于贸易顺差地位，特别是提取物，发展势头强劲（专题图 14-3）；而中成药和保健品仍在努力扭转贸易逆差的局面。

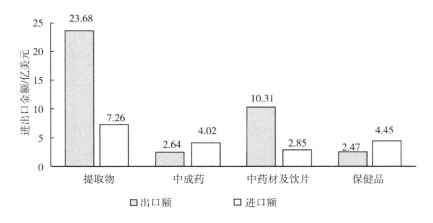

专题图 14-3 2018 年中国中药类商品进出口金额情况

中药材及饮片 2018 年进口额 2.85 亿美元，同比上涨 9.16%；出口额为 10.31 亿美元，降幅为 9.49%（专题图 14-4）。

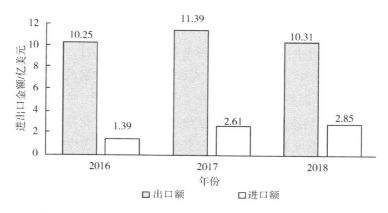

专题图 14-4　2016—2018 年中国中药材及饮片进出口额对比

近年来，中药行业后市场的繁荣拉动中药材的需求上涨，但中药材供不应求导致价格上涨。2017 年中国流通市场常见的 741 个中药材品种中，220 个品种价格上涨，同比下降 7%；334 个品种价格持平，同比下降 12%；187 个品种下跌，同比增长 48%。短期内中药材价格会持续上涨，这对中药材批发市场来说或许是一个商机，但对于终端消费者来说，可能会迎来新一轮中药涨价。

随着中药材产业规模的不断扩大，也出现了一些制约中药材产业发展的瓶颈问题。一是道地布局不优，二是药材品质不高，三是产业链不全。因此，针对上述问题，下一步，中药材产业要以《全国道地药材基地建设规划（2018—2025）》为中心，优化道地药材布局，聚焦药材品质，推进中药材生态种植，促进节本增效，聚焦产业化发展，做好品牌建设，延伸产业链条，将中药材产业打造成健康产业、特色产业、富民产业。

二、中药材产业"十三五"期间发展成效

中药材产业是我国战略性新兴产业，是中医药工业和大健康产业的重要组成部分。中共十八大以来，国家将中医药发展作为经济社会发展的重要战略举措，"十三五"期间，国家大力扶持中药材产业发展，相继出台了一系列相关文件，具体如下。

2015 年 4 月，国家中医药管理局等 12 部门联合发布《中药材保护和发展规

划（2015—2020 年）》；5 月，国务院办公厅印发《中医药健康服务发展规划（2015—2020 年）》；11 月，国家旅游局、国家中医药管理局下发《关于促进中医药健康旅游发展的指导意见》。

2016 年 2 月，国务院印发了《中医药发展战略规划纲要（2016—2030 年）》，对新时期推进中医药事业发展做出系统部署；10 月，中共中央、国务院印发《"健康中国 2030"规划纲要》，专章对振兴发展中医药、服务健康中国建设进行部署；12 月，国务院新闻办发表《中国的中医药》白皮书，系统介绍了中医药的发展脉络及特点，展示了中医药的科学价值和文化特点。

2016 年 12 月，全国人民代表大会常务委员会发布了《中华人民共和国中医药法》，自 2017 年 7 月 1 日起施行。这是我国中医药的根本法和基本法，它将党和国家发展中医药的有关方针政策上升为国家意志，用法律形式固定下来，是中医药发展史上的一个重要里程碑。

2017 年 1 月，国家中医药管理局、国家发展和改革委员会印发《中医药"一带一路"发展规划（2016—2020 年）》；3 月，国家中医药管理局、全国老龄办等 12 部门发布《关于促进中医药健康养老服务发展的实施意见》；6 月，科技部、国家中医药管理局印发《"十三五"中医药科技创新专项规划》，"中医药传承创新工程"正式启动；2017 年 9 月，《中药材产业扶贫行动计划（2017—2020 年）》提出要凝聚多方力量，充分发挥中药材产业优势，共同推进精准脱贫；2017 年 12 月，《关于推进中医药健康服务与互联网融合发展的指导意见》中，从深化中国医疗与互联网融合、发展中医养生保健互联网服务等方面绘就我国"互联网+中医药"的发展路线图。

2018 年 12 月，发布《全国道地药材生产基地建设规划（2018—2025 年）》，提出到 2020 年，要建立道地药材标准化生产体系。到 2025 年，要健全道地药材资源保护与检测体系，构建完善的道地药材生产和流通体系。

2019 年 1 月，《关于促进中医药传承创新发展的意见》中提出健全中医药服务体系，发挥中医药在维护和促进人民健康中的独特作用等 6 大意见，使万亿级中医药大健康产业再迎政策利好；2019 年 5 月，在瑞士日内瓦举行的第 72 届世界卫生大会审议通过了《国际疾病分类第十一次修订本（ICD-11）》，首次纳入起源于中医药的传统医学章节，这将有助于促进中医药与世界各国医疗卫生体系融合发展。

随着人们健康意识的增强，对中药的需求、对健康产品的需求也越来越大，作为原料保障基础的中药材产业随之也快速发展，成为农业结构调整、农民增收致富的新兴特色产业。"十三五"以来，我国中药材产业发展取得了显著成绩。我国中药材生产规模迅速扩大，2019 年中药材种植面积达 7 475 万亩，比 2017 年中药材种植面积增加了 9.94%，产量超过 1 325 万 t。道地药材优势产区日益集中，政策法规逐步完善，品牌打造初见成效，扶贫增收作用突出。

三、中药材产业发展需求

1. 中药资源方面

中药资源为自然资源，既包含不可再生资源，又包含可再生资源。中药资源的这种特性影响着中药资源储量的形成与积累。我国具有丰富的天然药物资源，然而由于过度开发等原因，一些中药材资源濒临枯竭。中药行业的发展高度依赖于资源的可持续和合理利用。建议从以下几方面对中药资源加以保护：①加强中药种植的区域规划，实施中药资源保护和合理利用工程。以保护濒危稀缺中药资源为核心，以中药优质种源繁育、野生资源的抚育、人工种植养殖技术为重点，充分利用荒山、沙漠，配合退耕还林还草和西部开发的战略部署，保障中药资源的可持续利用。②运用高新技术，提高育种水平，开展种子质量评价和研究；发掘新的药用资源、代用品等资源的综合利用研究。③加强中药资源监测和信息采集网络建设；开展重点中药品种的全国中药资源普查。

近几年，随着中药现代化、国际化热潮，中药材发展面临前所未有的机遇，但人类活动对自然环境的破坏使一些物种濒临灭绝，中药资源的储量和质量正不断下降，如不加以重视，将严重阻碍行业的未来发展。据了解，我国目前濒危动植物约 1 431 种，约占我国高等动植物总数的 4.1%。由于野生资源日益减少，造成全国常用的 500 余种药材每年约有 20% 的短缺，尤其是占药材市场 80% 的野生药材短缺。针对以上情况，为保护中药资源、防止药用物种绝灭，全国建立了 333 个不同类型的自然保护区。

2. 技术标准方面

我国中药技术标准体系还不健全，不仅不利于中药产业本身的发展，也阻碍了中药的国际化进程。建议从以下几方面加以重视提高：①开展对中药种子标准的研究，填补该领域的空白；加强对种植技术和加工技术的研究，完善中药材生产技术标准；继续加强中药材多指标控制质量标准研究，全面提高中药材质量。②加强中药饮片标准和提取物标准的制定，尽快使中药的原料与国际接轨；研究国外发展植物药的模式和策略，研究适合于中医药特点的新药注册标准和简化注册程序。③加强中成药生产全过程质量保证体系的建设，应用多指标、先进的科学技术和手段开展综合质量评价体系建设；加强中药制药设备和机械的研究，全面提高适合中药生产的现代化和自动化水平。④加强中药质量综合评价新模式的研究，多角度开展中药技术标准的设立和完善。⑤建立适合于中医药特点的安全性评价标准。

3. 创新体系方面

中药产业整体而言创新能力差，产业快速发展后劲不足。加强我国中药的基础研究和创新能力建设主要应从资金和政策层面上予以重视。包括加强国家创新研究基地的建设；加强以企业为核心的自主创新能力建设；加强知识产权的保护实施力度；加强科技成果转化能力建设；扶植科技型中小企业；构建中医药标准化研究中心、中药化学对照品中心、中医药临床疗效评价中心、中医药信息网络中心；继续支持旨在开展行业共性技术研究的国家中药工程中心的建设；加快中医药国家重点实验室的建设等，来提升中医药研究水平、自主创新能力和复合型中医药人才的培养，为中医药行业的发展奠定坚实的基础。

4. 国家政策方面

政府在产业发展中的作用举足轻重，政策直接影响产业结构布局和资源配置。产业环境差，制约和影响了中药产业的健康发展。《中华人民共和国药品管理法》和《药品管理法实施条例》中的条款主要针对中成药，对中药原料缺少详细的考虑；知识产权保护难以实现对中医药特点的实质性保护；中药材、饮片、中药提取物生产和流通方面的法规不完善，技术标准缺乏；对医院制剂的限制政策不适合中医药临床使用特点和传统；野生药材资源急需保护和合理利用等。我国需进一步建立完善反映中医药特点，符合自身发展规律和我国国情的独立政策和法规体系。

第二节　重大科技进展

一、雪莲、人参等药用植物细胞和不定根培养及产业化关键技术

通过突破雪莲、人参等珍稀濒危药用植物资源保护利用、规模化培养工艺及装置、质量控制、产业化生产、产品开发等关键共性技术，建立了珍稀濒危药用

植物细胞和不定根研发、生产与应用创新平台及评价标准，创新性地打通珍稀濒危药用植物细胞和不定根新食品原料产业链，为中药资源的可持续性利用提供了一套从理论到实践到法规落地的综合性保护利用方法，推动了中药资源保护与持续利用领域的发展进程。该项目获得 2019 年度国家科学技术进步奖二等奖。主要完成人为黄璐琦等 10 人，主要完成单位为大连普瑞康生物技术有限公司等 3 家。

二、中药制造现代化——固体制剂产业化关键技术研究及应用

针对中药复方制剂的药味成分复杂多样，服用剂量大，制剂规格大，药辅占比高，物料吸湿性大、黏性强，导致传统中药制剂制造"产品质量低，生产效率低，生产能耗高"等制约中药固体制剂制造产业的关键问题，以中药制剂"提质，增效，节能，升级"为目标，立足中药制剂"物料、工艺、技术、装备"相互影响，从设计、工艺、装备和质控等方面，创建中药制剂制造产业化系统解决方案，创新了中药大规速压片技术与装备、中药大容量包衣技术与装备等，为中药固体制剂制造产业化升级提供范本。该项目获得 2019 年度国家科学技术进步奖二等奖。主要完成人为刘红宁等 10 人，主要完成单位为江西中医药大学等 6 家。

三、基于中医原创思维的中药药性理论创新与应用

以寒热药性为突破口，基于中医原创思维和认知规律，提出整体药性观，创立本原药性和效应药性两个新概念，发现了药性表征规律，拓展了药性应用新领域，重塑寒热药性在中药临床合理用药策略中的关键地位，成果在中医院进行了合理用药指导，解决了中药药性理论传承难、认知难、应用难的科学难题，推动了中药药性理论的传承与创新。该项目获得 2019 年度国家科学技术进步奖二等奖。主要完成人为王振国等 10 人，主要完成单位为山东中医药大学等 6 家。

第三节　存在问题

一、药材品质不高

目前，药农仍是中药材种植的一大主体，因缺乏相关植保、环保等意识，在

种植过程中存在滥用农药、施肥不规范等问题，导致中药材品质下降。因缺乏统一的产地加工标准，且产地加工监管较难，卫生条件差、初加工设备简陋的小作坊数量较多，极大影响了中药材产地加工质量，产地加工规范性有待提高。此外，目前部分中药材产区大多不具备建成集约化仓库的能力，导致多数中药材仓库环境简陋，多种药材混乱堆放，极易出现虫蛀、霉烂、变质等情况。

二、流通环节效率低下

中药材流通呈现环节多、效率低的特点，中药材自产区至销售者，中间流通环节众多，存在层层加价、掺假率高等问题，人为增加了中药材与饮片的交易成本，加大了消费者的负担。

三、溯源系统不完善

目前，全国已建立了一系列中药材溯源系统，但由于溯源标准不统一、溯源系统不兼容、溯源数据易造假等，现有溯源系统对促进中药材产业规范性的作用尚未有效发挥。

下一步，中药材产业将要以《全国道地药材基地建设规划（2018—2025）》为中心，优化道地药材布局，聚焦药材品质，推进中药材生态种植，促进节本增效，聚焦产业化发展，做好品牌建设，延伸产业链条，将中药材产业打造成健康产业、特色产业、富民产业。

四、食药同源品种开发利用不足

我国食药同源品种多以中药材饮片入药或以原材料形式进入市场，产品科技含量低，企业对新产品开发投入不足，导致食药同源品种应用历史久远，但远远不能够满足人民日益增长的健康需求，而且难以进入国际市场。应利用中医理论优势，加大食药同源新产品科研投入，树立科学技术是第一生产力的观点，提高产品科技含量，从简单饮片和药膳逐渐向高附加值食药同源功能产品开发的方向发展，注重打造知名药食同源品牌，在消费者心中树立品牌效应，开拓国内外市场，为食药同源产品走向国际市场奠定基础。

五、道地药材、濒危物种的持续培育和保护

我国拥有种植中药材得天独厚的自然资源条件和生产基础。但大量的野生中药资源分布于脆弱的生态环境带，加之长期的无序开发导致大量野生中药材资源趋于濒危甚至灭绝，从根本上破坏了自然生态环境及生物多样性。抢救性地保护和科学化地利用好珍稀濒危野生中药材资源，对于做大做强中药材产业、实现可持续发展、增强脱贫攻坚后劲和促进生态文明建设，均具有十分重要的意义。建立道地中药材资源保护区与抚育区，形成完整的中药种质资源动态监测和保护体系，保护药用生物多样性，为中药材的可持续发展保存珍贵的基因资源。此外，应加强对珍稀濒危野生资源保护及驯化研究，打造新品种的优势产区。建立道地药材种质资源库及种质资源圃，构建道地药材品种种植区划体系，打造道地药材新品种生产体系和全产业链质量追溯体系，从根本上提升我国中药材质量。

六、中药材标准制定，尤其是国际标准的制定

近年来，我国中药材产业发展迅速，但从药材种植到饮片上市未形成全过程的质量标准链条体系，难以实现系统的质量和价格的良性引导体系。影响中药材质量安全的因素主要有地域性、品种、环境条件、农艺操作、初加工方法等。因此，要加强中药材产品的全产业链标准设计，覆盖产地环境、种子种苗、农艺操作、产地初加工、贮藏运输的全程生产管理规范，打造安全、绿色、优质导向的全产业链标准体系。这不仅利于我国中药材产业的有序发展，还将促进中药的国际化进程。应支撑标准体系建设，充分利用 ISO/TC 秘书处、我国中药材资源丰富等优势，积极主导或参与到中药材国际标准的制定过程中，及时调整标准布局策略，制定符合自身发展的标准体系，促进中药材产业良性高速发展。

七、中药现代化、国际化程度不高

由于我国中药现代化、国际化水平较低，制约了中药产品进入国际市场。在国际中草药市场份额中占比仍较低，且大部分以原料、提取物形式存在。目前，在美国、欧盟等主流市场，大部分草药产品还是按照膳食补充剂来监管。由于面临文化、技术、安全等方面的壁垒，中医文化的传播和中药的出口面临很大困

难。我国中成药之所以缓慢发展，难以走出国门，与其缺乏严格一致的内在质量标准及分析手段有很大关系，因此中药产业的现代化发展应实现中成药药检的现代化、国际化标准。

第四节　重大发展趋势

随着人类生存环境和生活水平的提高、健康意识的增强，回归大自然的思潮日渐强劲，大健康产业已经被全球众多国家所重视，具有预防与保健功能的中药材也逐渐受到青睐。特别是《"健康中国2030"规划纲要》的实施，党和国家把中医药发展上升为国家战略，给中药材产业发展带来了机遇。

一、政策扶持力度加大，中医药行业逐步崛起

国家主席习近平对中医药工作做出重要指示，要遵循中医药发展规律，传承精华，守正创新，加快推进中医药现代化、产业化，推动中医药事业和产业高质量发展，推动中医药走向世界，充分发挥中医药防病治病的独特优势和作用。国家十分重视中药文化的传承与创新，未来，借助国家政策的优势与支持，中药产业将会高速发展。

二、中药产业监管严格化、规范化成为大势所趋

随着中药产品在生活中的分量越来越重，中药产业也成为国家重点监管产业之一。当下中药市场曾曝出过知名药企药材质量不合格、药品成分掺假、药材物价哄抬、用药不谨慎致人受伤等负面信息，中药产业监管严格化、规范化已是大势所趋。从中药材种植、加工再到中药产品流通，各个环节必将面临严格的监管，一旦相关方触碰监管红线，整个产业发展或将受到影响。

三、中药品牌延伸，药材后市场发展繁荣

随着国家不断出台政策支持和鼓励，中药传统用法在新中药时代得以回归和升级，也赢得国人重新重视的目光。在这一背景下，品牌中药正在迅速崛起。品牌中药企业在中医药领域长期发展，收获众多消费者的认同从而积累了品牌资

产，进而试图借助品牌认同力驱动品牌横向跨越发展，如云南白药、片仔癀等中药巨头企业积极布局中药日化用品、草本化妆品等药材后市场领域，利用品牌声誉带动衍生品的发展，并取得很大的成功。

四、"中草药+"新模式

近年来，有些企业和乡镇开始探索中草药+旅游、中草药+种植园观光、中草药+养生体验、中草药+文化科普、中草药+购物等多种经营模式，把中草药种植加工、乡村旅游、休闲度假、养生保健旅游、药材科普、中医养生体验、中医保健产品开发、中医文化宣传等融为一体，将中药材种植园发展建设成中医药旅游生态园。

五、中药产业链上、中、下游正在不断完善

目前，中国中药产业链上、中、下游正在不断完善中。上游方面，药材育种、种植模式变革、技术服务等因素对中药材种植的影响至关重要；中游方面，中药加工产品正向深加工和精细化的方向发展，以提高产品附加价值；而下游方面，药企、药店等纷纷拓展网上销售渠道，扩大销售覆盖人群。

六、药食两用中草药将倍受青睐

近年来，回归大自然的思潮日渐强劲，人类的医疗模式已从原来的治疗型逐渐转向预防与治疗相结合型，而一些具预防与保健功能的中药材也将逐渐受到青睐。专家们分析，保健食品、天然绿色食品开发将成为黄金健康产业的重要组成部分。

七、天然香料市场有望扩大

目前，世界各国正在开发新型的香料制品，以改善目前使用化学合成的香料制品，预防各类疾病，中药材可提炼香精、纯天然香用油，对目前食品工业中的糕点、饮料结构调整均会带来好处。

八、抗癌中药材前景看好

用以研制抗癌等药物的天然药材种植前景看好。防治各种癌症、艾滋病、心

脑血管病、糖尿病已是全世界医药科技领域和医药生产中药材企业研究开发的热点。先进国家投入巨大的财力、人力进行研究。天然药物的宝库——中药材资源中，有很多品种是防癌、治癌的尖端药物，是制造防癌、治癌药物的重要原料。

第五节　下一步重点突破科技任务

一、野生中药材资源保护和优质中药材生产

完善中药种质资源保护体系，建设濒危稀缺中药材种植养殖基地。同时建设常用大宗优质中药材规范化、规模化、产业化基地，保障中成药大品种和中药饮片的原料供应。推广使用优良品种，在适宜产区开展标准化、规模化、产业化的种子种苗繁育，从源头保证优质中药材生产。推进中药材产地初加工标准化、规模化、集约化，鼓励中药生产企业向中药材产地延伸产业链，开展趁鲜切制和精深加工。提高中药材资源综合利用水平，发展中药材绿色循环经济。突出区域特色，打造品牌中药材。

二、中药材全产业链技术发展

开展中药材生长发育特性、药效成分形成及其与环境条件的关联性研究，深入分析中药材道地性成因，完善中药材生产的基础理论，指导中药材科学生产。挖掘和继承道地中药材生产及产地加工技术，结合现代农业生物技术创新提升，形成优质中药材标准化生产和产地加工技术规范，加大在适宜地区推广应用的力度。综合运用传统繁育方法与现代生物技术，突破一批濒危稀缺中药材的繁育瓶颈，支撑濒危稀缺中药材种植养殖基地建设。选育优良品种，研发病虫草害绿色防治技术，发展中药材精准作业、生态种植养殖、机械化生产和现代加工等技术，提升中药材现代化生产水平。充分发挥中药现代化科技产业基地优势，加强协同创新，积极开展中药材功效的科学内涵研究，为开发相关健康产品提供技术支撑。

三、中药材生产组织形式创新

推动发达地区资本、技术、市场等资源与中药材产区优势有机结合，发展中

药材产业化生产经营，使现代中药材生产企业逐步成为市场供应主体。推动中药生产流通企业、中药材生产企业强强联合，因地制宜，共建跨省（区、市）的集中连片中药材生产基地。推动专业大户、家庭农场、合作社发展，实现中药材从分散生产向组织化生产转变。引入中药企业和社会资本，进一步优化组织结构，提高产业化水平。

四、中药材标准和质量保障体系建设

进一步规范中药材名称和基原，完善中药材性状、鉴别、检查、含量测定等项目，建立较完善的中药材外源性有害残留物限量标准，健全以药效为核心的中药材质量整体控制模式，提升中药材质量控制水平。严格实施《药品经营质量管理规范》（GSP），提高中药材经营、仓储、养护、运输等流通环节质量保障水平。建立中药材从种植养殖、加工、收购、贮存、运输、销售到使用全过程追溯体系，完善中药材质量检验检测体系。

五、中药材现代流通体系完善

完善常用中药材商品规格等级，建立中药材包装、仓储、养护、运输行业标准，规划和建设现代化中药材仓储物流中心，配套建设电子商务交易平台及现代物流配送系统，推进中药材流通体系标准化、现代化发展，形成从中药材种植养殖到中药材初加工、包装、仓储和运输一体化的现代物流体系。

六、中药材现代化、国际化

随着我国经济的迅速发展，中药产业的发展趋势应向着优化生产结构、实现生产现代化，提高产品质量，增加产品附加值而发展。国内中药产业可通过严格按照 GMP 标准实施现代化改造和建设，积极引进国外领先的生产设备和技术，加速自身生产的现代化进程，提升中成药药检分析工作的现代化水平。此外，在国内外市场经济的新形势下，中成药营销及管理的现代化也有助于在竞争中赢得市场。中药现代化进程的加快，中药剂型的改进及质量标准的提高，都有助于使中药得到更多国外机构的接受与认可。

专题十五 2020 年热带作物加工业发展情况

第一节　产业现状与重大需求

一、热带作物加工产业年度发展概况

依托国家或省部级平台建设、基础研究中心、工程化研究基地和国家重点研发计划等科技项目的资助，我国热带作物加工产业在平台建设、技术研发、人才培养等方面逐渐完善。

1. 热带作物产业加工平台逐步完善

我国热带作物加工产业主要以中国热带农业科学院为代表，建设的平台包括国家重要热带作物工程技术研究中心、国家薯类加工技术研发分中心、国家农产品加工技术研发热带水果加工专业分中心、农业农村部热带作物产品加工重点实验室、广东省特色热带作物产品加工工程技术研究中心、海南省天然橡胶加工重点实验室、广东省天然橡胶科技创新中心、广东省现代南亚热作科技创新中心和农业农村部剑麻及制品检验检测中心等一批加工平台，为主要热带作物的产业化加工利用奠定基础。

2. 热带作物加工产业受关注度日益提升

我国热带地区十分适合高产高效农业发展，5.6% 的热带地区国土面积供应了全国约 70% 的冬季瓜菜。许多热带农产品具有特殊用途，如高性能天然橡胶、军工船舶用剑麻、生物医药等产品是高端制造行业不可或缺、不可替代的重要原材料，其中天然橡胶加工制品有 7 万多种，木薯酒精及变性淀粉等化工产品超过5 000 种；而咖啡、可可、香草兰、沉香等是高端饮品、化妆品、保健品等优质原料，是当前健康消费和个性消费的新宠，极大满足了人民对日益增长的生活需求，其市场前景十分广阔。

二、热带作物产业"十三五"期间发展成效

我国已经成为世界热带农产品生产大国，据统计，2019年，我国热带作物种植总面积453.33hm²，总产量3203.8万t，总产值1828.1亿元（不含甘蔗）。"十三五"期间，我国热带作物产业科技创新能力显著提升，集成了一批资源节约和环境友好的生产技术，熟化了一批热作机械和热带农产品精深加工技术，构建了热带农业协同创新协作推广新机制，形成了一批具有鲜明特色的原创性加工成果，包括咖啡、辣木茶、橡胶木制品、椰子精油、菠萝酶制品、波罗蜜干和木薯食品等，为天然橡胶、木薯、热带水果、甘蔗、辣木和香辛饮料等热带作物的优质、有效供给提供了强有力的支撑，并推动我国热带农业科技创新水平整体处于前列，部分领域达国际先进，一些技术方向国际领先，也支撑广东农垦、云南农垦和海南农垦等单位带领实现我国热带农业"走出去"和"引进来"。

当前，国产热带水果供给充足，而东南亚进口热带水果成为中国热带水果需求多样化的来源和重要补充，进口热带水果量占到总进口量的35%~40%。据报道，2020年，中国从泰国进口热带水果164.7万t，从越南进口热带水果128.9万t，预计2021年热带水果进口量还将比上年增长10%以上，其中榴莲、樱桃、香蕉、山竹是进口的主要品种。从橡胶来看，据中国海关总署公告，2021年5月我国进口天然橡胶16.41万t，同比上涨28.98%；2021年1—5月我国木薯干片进口总量约为262万t，同比增长69.03%。可见，我国市场对主要热带作物产品的需求仍然强劲。

三、热带作物加工产业发展需求

1. 轻简化采后保鲜技术及设施

热带作物生长在高温、高湿和病虫害频繁的热带及南亚热带地区，当前采后损失率达30%，研发轻简化采后保鲜技术和设施，提高热带作物初加工技术水平是采后减损的关键举措。

2. 副产物资源化利用技术和装备

许多热带作物的生物量大，生长迅速，但副产物（茎叶、皮、渣和下脚料）利用技术研发不足，利用水平不高，需要加强研发环境友好型、高效利用的技术和装备，推动热带农业可持续高效发展。

3. 标准化体系建设

随着我国热带农业"走出去"和"引进来"，标准化体系建设成为热带农业产业健康发展的奠基石，也是高值化和智能化研发利用的基础。当前，我国热带农业加工产业的检测标准、产品标准和利用技术规程的制定相对滞后，需要强化热带作物加工产品技术标准和检测技术规程的制修订工作，为高值化利用、大数据和智能化发展奠定坚实基础。

第二节　重大科技进展

一、热带作物加工产业化关键技术稳步推进

热带作物深加工关键技术不断取得突破，热带水果、槟榔、椰子、香草兰等深加工关键技术研究及产业化开发均取得显著成效。"十三五"期间先后研发出高性能军工用胶加工技术、高性能乙酰化食用木薯变性淀粉加工技术、胡椒高温灭酶护色技术、鲜果全果直用和热浸提技术、精油及活性成分提取技术和木薯粉加工技术等系列项高值化加工关键技术，其中木薯粉湿法加工技术降低能耗 20%以上，高性能胶技术实现了天然橡胶加工从"标准通用胶"向"特种专用胶"的转型。

在副产物利用方面，木薯渣基质化利用、甘蔗叶沼气化利用、香蕉茎秆和木薯叶饲料化利用以及菠萝叶纤维化利用等技术取得新进展。研发出高于《有机肥料》（NY 525—2012）指标要求的香蕉茎秆有机肥、菠萝叶渣有机肥和咖啡果皮有机肥；针对香蕉雄花副产物，筛选出高活性降血糖单体化合物，研制出香蕉花降血糖胶囊；热带作物加工产业科技创新显著改善，有效促进了热带农业的可持续发展，增加了热带农产品的附加值，提高了热带作物产业的效益，有力推动了现代热带农业跨越式发展。

二、热带作物加工产业化加工装备初见成效

热带作物产业的加工机械化水平得到显著提升，橡胶智能割胶刀、木薯机械化采收、咖啡收获机、甘蔗收获机等快速发展，并在广东、海南和云南规模化应用。研发出胡椒机械脱皮、脱粒等关键设备 6 台/套，促进胡椒资源利用率提高

15%，人工减少50%，产品附加值提高3~5倍，生产能力是间歇式生产的3~5倍；集成木薯块根脱皮和干燥等轻简化加工利用装备，节能20%以上；研制出香蕉除芽机具和茎秆破片机、切碎机、刮麻机、菠萝叶割铺机、小型手拉式刮麻机、间歇式刮麻机、纤维清洗脱水机、纤维打包机、菠萝茎叶粉碎机、双辊式菠萝叶粉碎还田机等，在广东、广西、海南等主产区推广应用。

三、热带作物加工产业科技合作更加有序

世界热区是我国热带农业加工产业发展的重要动力之一。据FAO（联合国粮食及农业组织）统计，世界热区面积约5 300万 km²，我国热区面积仅为50万 km²，约占世界热区的1%，在国家"一带一路"倡议和中非合作八大行动以及澜湄合作"三亚宣言"的推动下，我国热带农业加工产业通过技术研发、技术培训和设施建设等热带作物加工产业的相关合作和基地建设，已经和包括泰国、越南、乌干达、尼日利亚、马来西亚等30多个发展中国家建立密切的合作关系，有利地保障了我国热带农产品的输入，也极大提升了我国热带农业科技"走出去"的能力。

第三节　存在问题

一、热带作物加工产业产地初加工能力亟待提升

受热带作物自身因素和外界环境的双重影响，热带作物采后容易发生腐烂变质，不仅影响加工利用，也造成较大的损失；此外，热带作物多数种植在山区的坡地和缓坡地，采收困难、采收易损伤、采后易腐烂等问题突出。据报道，每年热带水果采收后因无法及时处理而造成的损失率达30%以上。为此，采后初加工成为热带作物加工产业的关键环节。据报道，2019年，我国冷库总量达到6 052.5万 t，较2018年增加814.5万 t，同比增长15.55%，但人均仅为0.035 m³，仅是美国等发达国家的10%，发展潜力和空间很大。

二、副产物资源化利用率低，产业开发滞后

据不完全统计，热带作物生产、采收和加工的副产物年产量超4 300万 t，

资源化利用率不足10%，不仅造成资源浪费，也容易出现病虫害频繁发生和环境污染等问题，如多数副产物残留的病虫，处理不当容易造成农田病虫高发，且副产物腐烂后产生的渗滤液经地表径流冲刷和渗漏等途径进入地表水和地下水，容易造成农业面源污染，难以支撑热带农业加工产业的健康发展。据报道，热带农产品的生产和加工产生的副产物往往含有大量的可被利用的物质，如木薯鲜叶中约含有9.5%粗蛋白和5.2 mg/g黄酮类物质（芦丁、烟花苷、槲皮素、山柰酚等），是优质的食品和饲料加工的原料，但木薯叶资源化、产业化开发利用技术研发滞后。

三、热带作物产业链一体化建设亟须完善

随着"一带一路"倡议不断推动，我国热带农业科技"走出去"步伐显著加快，习近平总书记和党中央高度重视热带农业发展，赋予热带农业新的战略定位，提出"使热带特色农业真正成为优势产业和海南经济的一张王牌""打造国家热带农业科学中心""建设全球热带农业中心"等战略部署，热带作物加工产业已经成为贯彻落实国家热带农业产业战略部署的牵引力。然而，当前热带作物加工产业经营规模不大，产业链不长，标准化生产水平不高，一二三产业整合不足，精深加工、仓储、物流、贸易等发展相对滞后，缺乏一体化运作和有竞争力、影响力的产品品牌及企业品牌，也缺乏"互联网+"和大数据等新型营销模式，很难适应日益激烈的国内外市场竞争。

第四节　重大发展趋势

一、热带作物加工产业将聚焦乡村产业振兴

2018年4月，习近平总书记在庆祝海南建省办经济特区30周年大会上明确提出"打造国家热带农业科学中心"；2020年5月，唐仁健部长在考察中国热带农业科学院后，强调"我国热带农业的功能不可替代，地位不可或缺。要发挥优势和特色，持续强化国家战略科技力量，为全面推进乡村振兴、加快农业农村现代化做出更大贡献"，这给我国的热带农业加工产业带来新发展机遇。"十四五"期间，我国全面实施"乡村产业振兴"，热带作物是热区老、少边穷地区的

传统富民作物，在贫困地区广泛种植，是许多种植户的主要经济来源之一，在家庭农庄经营、家庭养殖和特色食品加工等方面具有重要地位，通过大力发展热带作物加工产业这个"小产业"，撬动时下新兴的个性消费产业、健康产业和旅游产业，这不仅是贯彻落实国家发展战略，也符合当地政府产业发展规划，具有明显的经济和社会意义。

二、热带作物加工产业国际合作将更加紧密

随着我国整体国力的提升，国际影响力日益加强，我国热带农业科技也得到长足的发展，热带作物加工产业的国际合作步伐稳步推进。5年来，中国热带农业科学院代表国家、部、省参与国际合作事务超过151次，组织举办重大国际活动67场，选派专家1 139人次赴境外开展科技交流合作与技术指导，举办援外培训班103期，培训外籍学员5 025人次，建设6个境外热带农业实验站和6个试验示范基地。此外，据非盟统计，2019年，非洲进口粮食金额高达900亿美元。非洲人口2050年将达到25亿，粮食问题面临严峻挑战。鉴于此，2021年7月，中国热带农业科学院与世界粮食计划署（WFP）签订合作框架协议，将在"热带农业加工价值链延伸和粮食安全"等领域密切开展合作，这将助力我国热带作物加工产业更好服务国家"一带一路"倡议、中非南南合作和澜湄合作，为非洲等地农产品加工业的高效发展和粮食生产加工与贮运效率的提高以及增加农村人口就业机会提供中国智慧和中国经验。

三、热带作物加工产业精深加工将获得长足发展

由于全球不断提高对动物产品的消费需求量，导致作为饲料的作物和其他农产品的数量不断增加。据FAO分析，2018—2020年，全球约有17亿t谷物、蛋白粕和加工副产品被用作动物饲料，预计在未来10年将增长14%（2011—2020年平均增长率为3.8%），2030年将达到20亿t。我国热带作物产业每年有近4 300万t的副产物，是优质的动物饲料原料，也是膳食纤维、多肽和多糖等功能产品加工利用的研究领域。随着我国一二三产业融合的不断深入和加工装备的研发与应用，我国热带作物产品精深加工技术研发力度将不断深入，系列品牌化、国际化和功能化产品将逐鹿国际市场。

第五节 下一步重点突破科技任务

一、热带作物产后初加工产业链一体化建设

以"产业链一体化"为目标，坚持"农有、农用、农享"的原则，围绕热带作物鲜活农产品难收、易损和易烂的特点，设立专项资金鼓励农业龙头企业、农业产业化联合体和产业协会、合作社积极参与农产品产地冷藏保鲜设施建设，采取"先建后补、以奖代补"方式，在热区范围内支持热带农产品产地冷藏保鲜基础设施建设，最大限度通过新型经营主体，在优势区域集中布局，助力降损增效，提升热带作物产后冷藏保鲜能力、商品化处理能力和服务带动能力。

二、热带作物副产物产业化利用模式研发

以"战略热作、绿色热作、产业热作"为发展理念，在热区推进"农用优先、多元利用"技术，培育一批热带作物副产物产业化利用技术和产业化利用主体，在秸秆高效还田和饲料加工利用等多领域打造产业化综合利用样板，探索可推广、可持续和可复制的产业化综合利用技术、模式及机制。

三、热带作物高值化、精细化和功能化产品研发

许多研究表明热带作物多数具有某种特殊功效、风味和功能活性成分，有利于研发高值化、精细化和功能化产品，利用现代加工技术和加工装备，通过酶解、发酵或蒸馏等工艺，加快研发符合健康消费、个性化消费的功能性产品（多糖、寡糖、多肽、不饱和油脂），为产业的可持续发展提供技术保障，提升热带作物产业链整体经济效益。

四、热带作物产品安全风险评估

营养健康和环境友好是当前热带作物加工产业发展主流方向，但由于热带作物本身具有特殊的抗营养因子（如氰苷、单宁、蛋白凝聚素等），且采收后由于环境高温高湿，容易诱发真菌毒素为害（如黄曲霉毒素、玉米赤霉烯酮、呕吐毒素等），及时开展热带作物产品安全快速检测技术研发、产品功能验证和风险评估迫在眉睫，是保障热带作物加工产业健康发展的关键。

专题十六　2020 年食品生物制造业发展情况

第一节　产业现状与重大需求

一、食品生物制造业年度发展概况

随着生物科学和食品科技的高速发展，食品科学正在从高技术食品改良向高技术食品制造转变。食品合成生物学即是在传统食品制造技术基础上，系统设计代谢路径，创建具有食品工业应用能力的人工细胞工厂，将可再生原料转化为重要食品组分、功能性食品添加剂和营养化学品，从而大幅降低食品生产对资源和能源的需求，提升食品生产与制造的可控性，有效避免潜在的食品安全风险和健康风险，解决食品原料和生产方式过程中存在的不可持续问题。因此，食品合成生物学是解决目前食品制造面临的问题和主动应对未来挑战的重要发展方向。

二、食品生物制造业"十三五"期间发展成效

食品添加剂被广泛应用于食品工业以提高食品加工、贮存和包装过程中的质量与安全。与化学合成法和植物提取法相比，以可再生天然底物为原料通过微生物合成食品添加剂，质量接近天然产品，食用安全、生产成本较低，生产过程可控且清洁无污染，符合绿色环保的发展趋势以及下游市场对安全"天然"产品的消费需求，因此全球市场需求量持续增长。到 2024 年，全球食品领域合成生物学市场预计将从 2019 年的 2.131 亿美元增至 25.752 亿美元。为满足市场需求，一方面，要致力于采用食品合成生物学与现代发酵技术开发出新的食品资源和食品添加剂，提高食品添加剂的品质和安全性，另一方面，要推动食品工业向标准化、规模化发展，促进食品产业向高技术健康产业转型。开展食品合成生物学的研究和推广应用，将有利于缓解资源与能源危机，实现绿色可持续发展，代表着未来食品的发展趋势，对于保障国家食品安全战略具有重要意义。

第二节　重大科技进展

一、利用微生物进行工业生产的食品添加剂

微生物法合成食品添加剂作为一种可持续和经济可行的生产方式受到广泛关注，目前已有许多高滴度的成熟工艺可用于生产包括黄原胶、赤藓糖醇、2-岩藻糖基乳糖、L-谷氨酸、α-半乳糖苷酶和核黄素等在内的食品添加剂。利用合成生物学、代谢工程和其他生物技术方法可以提高整体生产效价，并使大规模工业生产成为可能。

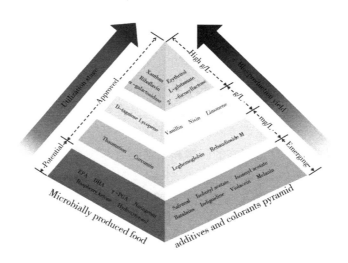

专题图 16-1　生物基食品添加剂和食品着色剂的金字塔示意图

黄原胶（Xanthan）是一种作用广泛的微生物胞外杂多糖，由 D-葡萄糖、D-甘露糖和 D-葡萄糖醛酸组成。黄原胶具有独特的流变性，良好的水溶性，较高的热及酸碱稳定性，可作为食品工业中的增稠剂、悬浮剂、乳化剂和稳定剂等。2020 年黄原胶的市场规模超过 9.6 亿美元，预计到 2026 年将达到 14 亿美元以上。20 世纪 70 年代，美国 CP Kelco 公司首次将黄原胶商业化，利用好氧天然野油菜黄单胞菌 *Xanthomonas campesteris* 固定化发酵工艺生产黄原胶，产率可达 0.12~0.72 g/（L·h）。黄单胞菌内负责黄原胶生物合成的 gum 操纵子编码一系列的糖基转移酶，通过调节基因表达可显著提高黄原胶产量。此外，接种量、培

养基成分和生长条件（如氧、pH 值和温度）等也是影响黄原胶结构、性质和产量的关键因素。为了降低下游纯化成本，可在菌黄素缺陷株中过表达透明颤菌（*Vitreoscilla*）的血红蛋白基因，得到色素含量较低但产量、分子量和流变性能相近的黄原胶。目前，已有研究利用低成本的葡萄糖替代底物（包括甘油、乳清、酒厂废水和木质纤维素农用工业废料等）生产黄原胶，为其可持续工业化生产提供了可行性方案。而黄原胶生产的新发展方向是合成特定的 EPSs，如通过敲除无标记基因和过表达特异基因，控制分子侧链，从而设计具有明确二级结构和流变性质的特定黄原胶变体。

赤藓糖醇（Erythritol）是一种四碳糖醇，也是一种广泛存在于自然界的填充型甜味剂。2020 年赤藓糖醇的全球市场规模超过 1.95 亿美元，预计到 2026 年将达到 3.1 亿美元。20 世纪 90 年代初日本最先实现了赤藓糖醇的工业化生产，并利用丛梗孢酵母（*Moniliella Pollinis*）、解脂耶氏酵母（*Yarrowia lipolytica*）等酵母表达系统显著提高了赤藓糖醇的生产效率和产量（滴度可达 100～250 g/L）。其代谢工程研究的重点是通过过表达途径提高戊糖磷酸途径的碳通量，通过甘油激酶和甘油-3-磷酸脱氢酶的过表达增强酵母对底物甘油的摄取，以及通过赤藓酮糖激酶或赤藓糖醇脱氢酶的基因缺失抑制产物赤藓糖醇的分解代谢。除了天然产赤藓糖醇的酵母（如 *P. tsukubaensis*）外，解脂耶氏酵母（*Y. lipolytica*）是研究和应用最为广泛的异源赤藓糖醇微生物细胞工厂，具有较高的安全性和独特的抗逆性，同时具有成熟的遗传操作系统。利用低成本碳源如糖蜜和废弃食用油等也可进一步降低赤藓糖醇的生产成本。

岩藻糖基乳糖（2'-fucosyllactose）是人乳低聚糖中最主要的成分之一，被广泛用作婴儿配方奶粉中的糖添加剂。与酶法和化学法相比，微生物发酵法合成岩藻糖基乳糖更加安全和高效。在微生物宿主中，通过鸟苷二磷酸甘露糖从头合成途径和岩藻糖补救合成途径，由 2-岩藻糖转移酶（fucT2）催化合成岩藻糖基乳糖。已有研究通过动态调控代谢通量、运用氧化还原再生工艺、灭活竞争途径、抑制产物和底物降解以及优化培养条件等技术，在大肠杆菌、酿酒酵母和枯草芽孢杆菌等多种微生物宿主中成功生产岩藻糖基乳糖，滴度从 0.49 g/L 到 64 g/L 不等。最近研究人员开发出一种利用蔗糖作为唯一底物、过表达 UDP-半乳糖和 GDP-岩藻糖通路的低成本岩藻糖基乳糖合成策略，通过 3 L 间歇补料发酵的岩藻糖基乳糖产量达到 64 g/L 且更具成本竞争力。目前，几家公司已实现了岩藻糖基乳糖生物合成的全球商业化生产，如德国公司岩藻糖基乳糖

Jennewein biotechnologie GmbH 的生产滴度高达 180 g/L。岩藻糖基乳糖生物合成的进一步研究方向包括开发高活性的 fucT2，维持 GDP-岩藻糖和细胞生长之间的代谢平衡，以及利用低成本的岩藻糖替代性底物如天然岩藻糖-半乳糖-木聚糖-葡萄糖聚糖，以提高产量并降低成本。

二、具有微生物合成前景的食品添加剂

一些食品添加剂已在实验室研究中实现微生物合成并获得较高的产量，但要实现大规模工业化生产还需要进一步优化。目前，一些公司已经建立了这些食品添加剂的试生产工厂，如生物技术公司 Solvay 推出了一种名为 Rhovanil 的天然香兰素，它以阿魏酸为底物经酵母发酵生产，被认为是天然香料。

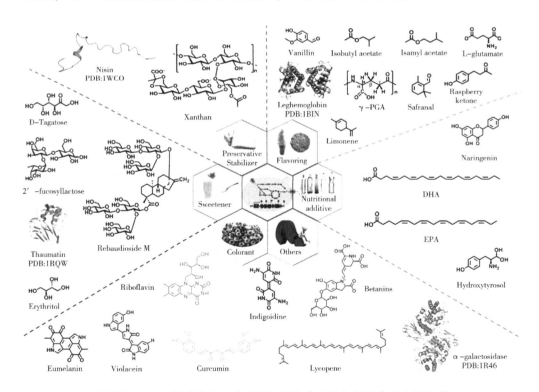

专题图 16-2　微生物衍生食品添加剂和食品着色剂的食品应用领域

香兰素（Vanillin）是芸香科植物香荚兰豆中的一种微量芳香化合物，具有香荚兰豆香气及浓郁的奶香，广泛用于食品、医药、日用化工和农业等领域，是全球产量最大的合成香料品种之一，预计到 2024 年其市场将达到 4.93 亿美元。

目前市场上香兰素主要通过化学法合成，但由可再生天然底物为原料经微生物法合成香兰素的市场需求正在持续增长。许多天然微生物都可利用阿魏酸、丁香酚或异丁香酚为原料生产香兰素，其产效价为 0.1~32.5 g/L。目前香兰素微生物合成的瓶颈主要是副产物的形成以及香兰素对微生物细胞的毒性作用。为了减少副产物的产生，研究人员提出敲除香兰素降解酶、利用大肠杆菌和酵母等异源宿主生产香兰素以及采用级联酶法等具体方法。目前微生物发酵法以阿魏酸为底物合成香兰素的最高滴度为 22.3 g/L，已达到工业生产所需的适当滴度，但仍需要通过代谢工程对生产途径进行优化以降低生产成本。通过动态控制来调节细胞生长和生产之间的平衡是解决香兰素细胞毒性问题的另一个有效策略，例如，利用尿酸调节蛋白 HucR 构建香兰素生物合成的多层动态控制系统，可显著提高细胞工厂的生产效率。再一个优化策略是使用基因工程菌株进行全细胞转化。在大肠杆菌全细胞系统中异源表达高温耐受的阿魏酰辅酶 A 合酶（FCS）和烯酰辅酶 A 水合酶/醛缩酶（ECH），以阿魏酸为底物，可使香兰素生产效率达到 1.1 g/（L·h），摩尔产率可达 71%，这为香兰素生物合成优化和工业应用提供了一条新途径。

姜黄素（Curcumin）是一种二酮类化合物，主要从姜科植物的根茎中提取，长期以来就作为一种常用的天然色素被广泛地应用在食品工业中。2020 年全球姜黄素市场规模为 5 840 万美元，预计到 2027 年将达到 1.52 亿美元。研究表明，利用Ⅲ型聚酮合成酶可从植物来源的各种羟基肉桂酸衍生物中合成姜黄素类分子。虽然姜黄素生物合成途径的多个关键 PKSs 已被鉴定和分离，但通过合成生物学和代谢工程策略在大肠杆菌等异源宿主中合成姜黄素仍处于早期探索阶段。最近，研究人员利用优化后的生物合成途径和共培养系统以酪氨酸为底物生产姜黄素，姜黄素类化合物的总产量可达 41.5 mg/L。而在解脂耶氏酵母 *Y. lipolytica* 和恶臭假单胞菌 *P. putida* 中生物合成双去甲氧基姜黄素的产量分别达到 0.17 mg/L 和 2.15 mg/L。目前，姜黄素合成酶的较低活性以及下游产物的微生物毒性是姜黄素生物合成的一大挑战，需要分离筛选耐受性更高的微生物宿主和更高效的姜黄素合成酶以进一步提高产量。获得更高纯度的姜黄素类化合物是今后研究的另一个重要方向，可通过增加特异性前体的供应和对辅酶 A 连接酶及姜黄素类合成酶的靶向工程来实现。

第三节　存在问题

食品添加剂的生物制造目前已取得显著进展，在食品合成生物学理论研究、技术方法建立和典型产物合成路径打通的基础上，进一步扩展合成的目标产物的范围、创建智能化细胞工厂和大幅度提升食品添加剂的合成效率，实现全细胞利用和工业规模制备是未来研究的重要方向，主要包括以下三阶段：①通过最优合成途径构建及分子修饰，实现重要食品添加剂的有效、定向合成和修饰，为"功能产品"细胞的合成做准备；②建立高通量高灵敏筛选方法，筛选高效的底盘细胞工厂，实现重要食品添加剂的高效生物制造，初步合成具有特殊功能的"功能产品"细胞；③实现人工智能辅助的全自动生物合成过程的设计及实施，通过精确靶向调控，大幅度提高重要食品添加剂在异源底盘和原底盘细胞中的合成效率，最终实现"功能产品"细胞的全细胞利用。

为进一步推动食品添加剂的绿色生物合成，需要重点攻破以下问题：①将组学技术广泛应用于天然产物生物合成基因簇的鉴定和表征；②选择合适的微生物宿主，特别是公认安全的 GRAS 微生物，如枯草芽孢杆菌、乳酸菌、酿酒酵母、解脂耶氏酵母等；③代谢工程与合成生物学等技术手段相结合，开发高效稳定的食品添加剂生物合成系统，从而消除代谢失衡、克服产物毒性并减少副产物的形成。此外，为了进一步提高产量，需要深入研究和阐明关键酶的调控机制，通过非转基因方法进行代谢调节提高产量。转运蛋白的筛选和鉴定对高效分离目标产物同样至关重要。而在生物制造过程中生产相关代谢产物的特定混合物可以满足多功能的应用需求，或通过对天然前体的靶向修饰如非同源糖基化等，可生产具有更好特性的非天然化合物。调控工程菌株生长和产物合成之间的平衡，对于高效经济的食品添加剂生产非常关键，同时有利于资源的合理利用，是食品添加剂生物合成规模化和工业化的先决条件。随着合成生物学技术在食品领域的快速发展，将可以实现更多未来食品基本原料和高营养价值添加成分的高效合成。此外，食品合成生物学的发展还面临安全监管与政策制度等一系列挑战。作为前沿技术创新和新兴产业，现有食品产业发展、市场准入和监管、安全性评价等制度已不能适应生物合成类未来食品的产业发展。因此，如何形成完善的制度对行业健康发展具有重要意义。

第四节　重大发展趋势

我国作为世界第一人口大国，食品问题一直是关乎民生的重中之重，且由于国土幅员辽阔，各地区的食物需求也存在差异，因此食品添加剂的应用非常广泛。庞大的市场需求带动了我国食品添加剂行业的快速发展。

一、绿色食品添加剂市场潜力巨大

目前，我国已经有 2 000 多种食品添加剂通过了国家相关部门的审核，被广泛应用于各种食品加工领域，但大多数都是经化学合成的食品添加剂。而在健康生活理念的指引下，绿色食品添加剂的需求不断扩大，在未来将成为食品添加剂的主流。但目前来看，我国生物合成食品添加剂的发展相对较为落后，大都需从国外引进。且由于中西方饮食文化的巨大差别，很多外国的食品添加剂并不适合我国人民的食用需求。为打破这一局势，实现生物合成食品添加剂的规模化生产，亟须研制、开发出更加合中国人体质和口味的食品添加剂，发展具有中国特色的食品添加剂生物制造行业。

二、高新技术人才需求大

食品添加剂的研制与开发需要较高的科技水平，这就对人才培养系统提出了更高的要求。因此，高校和科研单位必须建立完整的学科体系，增强师资力量，加大科研投入，为食品添加剂行业培养高素质人才。为鼓励原始创新，希望相关部门、单位能设立专项，帮助有想法、有能力的科研人员大胆尝试，争取早日做出属于我们自己的开创新成果。

三、加强政策扶持，完善监管体系

食品行业作为关系国计民生的一个行业，受到国家相关部门的严格监管。作为与之密切相关的食品添加剂行业，要想获得快速发展，必须要有国家相关政策的扶持。这主要表现为相关政策的倾斜，加大资金投入力度，加强高科技设备的引进，培养相关领域人才等。同时，作为关系人民群众食品安全的一个行业，国家有关部门也要加强对食品添加剂行业的监管力度，建立完善的质量监督体系，提高行业准入标准，为人们能够吃得安全保驾护航。

第五节　下一步重点突破科技任务

一、木聚糖定向酶解与高值化转化

重点开展蛋白酶、脂肪酶资源的挖掘与开发，系统阐明不同酶的环境适应机制及底物识别与催化机制，并通过构建高效智能合成底盘细胞，将木聚糖酶解产物阿魏酸进一步转化为香兰素、姜黄素等高值化合物，实现木聚糖的梯次化高值化利用，促进典型农产品加工过程的绿色及营养转型。

二、食品微生物底盘细胞代谢机制研究与精准调控

深入解析乳酸菌自溶机制，建立酶法改性修饰技术与乳酸菌基因编辑技术，构建解脂酵母细胞工厂，并结合膜过滤技术对乳及乳制品的不同组分进行分级分离，制备乳蛋白、乳脂、乳寡糖等乳基配料，并实现产业化示范应用。

三、FAE 筛选、机制研究及在功能强化食品开发中的应用

探索麦麸等天然底物的肠道菌群转化机制，通过体外发酵的方式筛选人体肠道来源的新型酶基因，阐明阿魏酸酯酶的作用机制，开发出适合国人营养健康的转化功能强化产品。

第一节　产业现状与重大需求

一、农产品生物毒素和过敏原污染现状

2020 年我国农产品真菌毒素污染情况较 2019 年严重，国家和各省市市场监督管理局共通报真菌毒素污染事件 106 起，主要包括花生、薏米、全麦、青稞等农产品，毒素主要有黄曲霉毒素、呕吐毒素、玉米赤霉烯酮和赭曲霉毒素，其中广西和广东通报次数最多。赵亚荣等报道了我国大陆地区食品中柄曲霉素（STC）和黄曲霉毒素 B_1（AFB_1）的污染现状，发现谷物类食品中 AFB_1 的检出率为 8.0%，坚果中 AFB_1 的检出率为 8.7%；STC 的检出率为 12.9%，平均含量为 0.39 μg/kg。杨博磊等分析了我国不同地区土榨花生油中 AFB_1 的污染情况，发现土榨花生油中 AFB_1 检出率为 44.44%，超标率达 11.11%，其中河南、福建和广西地区污染较为严重。在进出口方面，2020 年欧盟 RASFF 通报我国生物毒素污染的违例案例 19 起，占 14.39%，相比去年的 15.54% 稍有下降，但仍高居通报产品类别第二位，是我国农产品出口欧盟的最大阻碍之一，特别是花生及其制品的黄曲霉毒素超标。同时陈泽宇报道了我国特色农产品莲子中 AFB_1 超标，成为了出口东南亚国家及欧美等国家的拦路虎。

食物过敏是指人体摄入食物过敏原后，由机体免疫机制调节所引发的不良反应，并引起靶器官功能的改变，如皮肤、胃肠道、呼吸道及心血管系统等。食物过敏已成为世界关注的重大公共卫生和食品安全问题，近年来以惊人的速度增长，食物过敏在成人中发病率接近 5%，儿童可达 8%。据统计，2020 年全世界约有 2.2 亿人患有食物过敏疾病，而另一项调查数据显示，我国 31 个城市 337 560 名 0~14 岁儿童中共有 19 676 人患有食物过敏疾病（5.83%），且不同地区食物过敏患病率存在显著差异，华东及东北地区食物过敏发生率最高（分别为 7.38% 和 7.03%），西北地区则最低（4.35%）。食物过敏严重影响了患者的健康生活。食物过敏原主要

包括牛乳、鸡蛋、花生、坚果、大豆、甲壳类水产动物、鱼、小麦。除了上述典型的 8 大过敏原外，近年来对水果过敏病例报道增多，主要以蔷薇科水果（桃、苹果、草莓、葡萄等）为主。

二、农产品生物毒素与过敏原防控产业"十三五"期间发展成效

在"十三五"期间，我国更加重视食品安全问题。在"973 计划"项目、国家重点研发计划项目、公益性行业（农业）科研专项、科技基础性工作专项重点项目、国家自然科学基金等项目的支持下，初步揭示了农产品真菌毒素合成调控机理，研发了农产品真菌毒素绿色高效防控技术和农产品过敏原脱敏技术，研发了真菌毒素污染农产品激光分选剔除和重力筛选技术，研制了农产品绿色防霉和生物脱毒产品，初步构建了农产品真菌毒素全程绿色高效防控体系。解决了一批农产品真菌毒素污染的突出共性关键技术问题，完善了真菌毒素预防控制平台体系，使真菌毒素防控自主创新能力显著提高。

在食物过敏原方面我国研究起步较晚，缺乏针对重点问题进行多学科协同攻关研究的重大项目，但在食物致敏原检测和脱敏方面也取得了一定的成果。开发了热加工处理和非热加工处理的脱敏技术；针对不同脱敏技术，开展了过敏原二级结构、三级结构、基团微环境等结构方面的研究，解析了其脱敏机制；开发了食品中致敏蛋白的质谱法、ELISA 法等检测技术。

三、农产品生物毒素和食品过敏原防控产业发展需求

综上所述，我国农产品生物毒素污染事件仍然频发，而食物过敏事件也在逐年增加，严重威胁我国粮食安全、食品安全和出口贸易，并造成巨大的经济损失，影响我国食品安全、健康中国和乡村振兴三大国家战略的实施。针对上述问题，在农产品生物毒素防控方面，亟须生物毒素监测预警体系的建立，开展真菌及毒素高通量快检、绿色精准防控、生物脱毒和智能分选技术的研发及产业化应用；在食物致敏原方面，亟须开展食物致敏原精准、快速检测和脱敏技术的研发及产业化应用。

第二节 重大科技进展

一、阐明了农产品真菌毒素合成调控机制

中国农业科学院发现玉米和大米培养基中 AFB_1 产量明显高于花生培养基，组学分析和 qPCR 检测揭示黄曲霉合成相关基因在玉米和大米培养基中明显上调；KEGG 和 GO 富集发现，玉米培养基中黄曲霉中乙酰辅酶 A 合成和积累相关基因大量上调，而导致乙酰辅酶 A 消耗和利用的相关基因下调，因此推断玉米基质导致毒素合成底物乙酰辅酶 A 大量积累。山东农业大学在野生小麦草中发现了一种保护性基因 *Fhb7*，该基因编码的谷胱甘肽 S-转移酶，可降解禾谷镰刀菌产生的可导致农作物枯萎病的毒素，可有效阻止小麦和大麦作物患上镰刀菌枯萎病。福建农林大学聚焦黄曲霉细胞壁信号通路的 *AflBck*1 基因，该基因编码 Slt2-MAPK 途径的 MAP 激酶，敲除 *AflBck*1 后导致黄曲霉生长和发育的重大缺陷，且致病性在花生种子上显著降低，同时表现出比野生型对细胞壁应力更高的敏感性，但是其产 AFB_1 的能力显著增强。

二、揭示了农产品生物毒素代谢转化规律及致毒和防控机理

中国农业科学院建立了肠道菌群代谢呕吐毒素的体外培养模型，结果表明 3-aceytyl-DON 转化为原型 DON 的速率依次为大鼠>小鼠>人>猪，15-acetyl-DON 的转化速率依次为小鼠>人>大鼠>猪。研究结果表明肠道菌群代谢转化乙酰基呕吐毒素的速率存在显著的种属间差异。转化速率与肠道菌群相对丰度的关联分析表明，毛螺菌科可能参与了转化过程。南京农业大学使用猪肠上皮细胞系 IPEC-J2 研究了脱氧雪腐镰刀菌烯醇（DON）对猪小肠上皮的细胞毒性作用，发现 DON 通过激活 P38 Mapk 和 Erk1/2 诱导 IPEC-J2 细胞中促炎因子的产生。南京农业大学研究了 GPx1 介导的 DNMT1 表达参与硒对 OTA 诱导的细胞毒性和 DNA 损伤的阻断作用。发现 Se 在 0.5 μmol/L、1 μmol/L、2 μmol/L 和 4 μmol/L 时可显著阻断 OTA 诱导的细胞毒性和 DNA 损伤。此外，Se 阻止 DNMT1、DNMT3a 和 HDAC1 mRNA 和蛋白表达的增加，逆转谷胱甘肽过氧化物酶 1（GPx1）mRNA 和蛋白表达的减少，并促进由 OTA 诱导的 SOCS3 mRNA 和蛋

白表达的增加。pcDNA3.1-GPx1 过表达 GPx1 抑制了 OTA 诱导的 DNMT1 表达，促进了 OTA 诱导的 SOCS3 表达，并阻止了 OTA 诱导的细胞毒性和 DNA 损伤。

三、研创了一系列农产品生物毒素与过敏原高灵敏快速检测

中国农业科学院采用基于重组酶聚合酶核酸等温扩增技术（RPA）开发了一种可以用于现场快速检测谷物中黄曲霉污染情况的方法。这一方法利用了 RPA 技术能够在环境温度和体温下快速扩增核酸的特性，结合新开发的霉菌基因组快速粗提取技术，在体温 37 ℃ 下，可在 20min 内实现谷物中黄曲霉菌的高灵敏度检测，其最低检出限可达 10 个孢子/g。武汉大学提出了一种基于离子液体功能化的硼掺杂有序介孔碳-金纳米粒子复合材料的离子液体辅助自组装分子印迹方法。基于此方法研制的传感器具有较高的灵敏度和选择性。在最佳条件下，用 $[Fe(CN)_6]^{3-}/^{4-}$ 探针和方波伏安法可定量测定玉米赤霉烯酮，最低检出限为 1×10^{-4} ng/mL，定量范围为 5×10^{-4} 到 1 ng/mL。上海大学开发了一种灵敏、快速的食品过敏原检测方法，该方法采用圆形荧光探针介导等温扩增技术（CFPA），用于检测花生过敏原编码基因（*Ara h*6）和大豆过敏原编码基因（*Gly m Bd 28 K*）。这种检测方法可在 60 min 内完成检测，具有高灵敏度、特异性和可重复性。上海海洋大学开发出了一种新型的过敏原检测方法，该方法基于红外光谱的初始 resnet 网络（IRN）建模，用于快速、特异性的检测鱼类过敏原小白蛋白，在多种海产品基质中识别小白蛋白的准确率高达 97.3%，该方法检测快速（~20 min，ELISA~4 h）且操作简单。

四、开发了一系列农产品生物毒素绿色防控技术

中国农业科学院采用转录组组学分析系统揭示了茉莉酸甲酯（MeJA）对黄曲霉生长及产毒的抑制机理，MeJA 通过下调蛋白激酶基因 SakA 表达，引起转录因子 AtfB 转录水平下调，导致毒素合成基因表达下调。中国农业科学院通过比较转录组分析揭示了乙醇对 AFB_1 生物合成的分子作用机制，乙醇通过增强真菌氧化应激反应来抑制 AFB_1 的生物合成。印度巴拉那斯印度大学研究了基于壳聚糖的纳米胶囊包埋肉豆蔻精油（Ne-MFEO）抗真菌、AFB_1 抑制和抗脂质氧化。Ne-MFEO 对黄曲霉生长和 AFB_1 产生的抑制浓度为 1.75 μL/mL 和 1 μL/mL。包埋后 MFEO 对哺乳动物毒性几乎忽略不计。壳聚糖可以作为植物源防腐剂的载

体，纳米包埋 MFEO 可作为一种绿色防霉剂替代化学防霉剂，用于贮藏过程中食品黄曲霉和 AFB_1 污染的防控，延长货架期。

五、研发了农产品生物毒素脱/解毒和食物过敏原脱敏技术

中国科学院分离到一株阴沟肠杆菌能够降解展青霉素。液相质谱联用分析发现展青霉素被转化为 E-ascladiol；多重 iTRAQ 技术发现 NrdA（核糖核苷二磷酸还原酶）是一种参与 DNA 生物合成的重要酶，*nrdA* 的缺失会导致阴沟肠杆菌降解展青霉素的能力完全丧失。美国田纳西州立大学研究了 UV-A 发光二极管系统（LED）降低纯水中 AFB_1、AFM_1 浓度的能力，这项研究的进一步结果将用于比较黄曲霉毒素在液体食品（如牛奶和植物油）中的解毒动力学和机制。齐鲁工业大学基于金纳米粒子（AuNPs）对蛋白的吸附性，以及致蛋白变性的能力，探索了 AuNPs 作为一种潜在的过敏原脱敏材料对 β-乳球蛋白（βLG）的脱敏作用。AuNPs 对蛋白的吸附性主要是由于金-硫（AueS）共价键在 AuNPs 和-SH 基团之间形成，引起蛋白变性。该团队研究了 AueS 键的结合机制及 AueS 键的时间演化、二级结构和过敏反应变化之间的特殊关系，结果显示 AueS 键的形成需要约 9 h，且可完全改变 βLG 的二级结构和免疫球蛋白 E（IgE）结合能力，减少过敏反应。

第三节　存在问题

虽然近年来我国在农产品生物毒素防控和食品过敏原脱敏方面取得了一系列成果，但仍存在一些亟待解决的问题，如我国粮油产毒菌菌种、生物毒素形成转化及合成调控机制不明，防控手段、方法和技术大多还停留于经验，缺乏系统理论的科学指导，靶向性、精准性差；同时虽然我国粮油生物毒素防控与减损技术虽取得了长足进步，但仍处在半机械化、随意化的化学防控阶段，存在三大技术短板：一是缺乏精准化的生物毒素防控技术，现有技术装备靶向性低、精准性差；二是缺乏绿色、高效的生物毒素防控制剂，现有真菌及毒素防控以化学防霉剂为主，绿色环保性不高，而研发的绿色防霉剂的时效性有待提高；三是缺乏智能化的生物毒素污染粮油在线监测和分选去除装备，现有装备信息化、智能化程度低，在线监测不到位，控制不精准，分选去除效果差。此外，我国目前的脱敏

技术还不能完全消除过敏原的致敏潜力，而检测技术的特异性和重复性较差，同时检测和脱敏技术距离产业化应用还有一定的差距等。

第四节　重大发展趋势

农产品生物毒素和食品过敏原相关研究是国际食品领域重要的研究热点之一，世界各国都在加强相关研究工作。且随着组学、合成生物学、分子生物学等新科学技术的发展以及大数据、5G 和人工智能等新智能技术的发展，农产品绿色保质减损技术、农产品生物毒素与过敏原全时空立体化防控技术、精准绿色和智能化的防控技术与装备以及农产品生物毒素与过敏原生物脱毒脱敏将成为未来国际研究前沿和热点。

一、农产品绿色保质减损技术研发已成为国家重大需求

联合国粮食及农业组织（FAO）发出通知，2021 年世界濒临至少 50 年来最严重的粮食危机，为此联合国将举办首个"国际粮食损失和浪费问题宣传日"，而粮食绿色保质减损技术可保证粮食产后损失保产量，并可提高粮食品质。近几年，我国农产品绿色保质减损技术虽取得了长足进步，但仍处在半机械化、随意化的化学防控阶段。随着新型材料的研发，以及植物源活性物质、益生菌等绿色防霉保质保鲜剂的研究，研发粮食绿色防霉、保质保鲜、新型包材、气调包装等技术装备，集成农产品标准化收贮与绿色保质减损技术体系已成为国家重大需求。

二、农产品生物毒素与过敏原全时空立体化防控

随着大数据、云计算、智能传感、5G 等新技术的发展，使得智能化和主动化的全时空立体防控技术成为发展趋势。针对农产品收贮运和加工销售全链条，综合生物毒素与过敏原实时快检、即时感知、立体监测、动态分析预警和绿色精准防控技术产品装备，制定相应标准规范，构建全时空立体化防控体系。

三、防控技术与装备的精准化、绿色化和智能化

随着光谱、信息化、智能化等技术的发展，使得农产品生物毒素防控技术与

装备的精准化、绿色化和智能化成为发展趋势。基于光温湿气等环境因子与真菌内源信号分子耦合调控生物毒素合成的机制，挖掘生物毒素防控靶标基因，构建农产品生物毒素精准防控体系；基于植物精油和生防菌，研制玉米、花生等粮油生物毒素及产毒菌生防菌剂和绿色抑制剂；基于芯片技术，研发黄曲霉毒素等多种真菌及毒素高通量低成本的智能同步快检产品及装备；基于光电智能传感技术，创制污染粮油原料智能分选装备，实现毒素污染粮油原料的高值化分级利用，同时大大减少农产品产后损耗。

四、农产品生物毒素与过敏原生物脱毒脱敏是国际研究前沿和热点

随着光谱、分子生物学、合成生物学等技术的发展，使得农产品生物毒素精准脱毒和食物过敏原脱敏成为发展趋势。重点揭示生物毒素的生物酶解路径和产物的安全性，应用合成生物学降低生物酶脱毒技术和产品成本，研发高效安全脱毒制剂。解析植物精油、益生菌等对食品致敏原的脱敏机制，研发绿色、高效、安全的脱敏技术。

第五节　下一步重点突破科技任务

一、农产品标准化收贮与绿色保质减损

以农产品产后保质减损为目标，融合生物技术、大数据、人工智能、生物感知等新技术，构建农产品标准化收贮与绿色保质减损技术体系。基于新型核酸适配体、等温扩增、芯片等技术，研发真菌及毒素高通量快检技术，构建粮油全产业链生物毒素污染智能监测预警模型；基于植物提取物、微生物活性成分，研发绿色安全高效的生物毒素防控技术，创制绿色防腐保鲜剂；基于物联网、大数据、智能传感等，研发品质与安全在线全程监测、智能分选分级、分类高值化利用等关键技术装备并实现产业化。

二、农产品真菌毒素形成转化与精准调控机理

构建玉米、花生等粮油真菌毒素产毒菌、防控菌菌种资源库；阐明不同食品基质和光照、温度、湿度及气体等环境因子对真菌毒素合成的影响，揭示外源因

子调控真菌毒素的合成机制；探究粮油收贮运加工过程中真菌毒素的迁移、转化和代谢机制；解析天然植物提取物、微生物抑制真菌生长及毒素形成的分子机理；阐明粮油真菌毒素形成转化与精准调控机理，建立大宗粮油真菌毒素精准防控与绿色减损理论，为粮油真菌毒素精准防控和保质减损提供理论依据。

三、农产品生物毒素与过敏原全时空立体防控

融合大数据、云计算、智能传感、5G 等新技术，针对农产品收贮运和加工销售全链条，研发生物毒素与过敏原实时快检、即时感知、立体监测、动态分析预警和绿色精准防控技术产品装备，制定相应标准规范，构建全时空立体化防控体系，实现产业化。

专题十八 2020 年产地初加工装备业发展情况

农产品初加工是对农产品一次性的不涉及内在成分改变的加工，通常包括将农产品进行预冷保鲜、分级分选、干制脱水等环节，财政部、国家税务总局《享受企业所得税优惠的农产品初加工范围（试行）（2008 年版）》，将农产品初加工的范围拓展到制粉、碾米、粉碎、轧片、切分、杀菌、罐装、压榨等加工环节。初加工是农产品产后增值的"第一车间"，也是农产品加工业的基础。加快发展农产品初加工是深化农业供给侧结构性改革、实现农业高质量发展的重要举措，是保障重要农产品有效供给、推进农村一二三产业融合发展、促进农民就业增收的重要途径。

第一节 产业现状与重大需求

一、初加工产业"十三五"期间发展成效

"十三五"是我国全面实施乡村振兴战略的开局时期，我国农产品初加工行业以减损、提质、增效为方向，以一二三产业融合发展为路径，在我国农业农村经济形势持续向好的背景下，借助农机购机补贴、农产品产地初加工补贴和农产品仓储保鲜冷链设施建设等政策及项目支持，实现了行业的持续稳定发展。

1. 农产品初加工机械拥有量稳步提高

从 2016 年到 2019 年，我国农产品初加工机械拥有量从 1 449.60 万台（套）增加到 1 539.46 万台（套），并建设了 15.6 万座初加工设施；初加工机械总动力从 8 888.23 万 kW 增加到 8 964.68 万 kW。除油料和棉花初加工机械保有量下降外，粮食初加工机械、茶叶初加工机械均实现平稳增长。"十三五"期间初加工机械拥有量及总动力变化见专题表 18-1。

专题表 18-1　2014—2019 年我国农产品初加工机械拥有量和总动力

年份	农产品初加工机械/万台（套）	粮食加工机械/万台（套）	油料加工机械/万台（套）	果蔬初加工机械/万台（套）	棉花初加工机械/万台（套）	茶叶加工机械/万台（套）	初加工机械总动力/万 kW
2016	1 449.60	1 149.74	79.87	18.12	23.08	144.89	888 8.23
2017	1 474.95	1 155.97	79.70	21.3	22.76	149.20	8 990.34
2018	1 506.18	1 193.51	79.38	26.62	21.65	151.25	8 906.00
2019	1 539.46	1 222.67	79.90	23.81	21.65	154.27	8 964.68

2. 农产品初加工机械化率逐年增加

"十三五"期间，随着农产品初加工机械保有量的逐步增加，我国初加工机械作业量逐年增加，农产品初加工机械化率也逐年提升。以机械脱出、清洗和保质为环节的农产品初加工综合机械化率以年均 2% 左右的增长幅度稳步提升，从 2016 年的 32.87% 增加到 2019 年的 37.58%，见专题图 18-1。

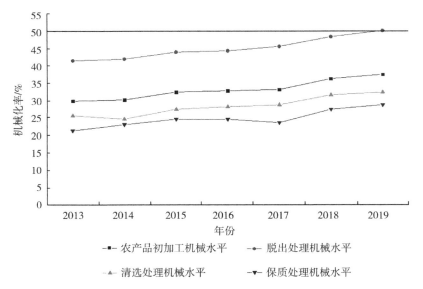

专题图 18-1　"十三五"期间我国农产品初加工机械化水平

3. 农产品初加工经营主体不断壮大

"十三五"期间，通过实施一二三产业融合发展战略和推进农产品加工业提升行动，乡村产业业态类型不断丰富，农产品加工经营主体不断壮大。到 2019 年，我国规模以上农产品加工企业达 7.4 万家，营业收入 14.7 万亿元，同比增长 2.1%；利润总额 9 659 亿元，同比增长 1.5%；农业产业化龙头企业 8.7 万家，其中国家重点龙头企业 1 243 家；我国依法登记的农民合作社达到 218.6 万家，成立联合社 1 万多家。

4. 农产品初加工机械的种类及范围不断扩大

农产品初加工机械的范围从"十二五"主要集中在粮食、果蔬、茶叶等主要农产品逐步向油料作物、特色农产品、中药材、畜禽产品等所有农产品初加工全面拓展，初加工机械的范围从传统的产后处理环节如脱粒、清选、分级、干燥等向贮藏、保鲜、碾制、压榨以及初级食品制造环节不断拓展，品类不断丰富，系列化、成套化、专业化程度越来越高。2018—2020 年进入国家农机购机目录中的农产品初加工机械共涉及 3 个大类 9 个小类 28 个品目。

二、初加工产业发展需求

1. 农产品初加工亟须进行"全程全面高质高效"产业升级

2020 年，我国农产品初加工机械化率约为 41%。根据国务院《关于加快推进农业机械化和农机装备产业转型升级指导意见》（国发〔2018〕42 号），到 2025 年，农产品初加工机械拥有量达到 2 000 万台（套）、初加工机械总动力达到 10 000 亿 kW、农产品初加工机械化率要达到 50% 以上。由于发展的不平衡，我国农产品初加工产业还存在诸多薄弱环节，如每年粮食产后损失量达到 350 亿 kg；果蔬每年产后损失率约 20%。2019 年我国水果的产后保鲜率仅 12% 左右、蔬菜约 6%。个别特色农产品初加工率还非常低，如中药材初加工机械化率低于 10% 等。农产品初加工产业亟须依靠创新驱动，补齐发展短板，实现全程全面高质高效发展，夯实农业生产基础，为国家食品安全提供有力保障。

2. 绿色节能保质干燥贮藏与保鲜设施设备具有广阔的市场

随着我国提出 2030 年实现碳达峰、2060 年实现碳中和的目标，可以预料我国将继续执行严格的环保政策。自 2018 年"蓝天行动"计划实施以来，以煤为能源的农产品产地烘干受到极大影响，直接导致农产品产地烘干面临"无机可用""有机难用"的局面，我国农产品产后损失巨大的现实要求必须加大科研开发力度，增强先进适用、安全可靠、绿色环保技术与装备的有效供给。

3. 机械化自动化智能化初加工装备迎来良好发展机遇

在当前农村劳动力短缺、农村劳动力老龄化、劳动力成本节节升高、知识型人才缺乏的大背景下，传统的劳动密集型、管理粗放型的农产品初加工机械亟须通过与物联网、云计算、区块链、人工智能、5G 等信息技术，以及机械化、自动化、智能化技术结合，实现产业的转型升级，从而为进一步提高劳动生产率、提高农产品加工品质、提升农产品全链条的信息追溯能力提供有力的支撑。

4. 消费需求多样化为特色农产品加工装备提出新的要求

随着人民生活水平的提高，消费者对营养健康及个性化的特色农产品及食品需求不断扩大，如各类特色粮油、果蔬、畜禽、水产品等以及特色食品、休闲食品等，与之相对应的技术与装备还十分缺乏，需大力加强其研发力度，进一步延长特色农产品产业链，提升价值链，促进乡土特色产业发展。

第二节　重大科技进展

一、粮油加工领域

1. 绿色安全储粮关键技术与装备

针对主要粮食品种在贮存周期延长下确保贮藏品质的要求，研究了低温储粮、内环流控温储粮和横向通风储粮等绿色生态低碳智能贮藏成套技术与设备。基于粮食收储信息化及粮情智能测控关键技术研究，开发了"动态粮情分析监管技术及信息系统"实现粮库粮情实时监测、预警及安全隐患处置，并在全国国家储备库推广应用，准确率达到 92%。

2. 高品质菜籽油产地绿色高效加工技术

综合深度精选技术、微波调质技术、低温低残油压榨技术、低温绿色精炼技术、生香与风味控制技术、标准与质量控制技术和远程控制管理技术，研究开发了轻简、绿色、低耗、高效的菜籽油产地绿色高效加工成套装备，与传统技术相比，加工工序减少 50% 以上，物理压榨无化学添加、无三废排放、能耗降低 20% 以上、生产成本减少 30% 以上。

二、果蔬初加工

1. 柑橘绿色贮藏加工与高值化利用产业化关键技术

构建了"产地移动预冷+在线热激处理+臭氧熏蒸杀菌+智能分级加工+低温保质贮藏"技术模式，有效减少了柑橘贮藏中的腐烂率、减低了 CO_2 浓度、抑制水分蒸发、避免交叉感染、防止低温冷害等，延长加工原料供应期。与传统贮藏方式相比，柑橘损耗率下降30%~50%，贮藏期延长2—4个月。

2. 果蔬采后处理与贮藏技术设施研究

利用压差预冷、降温库精准贮藏技术，研制了果品精准控温气调贮藏库，与传统方法相比贮藏损失率从20%~30%降低为3%~5%，能源节约40%~70%。基于果品的重量、色泽、高度、大小、缺陷和糖度等特性差异，突破了水果内外部品质实时无损检测、机器视觉识别、高精度在线称重等技术，研究开发了果品内外部品质同步智能检测分级技术与装备，可根据市场情况设定分级标准，分级速度达到3~6个/s。

三、特色农产品初加工方面

1. 绿茶自动化加工与数字化品控关键技术装备及产业化

针对我国茶叶及茶制品质量控制领域存在的品质检测手段落后、等级评价数字化程度差等共性关键技术问题，建立了绿茶风味物质快速检测方法，实现了绿茶等级的数字化快速评判；创制了茶叶品质分析仪和智能化色选机；突破了绿茶加工温度精准控制、连续化揉捻及做形等技术瓶颈，创建了绿茶制品质量安全与品控技术体系和自动化加工生产线。

2. 麻纤维加工装备研究

针对麻类收剥成本高，劳动强度大等制约产业发展的突出问题，研制成功了工业干茎打麻机及智能调节装备、自走式红麻鲜茎剥皮机、轻简化全自动苎麻剥麻机、山地型苎麻剥麻机、直喂式苎麻剥麻机等。

第三节　存在问题

一、农产品初加工机械发展不平衡依然突出

"十三五"期间，农产品初加工机械发展不平衡状况明显，表现在：一是不同作物间的不平衡。根据2019年农产品初加工机械化统计数据，就单一环节来看，粮油保质处理机械化水平不到30%，果蔬保质处理机械化水平平均不到10%。二是不同环节之间的不平衡。2019年全国农产品脱出机械化水平已接近

50%，清选机械化水平超过 30%，保质机械化水平未突破 30%。三是不同区域的不平衡。2019 年东北地区初加工机械化率已经超过 50%。长江中下游平原区已超过 40%，黄土高原及青藏高原区和华北平原已接近 40%。但西南丘陵山区和南方低缓丘陵区的初加工水平还不到 30%。

二、个别关键环节高性能设备依然缺乏

农产品初加工个别环节技术存在诸多短板甚至空白，高端产品供给不足。如我国农产品干燥机生产企业有上千家，绝大多数企业技术雷同，设备效率不高，技术滞后于市场需求。由于各地执行严格的环保政策，直接导致以煤为燃料的农产品干燥设备"有机难用"；农民专业合作社储粮设施几乎全是老旧平房，作业机械化程度低，既不能防鼠防虫，又不能调控粮食品质。此外"无机可用"依然制约个别产业的发展，如花生、中药材和水产品的产地烘干、果蔬的采后整理、果品分选中内部品质无损检测等。

三、农产品初加工机械推广应用力度仍显不够

目前农机购机补贴政策对初加工机械的推广支持还不够，表现在：一是购机补贴政策还没有覆盖初加工全产业链。如生产中急需的果蔬田间预冷，果蔬保鲜设施、粮食贮藏设施、烘储一体化设施设备、谷物冷却机、低温压榨设备等，还未能进入购置补贴目录。二是初加工成套设备还不能享受购机补贴政策。三是乡土特色食品加工装备研发及推广缺乏政策支持，如烤制、腌制、熏制、酱制、豆制品加工、乳制品加工设备等。

四、农产品初加工新型经营主体发展还不充分

2019 年，我国依法注册的农民专业合作社数量已经达到 218.6 万户，但通过流转经营的土地仅为全国耕地的 1/10 左右，规模效应还没有完全体现。经营主体发展不充分，社会化服务能力还比较弱；专门人才缺乏，技术力量不足，基础设施建设促进机制尚不完善。

五、初加工机械信息化、智能化水平有待提升

我国农产品初加工在个别领域、个别环节机械水平能够达到国际先进水平，

但整体水平还比较低，尤其是高新技术在初加工行业的应用方面，急需通过信息化、机械化、自动化和智能化技术改造实现产业升级。

第四节　重大发展趋势研判

一、农产品初加工发展的政策环境持续向好

自中共十八大提出实施乡村振兴战略以来，国务院、农业农村部、财政部以及各省市密集出台了一系列推动乡村产业发展的政策和意见，为农产品初加工发展创造了良好的政策环境。2020 年中央一号文件提出了"加强现代农业设施建设"与"发展富民乡村产业"。2020 年，农、财两部持续推动农业产业集群、国家级现代农业产业园、产业强镇、一村一品建设，并启动了农产品仓储保鲜冷链物流设施建设工程，重点支持家庭农场、农民合作社等新型经营主体建设产地分拣包装、冷藏保鲜、仓储运输、初加工等设施。

二、农产品初加工产业尚存诸多亟待解决的短板

目前我国农产品初加工机械化在不同品种、不同区域、不同环节之间发展不平衡的问题还比较突出，表现在粮食作物初加工水平远高于果蔬。许多经济作物和特色农产品初加工发展才刚刚起步，科研与实际应用之间脱节现象还比较突出，科研成果的转化率比较低。

三、农业绿色发展为初加工机械提供了广阔的市场

"新阶段、新理念、新格局"要求农业围绕消费端需求提供绿色营养健康的农产品，以满足人民不断提高的美好生活需要。农业绿色发展要求建立低碳、低耗、循环、高效的农产品加工体系，重点解决农产品产后损失严重、品质品相下降以及农产品腐败变质对环境的污染、市场流通不畅等问题。

四、现代高新技术为初加工科技创新提供了增长的动力

物联网、云计算、移动互联网、区块链、人工智能、5G 等信息技术与自动化、智能化加工制造技术不断融合，推动了农产品加工业发生质的变革。在此背

景下，传统的劳动密集型、管理粗放型的农产品初加工机械迎来了以自动化、智能化对传统技术进行创新改造，进一步提高劳动生产率、稳定产品质量、实现管理决策科学化，进而实现全行业转型升级的契机。

第五节　下一步重点突破科技任务

一、粮油初加工

基于对粮油贮藏过程中生理活动与品质劣变关联机制研究，开发粮油产地绿色节能干燥技术与装备，重点研发节能环保型粮食干燥、粮油烘储一体化设施、绿色智能化粮油仓储技术与设施；基于营养健康安全的市场需求，研究低温压榨、粮食节能降耗适度加工技术与装备。

二、果蔬初加工

针对果蔬产后损失大的突出问题，推广低剂量辐射处理、减压、气调、临界低温高湿等保鲜保质技术用于果蔬贮藏。继续深化光电技术、机器视觉识别技术在果蔬采收、清选和分级加工中的应用研究，研究开发轻简节能型果蔬产地预冷与贮藏设施、果蔬智能仓储物流保鲜技术与设施、绿色节能智能高效果蔬干制技术与设备、果品品质无损快速检测技术和智能分级分选装备。

三、特色农产品初加工

加强对特色粮油、特色果蔬、特色畜禽、特色水产等特色农产品绿色低碳初加工技术与装备研发力度，包括清洗、切分、干制、榨汁、腌制、熏制、包装等环节。